普通高等教育"十二五"规划教材

化 学 系 列

无机化学实验

（第二版）

主　编：杨水金

副主编：吕银华　吕宝兰　曾国平　蒋　丹

编　委：余新武　韩德艳　胡艳军　周兴旺

　　　　谢　静　刘江燕　白爱民　陈战芬

　　　　施少敏　罗建斌

U0390996

教育部直属师范大学
华中师范大学出版社

内 容 简 介

本教材由七部分构成。首先在"绪论"部分介绍做好化学实验的基本方法、实验室规则及安全守则、实验室的应急处理等,然后按基本操作、无机化学基本原理、元素的化学性质及其定性分析、综合设计实验等章节编写了 41 个实验。另外,为满足当前大学课程改革及对大学生创新能力培养的要求,还专辟第六章的"研究式实验"内容,列出参考选题,供学生探索、研究。教材的编写坚持基础性、实用性、规范性的特点,突出实验微型化的特色,倡导绿色、环保、节约的理念,为学生毕业后从事化学相关工作奠定基础。

本教材可供师范院校及其他大专院校化学化工及相关专业无机化学、无机及分析化学、普通化学等课程的实验教学使用,也可作为化学化工工作者和化学教师的参考书。

新出图证(鄂)字 10 号

图书在版编目(CIP)数据

无机化学实验/杨水金主编. —2 版. —武汉:华中师范大学出版社,2016.1(2022.7 重印)
普通高等教育"十二五"规划教材
ISBN 978-7-5622-7268-7

Ⅰ.①无… Ⅱ.①杨… Ⅲ.①无机化学-化学实验-高等学校-教材 Ⅳ.①O61-33

中国版本图书馆 CIP 数据核字(2016)第 018667 号

无机化学实验(第二版)

ⓒ 杨水金 主编

编辑室:高等教育分社	电话:027-67867364	
责任编辑:王文琴	责任校对:缪 玲	封面设计:罗明波
出版发行:华中师范大学出版社		
社址:湖北省武汉市珞喻路 152 号	邮编:430079	
销售电话:027-67861549	传真:027-67863291	
网址:http://press.ccnu.edu.cn	电子信箱:press@mail.ccnu.edu.cn	
印刷:武汉兴和彩色印务有限公司	督印:刘 敏	
字数:288 千字		
开本:787 mm×1092 mm 1/16	印张:11.25	
版次:2016 年 2 月第 2 版	印次:2022 年 7 月第 3 次印刷	
定价:25.00 元		

欢迎上网查询、购书

敬告读者:欢迎举报盗版,请打举报电话 027-67867353

前　　言

湖北师范学院化学化工学院在 1990 年编写了供学生使用的《无机化学实验》教材,经过二十多年的试用、探讨和研究,先后进行了多次修改。在此基础上我们联合多所学校的相关专业教师,根据无机化学学科实验教学大纲的要求,并结合高等学校教育思想、教学方法与教学手段的变化,对教材重新进行编写并正式出版。编写中力求遵循以下原则:

1. 体现普通师范院校的特点,突出基础实验、基本操作训练,注重实验内容与理论教材的对应,同时涵盖无机及分析化学实验的部分内容。

2. 在内容上既保持无机化学实验教学的完整性,又考虑到与中学化学实验的合理衔接,也注意内容和形式的多样性与趣味性,适当增加了无机物的制备、离子的分离与鉴定以及研究性实验内容,以供师生选择。

3. 在实验操作上突出规范化,提高准确性,培养学生科学的实验方法和熟练的操作技能,以及培养学生认真、求实、协作的实验态度;在药品的使用上讲究微型化,以有效地节省试剂,减少环境污染,增强学生的环保意识。

4. 在每个实验中配有适当的习题,实验内容中也有部分思考型提问,目的在于培养学生思考问题、分析问题、解决问题的能力。

《无机化学实验》共选编 41 个实验,供化学化工、生物等相关专业实验教学使用。

编写单位有:湖北师范学院化学实验教学示范中心、湖北第二师范学院化学与生命科学学院、湖北科技学院核技术与化学生物学院、武汉科技大学化学工程与技术学院、湖北师范学院文理学院。

参加教材再版编写工作的有:湖北师范学院的杨水金、余新武、韩德艳、吕银华、吕宝兰、胡艳军、刘江燕、白爱民、陈战芬、周兴旺、施少敏等;湖北第二师范学院的曾国平;湖北科技学院的蒋丹;武汉科技大学的谢静;黄石三中的罗建斌。

杨水金任主编,主持教材编写工作;吕银华、吕宝兰、曾国平、蒋丹任副主编,负责全书的整理、修改和定稿工作。

教材在编写和使用过程中,得到了各参加编写学校的教务部门主管领导及相关院系领导、教师的倾力支持,湖北师范学院化学化工学院和文理学院学生还参与了部分实验的研究,编者谨向他们表示诚挚谢意。

教材在编写的过程中,参阅了武汉大学、北京师范大学、中山大学、华东师范大学、南京大学、天津大学、大连理工大学、杭州师范大学等校编写的教材、实验参考书,以及其他国内外一些文献,在此一并致谢!

由于编者学识有限,难免有错误和不妥之处,本教材之谬误,咎责在编者,敬请使用本教材的师生批评指正,俾便修改。

编者

2015 年 4 月

目　　录

第一章 绪论——怎样做好化学实验

一、明确化学实验课的意义和目的

化学是一门以实验为基础的学科。许多化学的理论与规律都来自实验,同时,这些理论与规律的应用及评价,也要经过实验的检验。因此,在化学专业人才的培养中,化学实验课是必不可少的课程。无论是对师范专业还是对与化学相关专业的学生来说,化学实验课都是相当重要的职业技能课程。如果没有经过正规、系统的化学实验训练,掌握一定的化学实验技能和具有独立进行化学实验的能力,将来就难以胜任所从事的化学研究、化学工程、化学教学等职业。

无机化学实验是高等学校化学及各相关专业学生学习化学的第一门实验必修课。通过该课程的学习要达到以下四个目的:一是培养实事求是的科学态度,养成准确、细致、整洁等良好的思维方式和科学习惯,要有一丝不苟的工作精神,以及同学之间相互协调、配合的能力。二是掌握大量物质变化的第一手感性知识,进一步熟悉元素及其化合物的重要性质和反应,掌握重要化合物的一般制备、分离和鉴定检测的方法,加深对理论课中基本原理和基础知识的理解掌握。三是掌握化学实验技术,培养独立工作和思考的能力以及独立准备和进行实验的能力;具备细致地观察和记录实验现象,归纳、总结、正确处理数据的能力;提高利用资料分析实验结果和用语言表达实验结果的能力以及初步的科学研究和创新能力。四是了解实验室工作的有关知识(如实验室的各项规则、实验工作的基本程序),熟悉实验室的布局,试剂、物资的管理,实验中可能发生的一般事故及其处理方法,实验室废液的一般处理以及实验室管理的一般知识等。

二、掌握化学实验课的学习方法

要达到上述实验目的,不仅要有正确的学习态度,还要有科学的学习方法。化学实验课的学习方法大致分为以下三个步骤:

1. 预习

实验课要求既要动手做实验,又要动脑思考问题,因此实验课前必须做好预习,做到对实验中的各个环节心中有数,这样才能使实验顺利进行,达到预期的效果。预习时应做到以下几点:认真阅读实验教材、有关教科书和参考资料,查阅有关数据;明确实验目的和基本原理;了解实验的内容和实验时应注意的问题;熟悉安全注意事项;写出实验预习报告。

实验预习报告不得做在活页纸上,而应用固定的笔记本。内容包括实验名称、基本原理、实验内容(步骤)及可能涉及的化学反应、实验记录及附记等栏目。教师若发现学生预习不够充分时,应要求其暂停实验重新预习,达到预习基本要求后再做实验。

2. 实验

学生在教师指导下独立地进行实验是实验课的主要教学环节,也是训练学生正确掌握实验技能,达到提高素质培养能力目的的重要手段。对于一般实验,原则上应按教材上提示的步

骤、方法和试剂用量进行;对于研究性实验,应事先提出实验方案,经教师批准后方可进行实验。实验中应做到下列几点:

①认真操作,细心观察各种实验现象,并及时、如实地做好详细记录。

②如果发现实验现象与理论不符合,应首先尊重实验事实,并认真分析和检查其原因,也可以做对照实验、空白实验或自行设计实验来核对,必要时可通过开放实验室,重做实验并进行深入研究,从中得到有益的结论。

③实验过程中应勤于思考,仔细分析,力争自己解决问题,但遇到疑难问题而自己难以解决时,可请教师指点。

④在实验过程中应保持安静,严格遵守实验室工作规则。

3. 实验报告

完成实验报告是对所学知识进行归纳、应用和提高的过程,也是培养严谨的科学态度、实事求是的科学精神的重要措施,应认真对待。实验报告的内容应包括实验目的、实验原理简介、实验装置图、实验现象、实验结果以及总结、讨论等栏目。实验报告的书写应字迹端正,整齐清洁,决不允许草率应付或抄袭编造。

讨论是一种很好的学习方法,它可明理、探索、求真,因而在实验学习中经常使用。为进一步明确实验原理、操作要点、注意事项和加深对实验现象及结果的理解,在实验前后可以组织各种形式的讨论,一定要认真准备,积极参加。对实验过程中发现的异常现象,或结果处理时出现的异常结论,也应在实验报告中以书面的形式展开讨论,以求提高。

三、遵守实验室规章制度

实验室规章制度是人们从长期的实验室工作经验教训中归纳总结出来的。它可以防止意外事故的发生,保证实验正常的环境和工作秩序。遵守实验室规章制度是做好实验的重要前提。

①实验前一定要做好预习和准备工作,检查实验所需要的药品、仪器是否齐全。若要做规定以外的实验,应先得到教师允许。

②实验中要集中精力,认真操作,仔细观察,积极思考,如实详细地做好记录。

③实验中必须保持安静,不得大声喧哗,影响他人实验。不得无故缺席,因故缺席未做的实验应该补做。

④爱护公共财物,小心使用仪器和实验室设备,注意节约水、电和煤气。公用仪器和临时使用的仪器用毕应洗净,并立即送回原处。如有损坏,必须及时登记补领。

⑤实验台上的仪器应整齐地放在一定的位置上,并保持台面的清洁。废纸、火柴梗和碎玻璃等应放入专门的固体垃圾桶内,废液应倒入专用废液桶内,切勿倒入水槽,以防堵塞或锈蚀下水管道。

⑥按规定量取用药品,注意节约。放在指定地点的药品不得擅自拿走,称取药品后,应及时盖好原瓶盖。

⑦使用精密仪器时,必须严格按照操作规程进行,细心谨慎,避免因粗心大意而损坏仪器。如发现仪器有故障,应立即停止使用,报告教师,及时排除故障。使用后必须自觉填写仪器使用登记本。

⑧实验后,应将所用仪器洗净并整齐地放回柜内。实验台及试剂架必须擦净,实验柜内仪器应存放有序,清洁整齐。

⑨每次实验后由学生轮流值日,负责打扫和整理实验室,并检查水龙头、电闸、门、窗是否关好,保持实验室的整洁和安全。

⑩发生意外事故时应镇静,不要惊慌失措;遇到烧伤、烫伤、割伤等情况时应立即报告教师,及时急救和治疗。

四、养成良好的实验室工作习惯

良好的实验室工作作风和习惯不仅是做好实验、搞好学习和工作所必需的,而且也反映一个人的思想修养和素质。通过化学实验的培养和训练,要逐步养成以下几项实验室工作的良好习惯:

①养成准备充分、有条不紊、观察细致、记录准确、善于思考的习惯。

②养成节约药品、水、电,节约使用一切实验用品和爱护实验仪器的习惯。

③养成保持整洁实验工作环境的习惯。

五、注意实验安全

进行化学实验时,要严格遵守关于水、电和各种仪器、药品的使用规定。实验过程中经常会接触到易燃、易爆、有腐蚀性和有毒的药品,因此,重视安全操作,熟悉一般的安全知识是非常必要的。

注意安全不仅是个人的事情,发生了事故不仅损害个人的健康,还会危及周围的师生,并使实验室财产受到损失,影响实验的正常进行。因此,首先,需要从思想上重视安全工作,决不能麻痹大意。其次,在实验前应了解仪器的性能和药品的性质以及本实验中的安全事项。在实验过程中,应集中注意力,并严格遵守实验安全守则,以防意外事故的发生。第三,要学会一般救护措施,一旦发生意外事故,可进行及时处理。第四,要会处理实验室的废液,保持实验室环境不受污染。

1. 实验室安全守则

①不要用湿的手、物接触电源。水、电使用完毕,应立即关闭水龙头和电闸。点燃的火柴用后应立即熄灭,不得乱扔。

②严禁在实验室内进食、吸烟,或把食具带进实验室。实验时,应穿上实验工作服,不得穿拖鞋。实验完毕,必须洗净双手。

③决不允许随意混合各种化学药品,以免发生意外事故。

④钾、钠和白磷等暴露在空气中易燃烧,所以钾、钠应保存在煤油中,白磷则可保存在水中。使用时必须遵守使用规则(如取用时要用镊子等)。一些有机溶剂(如乙醚、乙醇、丙酮、苯等)极易引燃,使用时必须远离明火,用毕应立即盖紧瓶塞。

⑤混有空气的氢气、CO 等可燃气体遇火易爆炸,操作时必须严禁接近明火;在点燃氢气、CO 等易燃气体之前,必须先验纯。银氨溶液在储存时会转化为易爆炸的黑色含银不溶物,因此需现用现配。某些强氧化剂(如氯酸钾、硝酸钾、高锰酸钾等)或其混合物不能研磨,否则将引起爆炸。

⑥倾注药剂或加热液体时,不要俯视容器,以防因液体溅出而受到伤害。尤其是浓酸、浓碱具有强腐蚀性,切勿使其溅在皮肤或衣服上,眼睛更应注意防护。稀释药剂(特别是浓硫酸)时应将其慢慢倒入水中,而不能相反进行,以避免迸溅。用试管加热液体时,切记不要使试管口向着自己或他人。

⑦闻气味时,应该是面部远离容器,用手将气流慢慢地扇向鼻孔,不能直接凑近瓶口闻气味。有刺激性或有毒的气体(如 NH_3、H_2S、HF、Cl_2、CO、NO_2、Br_2 等)产生的实验必须在通风橱内进行。

⑧有毒药品(如重铬酸钾、钡盐、砷的化合物、汞的化合物等,特别是氰化物)不得进入口内或接触伤口。剩余的废液也不能随便倒入下水道。

⑨金属汞易挥发(瓶中要加一层水保护着),通过呼吸道进入人体内后会逐渐积累而引起慢性中毒。取用汞时,应在盛水的搪瓷盘上方操作。做金属汞实验时应特别小心,不得将汞洒落在桌上或地上,一旦洒落,必须尽可能收集起来,并用硫黄粉盖在洒落的地方,使易挥发的汞转变成不挥发的硫化汞。

⑩实验室所有药品不得私自带出实验室,用剩的有毒药品应还给教师。

⑪洗涤干净的试管等容器应放在规定的地方(如试管架上)干燥,严禁用手甩干,以防损坏容器或砸伤他人。

2. 实验室"三废"的处理

实验中经常会产生有毒的气体、液体和固体,需要及时排弃。如不经处理直接排出就可能污染环境,损害人体健康。因此对废液、废气和废渣要经过一定的处理后才能排弃。

对产生少量有毒气体的实验应在通风橱内进行。通过排风设备将少量毒气排到室外(使排出气在室外大量空气中稀释),以免污染室内空气。产生毒气量大的实验必须备有尾气吸收或处理装置,如 NO_2、SO_2、Cl_2、H_2S、HF 等可用导管通入碱液中使其大部分吸收后排出,CO 可点燃转化成 CO_2;少量有毒的废渣应掩埋于指定地点的地下;一般酸碱废液可中和后排放;对含重金属离子或汞盐的废液可加碱调 pH 至 $8\sim10$ 后再加硫化钠处理,使其毒害成分转变成难溶于水的氢氧化物或硫化物而沉淀分离,残渣掩埋,清液达环保排放标准后可排放;废铬酸洗液可加入 $FeSO_4$,使六价铬还原为无毒的三价铬后按普通重金属离子废液处理;含氰废液量少时可先加入 $NaOH$ 调至 pH>10,再加适量 $KMnO_4$ 使 CN^- 氧化分解去毒,量多时则可在碱性介质中加入 $NaClO$,使 CN^- 氧化分解成 CO_2 和 N_2。

六、实验室的应急处理

1. 实验室事故的处理

①创伤:因玻璃仪器破碎造成的伤口不能直接用手抚摸,也不能直接用水洗涤。应先把碎玻璃从伤处挑出,轻伤可涂紫药水(或碘酒),必要时撒些消炎粉或敷些消炎膏,用绷带包扎。

②烫伤:用冷水洗涤伤处。伤处皮肤未破时可涂擦饱和 $NaHCO_3$ 溶液或用 $NaHCO_3$ 粉调成糊状敷于伤处,也可抹獾油或烫伤膏;如果伤处皮肤已破,可涂些紫药水或 0.1% $KMnO_4$ 溶液。

③受酸腐蚀致伤:先用大量水冲洗,再用饱和 $NaHCO_3$ 溶液(或稀氨水、肥皂水)洗,最后再用水冲洗,如果酸溅入眼内,用大量水冲洗后,送校医院诊治。

④受碱腐蚀致伤:先用大量水冲洗,再用 2% 醋酸溶液或饱和硼酸溶液洗,最后用水冲洗。如果碱溅入眼中,应立刻用硼酸溶液洗。

⑤受溴腐蚀致伤:用苯或甘油洗涤伤口,再用水洗。

⑥受磷灼伤:用 1% 硝酸银、5% 硫酸铜或浓高锰酸钾溶液洗涤伤口,然后包扎。

⑦吸入刺激性或有毒气体:吸入氯气、氯化氢气体时,可吸入少量酒精和乙醚的混合蒸气

解毒。吸入硫化氢气体或一氧化碳气体而感到不适时,应立即到室外呼吸新鲜空气。但应注意氯、溴中毒时不可进行人工呼吸,一氧化碳中毒时不可施用兴奋剂。

⑧毒物进入口内:将 5 mL～10 mL 5％硫酸铜溶液加入温水中,内服后用手指伸入咽喉部,促使呕吐,吐出毒物,然后立即送医院。

⑨触电:首先切断电源,然后在必要时进行人工呼吸施救。

⑩起火:起火后,要立即一面灭火,一面防止火势蔓延(例如,采取切断电源、移走易燃药品等措施)。灭火时要针对起因选用合适的方法,一般的小火可用湿布、石棉布或沙子覆盖燃烧物,即可灭火。火势大时可使用泡沫灭火器,但电器设备所引起的火灾只能使用二氧化碳或 CCl_4 灭火器灭火,不能使用泡沫灭火器,以免触电。活泼金属如钠、镁以及白磷等着火时,宜用干沙灭火,不宜用水、泡沫灭火器以及 CCl_4 灭火器等。实验人员衣服着火时,切勿惊慌乱跑,应立即脱下衣服,或用石棉布覆盖着火处。

⑪伤势较重者,应立即送医院。

2. 实验室急救药箱的配备

为了对实验室意外事故进行紧急处理,实验室应配备急救药箱,常备药品清单如下:

①红药水　　　　　　②碘酒(3％)　　　　　③烫伤膏
④碳酸氢钠溶液(饱和)　⑤饱和硼酸溶液　　　⑥醋酸溶液(2％)
⑦氨水(5％)　　　　　⑧硫酸铜溶液(5％)　　⑨氯化铁溶液(止血剂)
⑩高锰酸钾固体　　　　⑪甘油　　　　　　　⑫消炎粉

另外,消毒纱布、消毒棉(均放在玻璃瓶内,磨口塞紧)、剪刀、氧化锌橡皮膏、棉花棒等也是不可缺少的。

3. 实验室常用的灭火器及其适用范围

表绪-1　常用灭火器及其适用范围

灭火器类型	药液成分	适用范围
酸碱式灭火器	H_2SO_4 和 $NaHCO_3$	非油类和电器失火的一般初起火灾
泡沫灭火器	$Al_2(SO_4)_3$ 和 $NaHCO_3$	适用于油类起火
二氧化碳灭火器	液态 CO_2	适用于扑灭电器设备、小范围油类及忌水的化学物品的失火
四氯化碳灭火器	液态 CCl_4	适用于扑灭电器设备及小范围的汽油、丙酮等失火。不能用于扑灭活泼金属钾、钠的失火,因 CCl_4 会强烈分解,甚至爆炸。电石、CS_2 的失火也不能使用它,因为会产生光气一类的毒气
干粉灭火器	主要成分是碳酸氢钠等盐类物质与适量的润滑剂和防潮剂	扑救油类、可燃性气体、电器设备、精密仪器、图书文件和遇水易燃烧物品的初起火灾
1211 灭火剂	CF_2ClBr 液化气体	特别适用于扑灭油类、有机溶剂、精密仪器、高压电气设备的失火

七、化学实验中数据的表达与处理

1. 测量误差

由于实验方法和实验设备的不完善,周围环境的影响,以及人的观察力、测量程序等限制,实验观测值和真值之间总是存在一定的差异。人们常用绝对误差、相对误差或有效数字来说明一个近似值的准确程度。为了评定实验数据的精确性或误差,认清误差的来源及其影响,需要对实验的误差进行分析和讨论。由此可以判定哪些因素是影响实验精确度的主要方面,从而在以后实验中,进一步改进实验方案,缩小实验观测值和真值之间的差值,提高实验的精确性。

(1)误差与偏差

①误差与准确度

误差可以用来衡量测定结果准确度的高低。准确度是指在一定条件下,多次测定的平均值与真实值的接近程度。误差越小,说明测定的准确度越高。

误差可以用绝对误差和相对误差来表示:

$$绝对误差 \qquad E = \bar{x} - x_T$$
$$相对误差 \qquad E_r = E/x_T$$

式中,$\bar{x}$ 为多次测定的算术平均值,$\bar{x} = \dfrac{1}{n}\sum_{i=1}^{n} x_i = \dfrac{x_1 + x_2 + \cdots + x_n}{n}$,$x_T$ 为真实值。为了避免与物质的质量分数相混淆,相对误差一般常用千分率(‰)表示。

如果测定平均值大于真实值,绝对误差为正值,表明测定结果偏高;如果测定平均值小于真实值,绝对误差为负值,表明测定结果偏低。

由于相对误差反映了误差在真实值中所占的比例,因而它更有实际意义。例如,使用分析天平称量两物体的质量各为 1.526 8 g 和 0.152 6 g,假定两物体的真实值分别为 1.526 7 g 和 0.152 5 g,则两物体称量的绝对误差分别为:

$$E_1 = 1.526\ 8 - 1.526\ 7 = +0.000\ 1\ \text{g}$$
$$E_2 = 0.152\ 6 - 0.152\ 5 = +0.000\ 1\ \text{g}$$

显然,两物体称量的绝对误差是相同的。但是,两物体称量的相对误差分别为:

$$E_{r_1} = +0.000\ 1\ \text{g} / 1.526\ 7\ \text{g} = +0.06‰$$
$$E_{r_2} = +0.000\ 1\ \text{g} / 0.152\ 5\ \text{g} = +0.6‰$$

可见,两物体称量的绝对误差相同,但由于两物体的质量不同,其称量的相对误差就不同。当绝对误差一定时,物体的质量越大,称量的相对误差就越小,误差对测定结果的准确度的影响就越小。

需要指出,真实值是客观存在但又难以得到的。这里所说的真实值是指人们设法采用各种可靠的分析方法,由不同的具有丰富经验的分析人员、在不同的实验室进行反复多次的平行测定,再通过数理统计的方法处理而得到的相对意义上的真值。例如,被国际会议和国际标准化组织在国际上公认的一些量值,像原子量,以及国家标准样品的标准值等,都可以认为是真值。

②偏差与精密度

在不知道真实值的时候,可以用偏差的大小来衡量测定结果的好坏。

偏差又称为表观误差,是指各次测定值与测定的算术平均值之差。偏差可以用来衡量测定结果精密度的高低。

精密度是指在同一条件下,对同一样品进行多次重复测定时各测定值相互接近的程度。偏差越小,说明测定的精密度越高。

偏差同样可以用绝对偏差和相对偏差来表示。

一组平行测定值中,单次测定值(x_i)与算术平均值($\overline{x}$)之间的差称为该测定值的绝对偏差d,简称偏差:

$$d_i = x_i - \overline{x}$$

偏差在算术平均值中所占的比例称为相对偏差:

$$d_r = \frac{d_i}{\overline{x}}$$

由于各次测定值对平均值的偏差有正有负,故偏差之和等于零。为了说明分析结果的精密度,通常用平均偏差($\overline{d}$)衡量:

$$\overline{d} = \frac{|d_1| + |d_2| + \cdots + |d_n|}{n} = \frac{\sum\limits_{i=1}^{n} |x_i - \overline{x}|}{n}$$

平均偏差没有负值。

$$\overline{d}_r = \frac{\overline{d}}{\overline{x}}$$

用平均偏差表示精密度比较简单。但是,由于在一系列的测定结果中,小偏差占多数,大偏差占少数,如果按总的测定次数求平均偏差,所得的结果会偏小,大偏差得不到应有的反映。

③准确度与精密度的关系

一个理想的测定结果,既要精密度高,又要准确度高。精密度高是保证准确度好的先决条件。精密度低,所测结果不可靠,就失去了衡量准确度的前提。但是,高的精密度不一定能保证高的准确度,可能有系统误差。只有在消除了系统误差之后,精密度高的分析结果才是既准确又精密的。初学者的分析结果不准确,往往是由于操作上的过失造成的,这多数可以从初学者分析结果的精密度不合格上反映出来。因此初学者在分析测定过程中,首先要努力做到使自己测定结果的精密度符合规定的标准。

(2)误差的分类

根据误差的性质和产生的原因,一般分为系统误差、偶然误差(或随机误差)、过失误差三类。

①系统误差

系统误差是指在测量和实验中未发觉或未确认的因素所引起的误差,而这些因素影响结果永远朝一个方向偏移,其大小及符号在同一组实验测定中完全相同。实验条件一经确定,系统误差就获得一个客观上的恒定值。当改变实验条件时,就能发现系统误差的变化规律。

系统误差产生的原因包括:测量仪器不良,如刻度不准、仪表零点未校正或标准表本身存在偏差等;周围环境的改变,如温度、压力、湿度等偏离校准值;实验人员的习惯和偏向,如读数偏高或偏低等引起的误差。将仪器的缺点、外界条件变化影响的大小、个人的偏向等方面分别加以校正后,系统误差是可以清除的。

②偶然误差(或随机误差)

在已消除系统误差的一切量值的观测中,所测数据仍在末一位或末两位数字上有差别,而且它们的绝对值时大时小,符号时正时负,没有确定的规律,这类误差称为偶然误差(或随机误差）。偶然误差产生的原因不明，因而无法控制和补偿。但是，倘若对某一量值做足够多次的等精度测量后，就会发现偶然误差完全服从统计规律，误差的大小或正负的出现完全由概率决定。因此，随着测量次数的增加，随机误差的算术平均值趋近于零，所以以多次测量结果的算数平均值将更接近于真值。

③过失误差

过失误差是一种显然与事实不符的误差，它往往是由于实验人员粗心大意、过度疲劳和操作不正确等原因引起的，此类误差无规律可循。

（3）误差的避免

系统误差可以采用一些办法来加以校正，使之减免。例如，在测定物质组成时，选用公认的标准方法与所采用的方法进行比较，可以找出校正数据，消除方法误差；在实验前对使用的砝码、容量器皿或其他仪器进行校正，可以消除仪器误差；进行空白试验，即在不加试样的情况下，按照试样测定步骤和分析条件进行分析实验，所得的结果称为空白值，从试样的测定结果中扣除此空白值，就可消除由试剂、蒸馏水及器皿引入的杂质所造成的系统误差；进行对照试验，即用已知含量的标准试样按所选用的测定方法，用同样的试剂，在同样的条件下进行测定，找出改正数据或直接在实验中纠正可能引起的误差。对照试验是检查测定过程中有无系统误差的最有效的方法。

偶然误差的平均值会随着测定次数的增加趋于零。因此，根据这一规律，可以采取适当增加测定次数，取其平均值的办法减小偶然误差。

过失误差会对计量或测定结果带来严重影响，必须注意避免。如果证实操作中有过失，则应将所得结果删除。为此，在实验中必须严格遵守操作规程，一丝不苟，耐心细致，养成良好的实验习惯，尽量消除过失误差。

2. 化学计算中的有效数字

（1）有效数字的概念及其位数的确定

有效数字是实际能够测量到的数字，是根据测量仪器和观察的精确程度来决定的。例如，测量液体的体积时，在最小刻度为 1 mL 的量筒中测得该液体的弯月面最低处是在25.3 mL的位置，其中 25 mL 是直接由量筒的刻度读出的，是准确的，0.3 mL 是由肉眼估计的，它可能有 ±0.1 mL 的出入，是可疑的，而该液体的液面在量筒中的读数 25.3 mL 均为有效数字，故有效数字为 3 位。如果该液体在最小刻度为 0.1 mL 的滴定管中测量时，它的弯月面最低处是在25.35 mL 的位置，其中 25.3 mL 是直接由滴定管的刻度读出的，是准确的，0.05 mL 是由肉眼估计的，它可能有 ±0.01 mL 的出入，是可疑的，而该液体的液面在滴定管中的读数 25.35 mL均为有效数字，故有效数字为 4 位。从以上例子可知，从仪器上能直接读出（包括最后一位估计读数在内）的数字称为有效数字。实验数据的有效数字与测量用的仪器的精确度有关。由于有效数字中的最后一位数字已经不是十分准确，因此任何超过或低于仪器精确程度的有效位数的数字都是不恰当的。例如，在台秤上读出的数值 5.6 g 不能写作5.600 0 g；在分析天平上读出的数值 5.600 9 g 不能写作 5.6 g，这是因为前者夸大了实验仪器的精确度，后者缩小了实验仪器的精确度。

移液管虽只有一个刻度，但应精确到小数点后第 2 位。例如，25 mL 移液管其精确度规定为 ±0.01 mL，即读数为 25.00 mL，不能读作 25 mL。同样，容量瓶也只有一个刻度，如 50 mL容量瓶其精确度规定为 ±0.01 mL，其读数为 50.00 mL。

由上述可知，化学中的有效数字与数学上的数有着不同的含义，数学上的数仅表示大小，化学中的有效数字不仅表示量的大小,而且还反映了所用仪器的精确度,各种仪器由于测量的精确度不同,其有效数字的位数也不同。

数字 1,2,3,4,5,…,9 都可以作为有效数字,只有"0"有些特殊。"0"是否是有效数字与"0"在数字中的位置有关。"0"在数字前,仅起定位作用,不是有效数字,如 0.027 5 中,数字 2 前的两个"0"都不是有效数字,所以 0.027 5 是 3 位有效数字。"0"在数字中间或数字后面时,则是有效数字,如 2.006 5 中的 2 个"0"都是有效数字,共 5 位有效数字,6.500 0 中的 3 个"0"都是有效数字,共 5 位有效数字。

此外,在化学计算中一些不需经过测量所得数值(如倍数或分数等)的有效数字位数,可认为无限制,即在计算中需要几位就可以写几位。

(2)有效数字的运算规则

①加减法

在计算几个数字相加或相减时,所得的和或差的有效数字中小数的位数应与各加减数中小数的位数最少者相同。例如,2.011 4＋31.25＋0.357＝33.62。

可见小数位数最少的数是 31.25,其中的"5"已是可疑,相加后使得和 33.618 4 中的"1"也可疑,因此再多保留几位已无意义,也不符合有效数字只保留一位可疑数字的原则,这样相加后,按"四舍五入"的规则处理,结果应是 33.62。一般情况,可先取舍后运算。

②乘除法

在计算几个数相乘或相除时,其积或商的有效数字位数,应与各数值中有效数字位数最少者相同,而与小数点的位置无关。例如,1.202×21＝25。

显然,由于 21 中的"1"是可疑的,使得积 25.242 中的"5"也可疑,所以保留 2 位即可,其余按"四舍五入"处理,结果是 25。也可先取舍后运算。

③对数

进行对数运算时,对数值的有效数字只由小数部分的位数决定,首数部分为 10 的幂数,不是有效数字。如,2 345 为 4 位有效数字,其对数 lg 2 345＝3.370 1,尾数部分仍保留 4 位。首数"3"不是有效数字,故不能记成:lg 2 345＝3.370,这只有 3 位有效数字,就与原数 2 345 的有效数字位数不一致了。例如,pH 的计算中,若 $c_{H^+}=4.9\times10^{-11}$ mol·L^{-1},是 2 位有效数字,所以 pH＝$-\lg c_{H^+}$＝10.31,有效数字仍只 2 位,反之,由 pH＝10.31 计算氢离子浓度时,也只能记作 $c_{H^+}=4.9\times10^{-11}$,而不能记作 4.898×10^{-11}。

注:现有根据"四舍六入五成双"来处理的。即凡末位有效数字后边的第一位数字大于 5,则在其前一位上增加 1;小于 5 则弃去不计;等于 5 时,如前一位为奇数,则增加 1,如前一位为偶数,则弃去不计。例如,对 21.024 8,取 4 位有效数字时,结果为 21.02。取 5 位有效数字时,结果为 21.025,但将 21.025 与 21.035 取 4 位有效数字时,则分别为 21.02 与 21.04。

3. 化学实验中的数据表达与处理

数据处理是指从获得的数据得出结果的加工过程。包括记录、整理、计算、分析等处理方法。用简明而严格的方法把实验数据所代表的事物内在的规律提炼出来,就是数据处理。正确处理实验数据是实验的基础能力之一。根据不同的实验内容及不同的要求,可采用不同的数据处理方法。在无机化学实验中较常用的数据处理方法有列表法和作图法。

(1)列表法

获得数据后的第一项工作就是记录,欲使测量结果一目了然,避免混乱、丢失数据,便于查对和比较,列表法是最好的方法。制作一份适当的表格,把被测量和测量的数据一一对应地排列在表中,就是列表法。

列表法的优点:

①能够简单地反映出相关物理量之间的对应关系,清楚明了地显示出测量数值的变化情况。

②较容易从排列的数据中发现个别有错误的数据。

③为进一步用其他方法处理数据创造了有利条件。

设计实验数据表格应注意的事项:

①表格设计要力求简明扼要,一目了然,便于阅读和使用。记录、计算项目要满足实验需要。

②表头列出物理量的名称、符号和计量单位。符号与计量单位之间用斜线"/"隔开。斜线不能重叠使用。计量单位不宜混在数字之中,造成分辨不清。

③注意有效数字位数,即记录的数字应与测量仪表的准确度相匹配,不可过多或过少。

④为便于引用,每一个数据表都应在表的上方写明表号和表题(表名)。表号应按出现的顺序编写并在正文中有所交代。

⑤数据书写要清楚整齐。修改时宜用单线将错误的划掉,将正确的写在下面。各种实验条件及记录者的姓名可作为"表注",写在表的下方。

列表法是最基本的数据处理方法,一个好的数据处理表格,往往就是一份简明的实验报告,因此,在表格设计上要舍得下功夫。

(2)作图法

在研究两个物理量之间的关系时,把测得的一系列相互对应的数据及变化的情况用曲线表示出来,这就是作图法。

作图法的优点:

①能够形象、直观、简便地显示出物理量的相互关系以及函数的极值、拐点、突变或周期性等特征。

②具有取平均的效果。因为每个数据都存在测量不确定度,所以测量点不可能全在曲线上,而是靠近和匀称地分布在曲线的两侧,故曲线具有多次测量取平均的效果。

③有助于发现测量中的个别错误数据。虽然曲线不可能通过所有的数据点,但不在曲线上的点都应是靠近曲线才合理。如果某一个点离曲线明显地远了,说明这个数据错了,要分析产生错误的原因,必要时可重新测量或剔除该测量点的数据。

④作图法是一种基本的数据处理方法,不仅可以用于分析物理量之间的关系,求经验公式,还可以求物理量的值。但受图纸大小的限制,一般只有3~4位有效数字,且连线具有较大的主观性。

在报告实验结果时,一条正确的曲线往往胜过数百文字的描述,它能使实验中各物理量间的关系一目了然,所以只要有可能,实验结果就要用曲线表示出来。

作图规则:

①列表。按列表规则,将作图的有关数据列成完整的表格,注意名称、符号及有效数字的规范使用。

②选择坐标纸。作图必须用坐标纸,应根据物理量的函数关系选择合适的坐标纸。最常用的是直角坐标纸,此外还有对数坐标纸、半对数坐标纸、极坐标纸等。

坐标纸的大小要根据测量数据的有效位数和实验结果的要求来决定,原则是以不损失实验数据的有效数字和能包括全部实验点作为最低要求,即坐标纸的最小分格与实验数据的最后一位准确数字相当。在某些情况下,列入数据的有效位数太少使得图形太小,还要适当放大以便观察,同时也有利于避免由于作图而引入附加的误差;若有效位数过多,又不宜把该轴取得过长时,则应适当牺牲有效位数,以求纵横比适度。

③标出坐标轴的名称和标度。通常横轴代表自变量,纵轴代表因变量,在坐标轴上标明所代表物理量的名称(或符号)和单位,标注方法与表的栏头相同,即量的符号(可用汉字)除以单位的符号。横轴和纵轴的标度比例可以不同,其交点的标度值不一定是零。选择原点的标度值来调整图形的位置,使曲线不偏于坐标的一边或一角;选择适当的分度比例来调整图形的大小,使图形充满纸。分度比例要便于换算和描点,例如,不要用 4 个格代表 1(单位)或用 1 格代表 3(单位)一般取 $1,2,5,10,\cdots$,标度值按整数等间距(间隔不要太稀或太密,以便于读数)标在坐标纸上。

④描点和连线。根据测量数据,用铅笔在坐标图纸上用"+"或"×"标出各测量点,使各测量数据坐落在"+"或"×"的交叉点上。同一图上的不同曲线应当用不同的符号,如"×"、"+"、"⊙"、"△"、"□"等。用直尺或曲线板把数据点连成直线或光滑曲线。连线应能反映出两物理量关系的变化趋势,而不应强求通过每一个数据点,应使在曲线两旁的点有较匀称的分布,使曲线有取平均的作用。用曲线板连线的要领是:看准四个点,连中间两点间的曲线,依次后移,完成整个曲线。

⑤在图上的空位置上写出完整的图名、绘制人姓名及绘制日期。

第二章 基本操作

实验 1 仪器的认领、洗涤与干燥

【实验目的】

1. 熟悉无机化学实验室的规章制度和实验要求。
2. 领取无机化学实验常用仪器,熟悉其名称、规格及使用注意事项。
3. 学习常用仪器的洗涤和干燥方法。

【实验内容】

一、仪器的认领及其使用方法

1. 仪器的认领

按仪器数量、规格型号逐个领取仪器,填写仪器认领清单(见表 1-1)并认识无机实验常用仪器(如图 1-1 所示)。

表 1-1 无机化学实验仪器清单

品 名	规格	数量	品 名	规格	数量
烧杯(beaker)	500 mL	1	移液管(pipet)	10 mL	1
	250 mL	1	比色管(calorimetric tube)	5 mL	3
	100 mL	2	表面皿(watch glass)	9 cm	1
	50 mL	2	蒸发皿(evaporating dish)	9 cm	1
容量瓶(volumetric flask)	100 mL	1	坩埚(crucible)	小	1
洗瓶(wash bottle)	250 mL	1	泥三角(clay triangle)	小	1
锥形瓶(erlenmeyer flask)	150 mL	1	井穴板(well board)	6 孔	1
	50 mL	2		9 孔	2
硬质试管(test tube)	15×150	2	微量滴头(minim eye dropper)		2
离心试管(centrifugal tube)	10 mL	10	多用滴管(multiuse dropper)		4
微型试管(micro-test tube)	12×80	6	温度计(thermometer)	150 ℃	1
pH 比色板(pH color disc)	1~14	1	玻璃棒(glass rod)		1
量筒(graduated cylinder)	50 mL	1	洗耳球(suction ball)	中号	1
	25 mL	1	药品箱(medical box)		1
	10 mL	1	酒精灯(alcohol lamp)	150 mL	1

续表

品　名	规格	数量	品　名	规格	数量
镊子(plier)	15 cm	1	石棉网(asbestos net)	中号	1
试管架(test tube rack)	30 孔		三脚架(tripod)		1
试管夹(test tube clamp)	木制	1	玻璃漏斗(glass funnel)	6 cm	1
试管刷(test tube brush)	大	1	布氏漏斗(Buchner funnel)	4 cm	1
	小	1	抽滤瓶(filtering flask)	100 mL	1

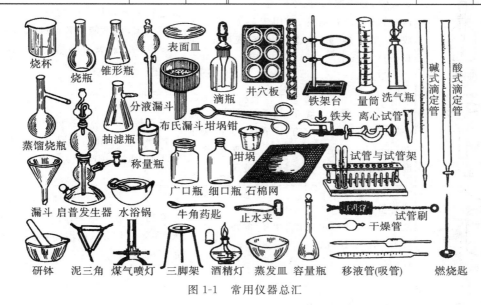

图 1-1　常用仪器总汇

2. 常用仪器的使用方法与注意事项

无机化学实验中常用仪器的使用方法与注意事项见表 1-2。

表 1-2　常用仪器的使用方法与注意事项

仪器	规格	主要用途	使用方法和注意事项
试管、离心试管	分为硬质、软质、有刻度、无刻度、有支管、无支管等。按容量分为 5 mL、10 mL、15 mL、20 mL、25 mL 等。无刻度的按管外径×管长(mm)区分,如 15 mm×75 mm 等	常温或加热条件下作少量试剂反应容器,便于操作和观察。带支管的试管可用于收集、检验少量气体产物。离心试管可用于沉淀分离	反应液不超过试管容积的 1/2,加热时反应液不超过试管容积的 1/3,以防溅出。管外水应擦干后再加热,防止试管因有水滴使受热不匀而破裂和烫手。加热液体时,管口倾斜 45°,防爆沸,管口不对人。加热固体时管口略向下倾,增大受热面,同时可避免管内冷凝水回流而使试管破裂。离心试管不可直接加热
烧杯	分为硬质、软质,一般按容量分为 25 mL、50 mL、100 mL、150 mL、200 mL、250 mL、500 mL 等	常温或加热下作大量物质反应器,反应物易混合均匀	反应液不超过烧杯容积的 2/3,加热时反应液不超过烧杯容积的 1/2,以防溅出。加热时应擦干外壁,烧杯底垫石棉网,以防因受热不均而破裂

仪器	规格	主要用途	使用方法和注意事项
锥形瓶	分为硬质、软质、广口、细口、微型等,一般按容量分为 50 mL、100 mL、150 mL、200 mL 等	作反应容器。振荡方便,适用于滴定	盛液不能太多,以防溅出。加热时应垫石棉网或置于水槽中,以防因受热不均而破裂
滴瓶	玻璃质,分为棕色、无色两种,滴管上带有橡皮胶头。按容量分为 15 mL、30 mL、60 mL、125 mL 等	用于盛放少量液体试剂或溶液,便于取用	棕色瓶装见光易分解物质。滴管不能吸得太满,也不能倒置,以防试剂侵蚀橡皮胶头。滴管需专瓶专用,不得弄乱、弄脏,以防污染试剂
漏斗	分为长颈、短颈,规格(按斗径大小分)有 60 mm、100 mm 等,热漏斗用于热滤	用于过滤液体,倾注液体,长颈漏斗常装配气体发生器,加液用	不可直接加热。过滤时漏斗颈尖端必须紧靠承接滤液的容器内壁。用长颈漏斗加液时斗颈应插入液面内
称量瓶	按容量分为:高型:10 mL、20 mL 等;矮型:5 mL、10 mL、15 mL 等	用于准确称取一定量固体药品	不能加热,盖子是磨口配套的,不得丢失、弄乱。不用时应洗净,磨口处垫纸条,防止粘连
量筒	按容量分为 5 mL、10 mL、20 mL、25 mL、50 mL、100 mL、200 mL 等,上部大下部小的叫量杯	用于量取一定体积的液体	应竖直放在桌面上读数。视线与弯月面相切,不可加热,不可作为实验容器(溶解、稀释等),不可量热液体
移液管	刻度管型和单刻度胖肚型。按最大标度分为 1 mL、2 mL、5 mL、10 mL、25 mL 等,微量分为 0.1 mL、0.2 mL、0.25 mL 等,此外还有自动移液管	用于精确移取一定体积的液体	用时先用待移液润洗 3 次。吸入液体液面超过刻度,用食指按住管口,轻轻放气,使液面降至刻度,移往指定容器,放开食指,使液体注入。最后一滴残留液不要吹出(有"吹"字的除外)
容量瓶	按刻度以下的容量分为 5 mL、10 mL、25 mL、50 mL、100 mL、150 mL、200 mL 等,现在也有塑料塞的	用于配制准确浓度溶液	溶液先在烧杯内全部溶解,然后转入容量瓶。不能加热,避免影响容量瓶的精确度,不能代替试剂瓶存放溶液

续表

仪器	规格	主要用途	使用方法和注意事项
抽滤瓶　布氏漏斗	布氏漏斗为瓷质,以口径大小区分。抽滤瓶为玻璃制品,以容量大小区分,如 250 mL、500 mL 等	两者配套使用,用于晶体或沉淀与液体的分离	不能直接加热。滤纸要略小于漏斗内径,又要将小孔全部盖住,以免漏滤。使用时先抽气,再过滤,停止过滤时要先放气,后关泵
蒸发皿	分为平底、圆底等,规格(按上口径)分为 30 mm、50 mm、60 mm、80 mm、95 mm 等	口大底浅,蒸发速度快,用于蒸发、浓缩溶液,视液体性质不同应选不同材质的蒸发皿	能耐高温,但不宜骤冷。一般放在石棉网上加热
坩埚	瓷质,也有石墨、石英、铁、Ni、Pt 等材质,规格按容量分为 10 mL、15 mL、25 mL、50 mL 等	强热、煅烧固体用,根据固体性质的不同选用不同质地的坩埚	放在泥三角上直接加强热或煅烧;加热或反应完毕后应用坩埚钳取下,取下后应放置于石棉网上

二、常用仪器的洗涤

玻璃仪器的洗涤方法很多,应根据实验的要求、污物的性质、污染的程度来选用不同的洗涤方法。常用的洗涤方法如下:

1.刷洗:用水和毛刷刷洗,除去仪器上的尘土及部分杂质。

2.用去污粉、肥皂或洗涤剂洗:洗去油污和有机物质,若油污和有机物质仍洗不干净,可用热的碱液洗。

3.用铬酸洗液洗:对于形状特殊的仪器,或者进行对仪器的洁净程度要求很高的实验时,仪器可用洗液洗。洗涤方法如下:

①先将玻璃器皿用水或洗衣粉洗刷一遍,尽量将器皿内的水去掉,以免冲稀洗液;

②然后将洗液倒入待洗容器,反复浸润内壁,使污物被氧化溶解;

③用毕将洗液倒回原瓶内,以便重复使用;

④洗液瓶的瓶塞要塞紧,以防洗液吸水失效。

铬酸洗液的配制:将 25 g $K_2Cr_2O_7$ 溶于少量水中,小心地加入 500 mL 浓硫酸。边加边搅动,冷却后贮于细口瓶中。该溶液有强酸性和强氧化性,去污能力强,适用于洗涤油污及有机物。当洗液的颜色由深棕色变为绿色,即重铬酸钾被还原为硫酸铬时洗涤效能会下降,应重新配制。洗液有强腐蚀性,勿溅在衣物或皮肤上。比色皿应避免使用毛刷和铬酸洗液洗涤。

4.用浓 HCl 洗:可用来洗涤附着在器壁上的氧化剂(如二氧化锰)、大多数不溶于水的无机物等[如灼烧过沉淀物的瓷坩埚,可先用热 HCl(1∶1)洗涤,再用洗液洗]。

5.用氢氧化钠溶液或高锰酸钾溶液洗:可以洗去油污和有机物,洗后在器壁上留下的二氧化锰沉淀可再用盐酸洗。

6.其他洗涤方法:除上述方法外,还可根据污物的性质选用适当试剂,如 AgCl 沉淀可用氨水洗涤,硫化物沉淀可用硝酸加盐酸洗涤。

用以上各种方法洗涤后,经用自来水冲洗干净的仪器上往往还留有 Ca^{2+}、Mg^{2+}、Cl^- 等,如果实验中不允许这些离子存在,应该再用蒸馏水润洗 $2\sim3$ 次(遵循少量多次的原则),洗去附在仪器壁上的自来水。

⚠ 注意事项

洗涤玻璃仪器的基本要求:

1.洗净的仪器壁上不应附着不溶物、油污。仪器可被水完全湿润,将仪器倒过来时,水可顺器壁流下,器壁上不挂水珠,只留下一层薄而均匀的水膜。

2.已洗净的仪器不能用布或纸抹。因为布和纸的纤维会留在器壁上弄脏仪器。

3.在定性、定量的实验中,由于杂质的引入会影响实验的准确性,对仪器洁净的要求比较高,洗涤完毕后应用蒸馏水润洗。但在有些情况下,如一般的无机制备或性质实验中,对仪器的洁净程度要求不高,仪器只要刷洗干净即可,可不用蒸馏水润洗,实验时应视实际情况决定洗涤方法。

三、仪器的干燥

常用仪器可用以下方法干燥:

1.晾干:不急用的仪器,洗净后可倒挂在干净的实验柜内(或仪器架上),任其自然干燥。

2.烘箱烘干:将洗净的仪器尽量倒干水后,仪器口朝下放进烘箱内烘干。烘干仪器时应在烘箱最下层放一搪瓷盘,承接从仪器上滴下来的水,以免水滴到电热丝上,损坏电热丝。

3.烤干:一些常用的烧杯、蒸发皿等仪器可放在石棉网上,用小火烤干;试管可用试管夹夹住,在火焰上来回移动,直至烤干,但必须使管口低于管底,以免水珠倒流至试管灼热部分,使试管炸裂,待烤到不见水珠后,将管口朝上赶尽水汽。

4.气流烘干:试管、量筒等适合在气流烘干器上烘干。

5.电吹风吹干。

6.有机溶剂挥发带走水汽。

图 1-2　实验室中常用的仪器干燥方式

⚠ 注意事项

1.试管内废液必须先倒入废液缸中,然后注水洗涤。实验用水应做到少量多次。

2.不能一手同时握拿多支试管。刷洗时用力适度,实验柜内仪器摆放应便于取用。

3.若需用王水洗涤,王水必须现用现配。

4.铬酸洗液常放置在通风橱内,用后要回收。

【实验习题】

　　1. 如何理解铬酸洗液的洗涤性能？

　　2. 烤干试管时为什么管口应略向下倾斜？

　　3. 什么样的仪器不能用加热的方法进行干燥，为什么？

　　4. 画出主要仪器的平视图与立体图（可参考北京师范大学编《无机化学实验》第三版，第9页）。

【实验报告及书写要求】

　　每次做完实验后均应及时上交实验报告，书写无机化学实验报告应根据实验的类型有所侧重，常见的基本格式见附录11。

实验 2　酒精喷灯的使用与玻璃管的加工

【实验目的】

1. 了解酒精喷灯的构造,掌握其正确的使用方法。
2. 了解玻璃的性质,学习玻璃管与玻璃棒的截断、弯曲、拉制、熔烧、封接等基本操作。
3. 掌握实验过程中的安全保护知识。

【实验内容】

一、酒精喷灯的构造与使用方法

1. 观察酒精喷灯的结构,检查并加装酒精,酒精贮量不宜超过酒精壶的 3/4。酒精喷灯使用一般不超过 60 min,若酒精快用完,应先熄灭酒精喷灯,待其冷却后再添加酒精。

2. 酒精喷灯的预热与点火:在预热盘中加少量酒精,点燃预热至有酒精蒸气逸出时便可点燃酒精喷灯。若无蒸气,可用探针疏通酒精蒸气出口后再预热。

3. 火焰的调节:逐渐加大空气进入量至火焰由黄色逐渐变蓝即可,使火焰保持适当高度。停止使用时,应用石棉网覆盖燃烧口,同时调节空气调节器,减小空气进入量,灯焰即熄灭。然后稍拧松旋塞(铜帽),使灯壶内的酒精蒸气放出。最后将剩余酒精倒出。

4. 火焰性质实验

(1)将石棉网铁丝平放在火焰中,从火焰上部慢慢向下移动,注意观察铁丝网变成红热部分的面积和光亮程度,如图 2-1 所示。

(2)将一根长约 15 cm 的玻璃弯管,分别斜插入火焰内、中、外三层,点燃玻璃管另一端出来的气体,如图 2-2 所示。

根据以上实验,对火焰的各层温度高低和氧化还原性做出结论。

图 2-1　火焰温度试验　　　　　图 2-2　火焰性质试验

二、玻璃管和玻璃棒的截断

1. 玻璃管的截断

将长玻璃管平放在实验台上,用左手握住,在要截断的地方用三角锉刀的棱(或玻璃刀、小砂轮)用力向前或向后划痕(注意只能向一个方向划),如果划痕不明显,可在原处再锉 1～2 下。拿起玻璃管,使玻璃管的划痕朝外,两手的拇指放于划痕背后,轻轻地用力向前推压,同时向两侧拉动,即可使玻璃管折断。将玻璃管截成 15 cm～20 cm 长的短玻璃管若干支,如图 2-3 所示。

观察玻璃管端口颜色,确定玻璃管是硬质玻璃还是软质玻璃。

2. 玻璃管管口的熔光

新截断的玻璃管截口锐利,容易划伤皮肤,需要熔光。可将管口置于酒精喷灯氧化焰的边沿处,不断地转动,如图 2-4 所示,片刻后,管口玻璃毛刺即可熔化而平滑。注意:加热时间不可太长,否则会使管口口径缩小。烧热的玻璃管应放在石棉网上,不可用手去摸发烫的一端。

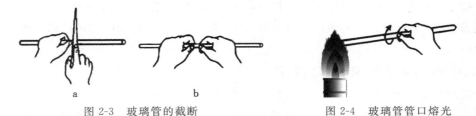

图 2-3　玻璃管的截断　　　　　　　　图 2-4　玻璃管管口熔光

观察玻璃管燃烧时火焰的颜色,确定玻璃管是否为钠玻璃。

三、玻璃管的弯曲

两手手心向上轻握玻璃管的两端,将要弯曲的地方移入酒精喷灯的氧化焰中,来回移动加热玻璃管以增大受热面积,缓慢均匀地转动,转动时两手用力要均等,转速一致,否则玻璃管变软后会扭曲变形。当玻璃管烧至黄红色且适当软化后,从火焰中取出,呈"V"字手形弯曲玻璃管至一定角度。大角度的可一次弯成,小角度的若不能一次弯成,可分几次弯,不过受热部位应适当向左或右调整。转动时可固定一只握玻璃管的手的位置,同时注意不可使玻璃管在火焰中扭曲,如图 2-5 所示。

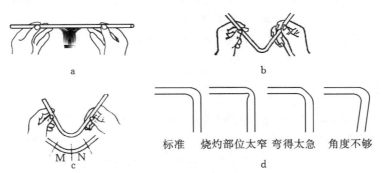

图 2-5　玻璃管的弯曲操作

练习要求:弯 120°、90°、60°三种角度玻璃管各一支。

四、滴管和毛细管的拉制

两手手心向上轻握玻璃管的两端,将要加热的部位移入酒精喷灯的氧化焰中,来回移动加热玻璃管以增大受热面积,均匀用力缓慢地转动玻璃管。当玻璃管烧至黄红色且足够软化后(比弯玻璃管时更软),快速移出火焰,稍等片刻,顺水平轴线方向均匀用力拉玻璃管(拉至中间毛细管内径约为 2 mm,长约为 8 cm),置于石棉网上让玻璃管自然冷却,如图 2-6 所示。

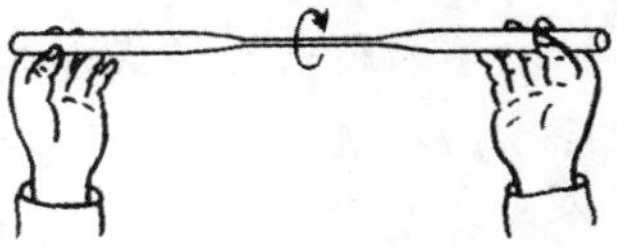

图 2-6　玻璃滴管的拉制

冷却后,按要求将玻璃管用锉刀分割成三段,两端为滴管,套上橡皮胶头,留作以后实验用。为了使橡皮胶头套上后不易脱落,应对滴管端口进行扩口处理,方法是将端口移至氧化焰中烧至黄红色,快速取出垂直置于石棉网上,适度用力向下压至端口比原来稍大即可。此外,滴管尖端也应作熔光处理,但不能使端口封闭。中间为毛细管,熔烧封闭一端后,可用于熔点测定实验时装样品用。

　　弯、拉玻璃管实验成败的关键是掌握好火候和力度。

五、玻璃三通管的制作(选做)

　　分别截取长 8 cm、5 cm 的玻璃管各一支，端口两头熔光后，将长玻管中部某一部位置于氧化焰中烧至黄红色后，将玻璃管的一头用手指封住，从另一头吹气，玻璃管软化的部位会鼓出一小泡，迅速将端口烧红的短玻璃管与之对接上，若对接不好，可继续加热接口部位，吹气直至对接合适为止。

六、小玻璃棒及玻璃药匙的制作

　　小玻璃棒的制作：截取 20 cm 长玻璃棒一支，将两头熔光即可。

　　玻璃药匙的制作：截取 15 cm 长玻璃棒一支，将一头熔光，另一头在氧化焰中烧至黄红色后迅速取出，用镊子夹住使其成为一小铲形状即可。

⚠️ **注意事项**

　　本实验易发生划伤、烫伤和火灾事故。实验时应注意以下几点：

　　1. 不能用燃着的酒精喷灯对接点火，或用纸片点火。若一次未点燃，必须在火焰熄灭冷却后，用捅针疏通酒精蒸气出口，方可再预热。

　　2. 截断玻璃管时，锉刀应向一个方向锉，不可来回拉锯式锉，截断时用力应适度，不可用猛力，以免碎玻璃伤手。

　　3. 弯制的玻璃管应有序地置于石棉网上冷却，由于冷玻璃管与热玻璃管在外观上很难区分，应注意提醒自己和他人，不要随意碰拿，防止烫伤。

　　4. 制滴管时，要尽量一次拉成，(注意)不能边烧边拉。

　　5. 熔烧时应避免几根玻璃棒(管)相接触。

【实验习题】

　　1. 本实验中你使用的玻璃管是属于哪类玻璃？在操作上有何要求？

　　2. 怎样拉制滴管？制作滴管应注意些什么？

　　3. 酒精喷灯火焰分为几层？各层的温度和性质是怎样的？

　　4. 当酒精意外溢出使桌面起火时，应怎样处理？

〘补充材料〙

酒精喷灯的结构

　　酒精喷灯分座式和挂式(如图 2-7、2-8 所示)两种，其构造原理相同。座式酒精喷灯由灯管、灯座、酒精储壶、预热盘、空气调节器组成。灯管的下部有螺旋与灯座相连，灯管下部的几个圆孔是空气的入口，可通过调节酒精蒸气或空气的进入量来控制火焰的大小。

图 2-7　座式喷灯　　　　　　图 2-8　挂式喷灯

火焰的结构

火焰可分为三层,如图 2-9 所示,其各层的燃烧情况及作用见表 2-1。

表 2-1　火焰各层的燃烧情况及作用

名称	温度	燃烧情况及作用
内焰 (灰黑)	最低(300 ℃)	酒精与空气混合,并未燃烧
中焰 (淡蓝)	较高(800 ℃以上)	酒精与空气燃烧不完全,含有 C、CO,火焰具有还原性(还原焰),用于直接加热液体(或固体)、蒸发浓缩溶液以及干燥晶体等
外焰 (淡紫)	高(1 100 ℃)	酒精完全燃烧,由于含有过量的空气,火焰具有氧化性(氧化焰),主要用于灼烧和加工玻璃制品等。这部分火焰又叫强火

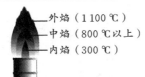

外焰(1 100 ℃)
中焰(800 ℃以上)
内焰(300 ℃)

图 2-9　火焰的结构

临空火焰

图 2-10　临空火焰

侵入火焰

图 2-11　侵入火焰

当完全关闭空气入口时,点燃酒精喷灯,酒精燃烧不完全,便会析出碳质,生成光亮的黄色火焰,且火焰温度不高。逐渐加大空气的进入量至酒精完全燃烧,其火焰为正常火焰;当空气或酒精的进入量调节不当时,会产生不正常火焰。若酒精和空气进入量均很大时,火焰产生于灯管上空,称为"临空火焰"(如图 2-10 所示),当火柴熄灭时,火焰也马上熄灭。若酒精进入量很小而空气进入量很大时,火焰在灯管内燃烧,呈绿色并发出特殊的嘶嘶声,称为"侵入火焰"(如图 2-11 所示)。

玻璃的性质

一、玻璃的性质

了解玻璃的性质对顺利进行实验十分重要,玻璃是由 SiO_2 和 Na_2CO_3 等原料在高温下熔炼而成的,其主要性质有:

1. 无特定的熔点和沸点,加热后缓慢变软成流体,易于加工。

2. 硬度大,莫氏硬度 6~7(比钢铁大)。抗拉强度大($300 kg \cdot cm^{-2} \sim 900 kg \cdot cm^{-2}$),抗压强度高,为抗拉强度的 15 倍,机械性能好,但抗冲击力低($1.31 kg \cdot cm^{-2}$)、易碎裂(长期放置而受潮的玻璃仪器加热时也容易破碎)。

3. 耐酸性能力强,耐碱性能力差些。电绝缘性能好,能与金属封接。

4. 透光性好,耐热性和化学稳定性好。普通玻璃可吸收紫外线,但石英玻璃却能透紫外光和红外光。

5. 热膨胀系数与玻璃种类有关。不同种类差别较大,其中石英玻璃膨胀系数最小,因而可耐急冷急热。玻璃有延迟断裂现象,组装固定玻璃仪器时,夹子不可夹得过紧。

二、玻璃的组成

玻璃是由无机物组成的,其主要成分是 SiO_2(65%~81%),此外还有其他成分:

1. 形成剂:H_3BO_3、GeO_2、As_2O_5、Sb_2O_5、V_2O_5、ZrO_2、P_2O_3、P_2O_5、Sb_2O_3;

2. 改良剂:Na_2O、K_2O、CaO、SrO、BaO、Al_2O_3、BeO、ZnO、CdO、PbO、TiO_2;

3. 其他杂质:Mn_2O_3、Fe_2O_3、As_2O_3、SO_3。

玻璃的化学稳定性因化学组成的不同而不同。大多数玻璃对除氢氟酸、热磷酸及浓碱外的其他化学试剂均较为稳定。值得注意的是,水对各种玻璃都有不同程度的侵蚀作用,主要是因为玻璃发生水解后,其中的 $Na_2H_2SiO_4$、$K_2H_2SiO_4$ 被分解为游离的 H_4SiO_4,并在其表面形成一层性质稳定的不易溶于酸的薄膜。

$$K_2O \cdot xSiO_2 + (1+y)H_2O \Longrightarrow 2KOH + xSiO_2 \cdot yH_2O$$

生成的碱可继续溶解部分 SiO_2,$SiO_2 \rightarrow SiO_2$ 凝胶 $\rightarrow$ 凝胶发生再膨胀 $\rightarrow$ 水进入更深层 $\rightarrow$ 进一步侵蚀玻璃。由此可知碱金属氧化物含量越多,玻璃越易被水解。软质玻璃含 Na^+、K^+、Ca^{2+} 较多,故不宜作为玻璃仪器。如 Na^+、Ca^{2+} 软质玻璃,在潮湿的环境及 CO_2 的长期作用下,可生成碱性物质并转化为结晶体,从而使玻璃表面出现斑点、疏松、风化,玻璃的失透性就是由于上述原因造成的。

三、玻璃的分类及应用

有两种分类方法:

1. 按化学组成分

普通钠钙玻璃、铝镁玻璃:机械性、耐热性和化学稳定性不高。

硼硅酸盐玻璃:机械性、耐热性和化学稳定性较好,但耐碱性差,软化温度高,可制造耐热仪器器件。

无碱低碱硼锌玻璃:机械性、耐热性和化学稳定性及电学性能良好,软化温度高,可制造高温仪器。

铅钡玻璃:电学性能良好,有与金属相适应的膨胀系数,软化温度不高,便于加工操作和封接金属。

高硅氧玻璃:$w_{SiO_2} > 97\%$,由硼硅酸盐加工而成,介于石英玻璃与普通玻璃之间。

2. 按质料特点分

硬质玻璃(又名高硼硅玻璃):SiO_2(80%左右)、硼酸钠(12%)。耐高温、耐高压、耐腐蚀,机械强度高,膨胀系数小,导热性好,耐温差变化,操作温度 <783 K,退火温度 778 K~833 K,短时间内可加热到 873 K,但冷却退火时需均匀缓慢,以减少永久应力,具有良好的火焰加工性能。多用于制造烧杯、烧瓶、压力管及成套实验装置。是一种抗腐蚀防离子污染的良好材料,如国产 GG-17、95 料玻璃属于此类。

软质玻璃(又称普通玻璃):按成分可分为钠钙玻璃(SiO_2、CaO、Na_2O)和钾玻璃(SiO_2、CaO、K_2O、Al_2O_3、B_2O_3)。在耐腐蚀、硬度、透明度和失透性方面钾玻璃比钠玻璃要好,但在热稳定性方面差些。钾玻璃软化温度低、耐碱性强、不易失透,适于灯焰加工,但因不能承受过大的温差,常用于制造不直接受热的仪器,如滴定管、移液管、量筒等;因其膨胀系数接近 Pt,故可与 Pt 丝封接。

四、玻璃管质料的鉴别方法(见表 2-2)

表 2-2　玻璃管质料的鉴别方法

方法	说明
管端颜色	软质玻璃呈青绿色,硬质玻璃呈黄色或白色,颜色越浅则质料越硬,重量越轻
加热	软质玻璃:加热不久就软化。若是铝玻璃则同时变黑,钠玻璃火焰呈微黄色 硬质玻璃:短时间加热不软化,长时间加热可软化,离开火焰就变硬
锉痕	在锉痕处滴 HF(1%),出现浑浊的是钠、钾、铅玻璃,否则为其他类型的玻璃

实验 3　分析天平的使用

【实验目的】

1. 了解电光分析天平的构造、使用方法、技巧、维护及保养。
2. 学习测试分析天平的稳定性（示值变动性）和灵敏度。
3. 学习直接法和减量法两种基本称量方法，正确使用称量纸和称量瓶。
4. 练习用列表法表示实验数据。

【实验内容】

一、外观检查

1. 取下天平罩，叠好，检查砝码盒中砝码是否齐全，镊子是否在盒内，圈码是否完好并正确挂在圈码钩上，读数盘的读数是否在零位。
2. 检查天平是否处于休止状态，天平梁和吊耳的位置是否正常。
3. 检查天平是否处于水平位置，若不水平，可调节天平前部下方支脚底座上的两个水平调节螺丝，使水泡水准器中的水泡位于正中。
4. 天平盘上如有灰尘或其他落入物体，应用软毛刷轻扫干净。

二、零点调节

天平的零点是指天平空载时的平衡点，每次称量前都要先调节天平的零点。天平的外观检查完毕后，接通电源，顺时针转动升降旋钮到底，此时可以看到缩微标尺的投影在光屏上移动，当标尺指针稳定后，若光屏上刻度线与标尺的 0.0 线不重合，可拨动升降旋钮下方的调零拉杆，移动光屏使其重合，零点即调好。若光屏移动至尽头还是不能与标尺的 0.0 线重合，应通过旋转天平梁上的平衡螺丝来调整。

三、示值变动性的测定

示值变动性是指在不改变天平状态的情况下，多次开启天平时其平衡位置的再现性，即数据的再现性，表示称量结果的可靠程度。其值越小，称量结果的可靠性越高。

在天平空载的情况下，多次开启天平，记下每次开启天平后平衡点的读数，反复 4 次，其最大值和最小值的差值即为该天平的空载示值变动性。

$$空载示值变动性 = L_0(最大值) - L_0'(最小值)$$

在天平的左、右盘上各加 20 g 砝码，再测出天平的平衡点并记录其读数，如此反复测定 4 次，计算出天平载重示值变动性的大小。

$$载重示值变动性 = L(最大值) - L'(最小值)$$

四、灵敏度的测定

天平的灵敏度一般规定为增加 1 mg 砝码时引起的天平零点与停点之间所偏移的格数。天平灵敏度正常时，增加 1 mg 砝码时会引起天平零点与停点之间偏移 1 大格或 10 小格（简称格）。灵敏度也常用感量表示，感量是指指针偏移一格时所需的质量（以 mg 表示）。

$$灵敏度 = \frac{停点-零点}{10}(格/mg) \qquad 感量 = \frac{1}{灵敏度}(mg/格)$$

1. 空载灵敏度

轻轻旋开旋钮以放下天平横梁,记下天平零点后,关上旋钮,托起天平横梁。用镊子夹取 10 mg 圈码,置于天平左盘正中央。重新旋开旋钮,待指针稳定后,读取平衡点处数值,关上旋钮,由平衡点和零点之差算出空载灵敏度(格/mg)及感量(mg/格)。

2. 载重灵敏度

天平左、右两盘各载重 20 g,用同样的操作测定载重时的灵敏度。天平的灵敏度是天平灵敏性的一种度量,指针移动的距离越大,天平的灵敏度越高。天平载重时,梁的重心将略向下移,故载重后的天平灵敏度有所下降。天平的灵敏度太高或太低都不好,其大小可通过天平立柱上部的灵敏度调节螺丝(又称感量调节螺丝)进行调节。一般要求天平的灵敏度在 98 格/10 mg~102 格/10 mg 范围内,若低于 98 格/10 mg,应将灵敏度调节螺丝向上调,以便升高天平梁重心,增加其灵敏度;若高于 102 格/10 mg,应将灵敏度调节螺丝向下调,以便降低天平梁重心,降低其灵敏度。

五、称量练习

1. 直接法称量练习

用直接法准确称取 0.2 g~0.3 g 给定的固体试样(精确到小数点后第 4 位)。

提示:称量纸叠成凹形,放入天平左盘中央,先称量纸(约 0.1 g~0.2 g),再小心加入试样到称量纸上,称称量纸与试样总质量。

注意:不要将试样撒落在桌面上或称量盘中。

2. 减量法称量练习

用减量法准确称取 2 份 0.2 g~0.3 g 给定的固体试样(精确到小数点后第 4 位)。

提示:先在称量瓶中装入 1 g 左右的固体试样,盖上瓶盖后在台秤上粗称。然后放入天平左盘中央,准确称出其质量。再用纸条套住称量瓶,将其夹出,小心倾斜称量瓶,轻碰瓶口,使试样落入干净的烧杯中,再将称量瓶放入天平左盘中央,准确称出其质量,两次称量的差值即为所称试样的质量。

注意:若从称量瓶中倒出的药品太多,不能再倒回称量瓶中,应重新称量。天平称量操作应耐心细致,不可急于求成。

【实验习题】

1. 称量时如何保持分析天平的灵敏度?保持天平的灵敏度主要取决天平的什么零件?
2. 在什么情况下用直接法称量?什么情况下则需用减量法称量?
3. 用半自动电光天平称量时,如何判断是该加砝码还是减砝码?
4. 减量法称量成功的关键是什么?用减量法称取试样时,若称量瓶内的试样吸湿,将对称量结果造成什么影响?若试样倾倒入烧杯后再吸湿,对称量结果是否有影响?

补充材料

天平的结构与使用

1. 天平的种类

天平是化学实验中不可缺少的重要称量仪器,种类繁多,按使用范围大体上可分为工业天平、分析天平和专用天平;按结构可分为等臂双盘阻尼天平、半自动机械加码电光天平和全自动机械加码电光天平、单臂天平和电子天平;按精密度可分为精密天平、普通天平。各类天平结构各异(如图 3-1 所示),但其基本原理相同,都是根据杠杆原理制成的。现以目前广泛使用的半自动机械加码电光天平(TG328)为例说明其结构和使用方法。

半自动机械加码电光天平　　　全自动机械加码电光天平　　　　　电子天平

图 3-1　天平示意图

2.天平的结构

半自动机械加码电光天平的结构如图 3-2 所示。

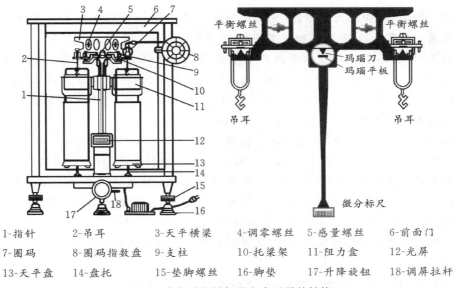

1-指针	2-吊耳	3-天平横梁	4-调零螺丝	5-感量螺丝	6-前面门
7-圈码	8-圈码指数盘	9-支柱	10-托梁架	11-阻力盒	12-光屏
13-天平盘	14-盘托	15-垫脚螺丝	16-脚垫	17-升降旋钮	18-调屏拉杆

图 3-2　半自动机械加码电光天平的结构

主要部件:

(1) 天平梁:天平梁是天平的主要部件之一,梁上左、中、右各装有一个玛瑙刀。装在梁中央的玛瑙刀刀口向下,支承于立柱的玛瑙平板上,用于支撑天平梁,又称支点刀。装在梁两边的玛瑙刀刀口向上,与吊耳上的玛瑙平板相接触,用来悬挂托盘。玛瑙刀口是天平很重要的部件,刀口的好坏直接影响到称量的精确程度。玛瑙硬度大但脆性也大,易因碰撞而损坏,故使用时应特别注意保护玛瑙刀口。

(2) 天平指针:固定在天平梁的中央,指针随着天平梁的摆动而摆动,从光屏上可读出指针的位置。

(3) 升降钮:是控制天平工作和休止状态的旋钮,位于天平正前方下部。

(4) 光屏:通过光电系统使指针下端的标尺放大后,在光屏上可以清楚地读出标尺的刻度,如图 3-3 所示。

(5) 天平盘和天平橱门:天平左、右各有一个托盘,左盘放称量物体,右盘放砝码。光电天平是比较精密的仪器,外界条件的变化容易影响天平的称量,为减少这些影响,称量时一定要将橱门关好。

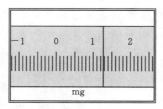

图 3-3 光屏

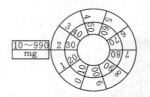

图 3-4 机械加码旋钮

(6)砝码与圈码:天平有砝码和圈码。砝码装在盒内,最大质量为 100 g,最小质量为 1 g。1 g 以下是用金属丝做成的圈码调节。圈码安放在天平的右上角,加减圈码质量的方法是用机械加码旋钮来控制,用它可以加 10 mg～990 mg 的质量,如图 3-4 所示。10 mg 以下的质量可直接在光屏上读出。

3. 天平的称量步骤

(1)称前检查:在使用天平前,首先要检查天平是否水平,机械加码装置是否指示 0.0 位置;吊耳及圈码位置是否正确,圈码是否齐全、有无掉落、缠绕,两盘是否清洁。

(2)零点调节:接通电源,缓缓开启升降旋钮,当天平平衡后,观察光屏上的刻度线是否与缩微标尺上的 0.0 mg 刻度相重合,如不重合,可调节调屏拉杆,移动光屏位置,使之重合,即调好零点。如已将调屏拉杆调到尽头仍不能重合,则需关闭天平,调节天平梁上的平衡螺丝(初学者应在老师的指导下进行)。

(3)称量:打开左侧橱门,将在台秤上粗称(为什么要粗称?)过的被称量物体放在左盘中央,关闭左侧橱门;打开右侧橱门,在右盘上按粗称的重量加上砝码(加砝码的顺序?),关闭右侧橱门,再分别旋转圈码转盘外圈,加上粗称重量的圈码。缓慢开启天平升降旋钮,根据指针或缩微标尺偏转的方向,决定加减砝码或圈码。注意,如指针向左偏转(缩微标尺会向右移动),则表明砝码比物体重,应立即关闭升降旋钮,减少砝码或圈码后再称;反之则应增加砝码或圈码,反复调整直至开启升降旋钮后,光屏刻度线在缩微标尺刻度线的 0.0 到 10.0 mg 之间为止。

(4)读数:当天平平衡后即可读数,其中缩微标尺上一大格为 1 mg,一小格为 0.1 mg,若刻度线在两小格之间,则按四舍五入的原则取舍,不需估读,读取读数后应立即关闭升降旋钮,将称量结果如实记录在记录本上。天平的读数方法:砝码＋圈码＋微分标尺,即小数点前读砝码,小数点后第一、二位读圈码,小数点后第三、四位读微分标尺(如图 3-5 所示,应记为 $m=$ 17.231 3 g)。

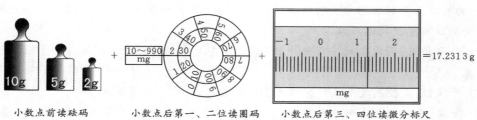

小数点前读砝码   小数点后第一、二位读圈码   小数点后第三、四位读微分标尺

图 3-5 读数的方法

(5)复原:称量完毕,取出被称量物体,砝码放回砝码盒,圈码指数盘回复到 0.00 位置,拔

电源插头,罩好天平布罩,填写天平使用登记本,签名后方可离开。

4.天平的称量方法

天平的称量方法可分为直接称量法(简称直接法)和减量称量法(简称减量法)。

(1) 直接称量法

直接称量法主要用于称取不易吸水、在空气中性质稳定的物质,如称量金属或合金试样。称量时先称出称量纸的质量(m_1),加上试样后再称出称量纸与试样的总质量(m_2)。称出的试样质量 $m = m_2 - m_1$。

(2) 减量称量法

此法用于称取粉末状或容易吸水、被氧化、与二氧化碳反应的物质。减量法称量应使用称量瓶,称量瓶、盖都不能用手直接拿取,而要用干净的纸条套在称量瓶(盖)上夹取。称量时,先将试样装入称量瓶中,在台秤上粗称之后,放入天平中称出称量瓶与试样的总质量(M_1),按图 3-6 所示方法小心倾出部分试样,再称出称量瓶和余下试样的总质量(M_2),称出的试样质量 $M = M_1 - M_2$。

图 3-6　减量称量法

减量法称量时,应注意不要让试样撒落到容器外,当试样量接近要求时,将称量瓶缓慢竖起,用瓶盖轻敲瓶口,使粘在瓶口的试样落入称量瓶或容器中。盖好瓶盖,再次称量,直到倾出的试样量符合要求为止。初学者常常掌握不好量的多少,倾出超出要求的试样量,为此,可少量多次,逐渐掌握并建立起量的概念。

注意:在每次旋动指数盘和取放称量瓶时,一定要先关好旋钮,使天平横梁托起。

5.天平的使用规则

(1)处于承重工作状态的天平不允许进行任何加减砝码、圈码和取放物品等操作。加减砝码、圈码和开启升降旋钮时应做到"轻、缓、慢",以免损坏机械加码装置或使圈码掉落。

(2)不能用手直接接触光电天平的部件及砝码,取砝码要用镊子夹取。

(3)不能在天平上称量热的或具有腐蚀性的物品,不能在金属托盘上直接称量药品。

(4)加减砝码的原则是"由大到小,减半加码",称量时,不可超过天平的最大载重量。

(5)每次称量结束后,应认真检查天平是否休止,砝码是否齐全地放入盒内,机械加码旋钮是否恢复到零位置。全部称量完毕后关好天平橱门,切断电源,罩上布罩,整理好台面,填写好使用记录本。

(6)不得任意移动天平位置。如发现天平有不正常情况或在称量过程中发生了故障,要及时报告指导教师。

实验 4　电子天平的使用及称量练习与滴定分析基本操作练习

【实验目的】

1. 学习和掌握电子天平的基本构造及其使用方法。
2. 学会电子天平的称量方法(直接称量法、减量称量法)。
3. 学习酸碱标准溶液的配制方法。
4. 学习滴定管的使用方法,并掌握滴定分析基本操作。
5. 掌握常用酸碱指示剂的颜色变化,并能正确判断终点。
6. 能正确记录实验数据,并进行精密度的计算(相对平均偏差)。

【实验原理】

1. 电子天平

电子天平是近几年发展起来的最新一代天平,目前应用较广泛的为顶部承载式。它是根据电磁力补偿工作原理,采用石英管管梁制得的(石英管管梁可保证天平极佳的机械稳定性和热稳定性)。电子天平具有自动调零、自动校准、自动去皮和自动显示称量结果等功能。本实验中电子天平的可读性为 $0.000\ 1\ g$,最大称量范围为 $210\ g$,重复性为 $0.000\ 1\ g$,典型稳定时间为 $4.0\ s$。

2. 强酸(HCl)、强碱(NaOH)标准溶液的配制

HCl 和 NaOH 均不属于基准物,不能直接配制成标准溶液,因而常用标定法配制。

配制 $1\ L\ 0.1\ mol \cdot L^{-1}$ HCl 溶液,应移取浓 $HCl(37\%,1.19\ g \cdot cm^{-3}$ 的浓 HCl 浓度约为 $12\ mol \cdot L^{-1})$ 的体积为:

$$V=\frac{0.1 \times 1\ 000}{12} \approx 8.4 (mL)$$

配制 $1\ L\ 0.1\ mol \cdot L^{-1}$ NaOH 溶液,应称取固体 NaOH 的质量为:

$$m=\frac{0.1 \times 1\ 000}{1\ 000} \times 40 = 4 (g)$$

3. 酸碱溶液的互滴

$$HCl + NaOH =\!=\!= NaCl + H_2O$$

【实验仪器与试剂】

仪器　电子天平、酸式滴定管、碱式滴定管、移液管、锥形瓶、滴定管夹、洗耳球、滴定台

试剂　HCl 溶液$(0.1\ mol \cdot L^{-1})$、NaOH 溶液$(0.1\ mol \cdot L^{-1})$、酚酞指示剂、甲基橙指示剂

【实验内容】

一、电子天平称量练习

(一)直接称量法

1. 洗净 3 只表面皿,放入烘箱中烘干,待其冷却后取出。

2.在电子天平上准确称取约 0.300 0 g 试样 3 份于表面皿中。

(二)减量称量法

1.洗净 3 个小烧杯(50 mL),放入烘箱中烘干,待其冷却后取出。

2.用减量法在电子天平上准确称取 0.30 g～0.32 g 试样 3 份。

二、滴定管的选择及使用

(一)滴定管的分类

普通具塞(酸式,如图 4-1a 所示)和无塞滴定管(碱式,如图 4-1b 所示);三通活塞自动定零位滴定管;侧边自动定零位滴定管;侧边三通活塞自动定零位滴定管等。容量最大 100 mL,最小 1 mL,常用 10 mL、25 mL、50 mL。

酸式滴定管用来装非碱性的各种物质的溶液,碱式滴定管用来装碱性溶液。

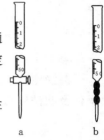

图 4-1　滴定管

(二)酸式滴定管使用前的准备工作

1.检查外观及试漏。装水至最高线,并放置 5 min,如不漏水则可使用。

2.活塞涂凡士林(聚四氟乙烯活塞则不需此步骤)(涂凡士林前应擦干)。

3.洗涤

(1)当滴定管没有明显污染时,可直接用自来水冲洗,或用没有损坏的软毛刷沾洗涤剂刷洗(不可用去污粉)。

(2)当用洗涤剂洗不干净时,可用 5 mL～10 mL 铬酸洗液润洗。润洗方法为先关闭活塞,倒入洗液后,一手拿住滴定管上端无刻度部分,另一手拿住活塞下端无刻度部分,边转动边向管口倾斜,使洗液布满全管;反复转动 2～3 次。使用过的洗液回收到原盛洗液的试剂瓶中。沾有残余洗液的滴定管用少量自来水洗后,废液倒入废液缸中,然后用大量自来水冲洗滴定管,随后用蒸馏水(每次 5 mL～10 mL)润洗 3 次即可使用。

(三)碱式滴定管使用前的准备工作

1.检查外观及试漏。装水至最高线,并放置 5 min,如不漏水则可使用。

2.洗涤:先取下尖嘴玻璃管,倒夹于滴定台上并插入盛铬酸洗液的烧杯中,用一手的大拇指和食指挤压玻璃珠上的橡皮管,以形成通道;一手用洗耳球插入橡皮管,以吸取铬酸洗液,使洗液充满全管后松开大拇指和食指,让其浸泡几分钟(铬酸洗液不要与橡皮管接触)。随后,再用大拇指和食指挤压玻璃珠上的橡皮管,使形成通道,将洗液放回原烧杯中。沾有残余洗液的滴定管用少量自来水洗后,废液倒入废液缸中,再用大量自来水冲洗滴定管,随后用蒸馏水(每次 5 mL～10 mL)润洗 3 次即可使用。

(四)滴定管的使用方法及滴定操作

1.装液:摇匀试剂,润洗(双手拿无刻度部分)──→装液(直接加入溶液,不可借助其他器皿)──→排气泡──→调零点(注意等待 30 s,调至零刻度及读数时滴定管要垂直)。

2.读数:读数时视线要与滴定管内液面的最低点保持水平,如图 4-2 所示。

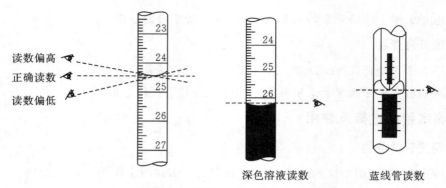

读数偏高

正确读数

读数偏低

深色溶液读数 　　蓝线管读数

图 4-2　滴定管的正确读数方法

3. 滴定:滴定管夹取的高度→锥形瓶的摇动→滴定管活塞的控制方式→近终点时的半滴操作及吹洗锥形瓶,如图 4-3 所示。

图 4-3　滴定操作示意图

4. 滴定结束后滴定管的处理:实验结束后滴定管应洗净,置于滴定管夹上晾干。

三、0.1 mol·L⁻¹ HCl 溶液和 0.1 mol·L⁻¹ NaOH 溶液的配制

各配制 500 mL,操作时注意 HCl 和 NaOH 的取用。

四、滴定分析基本操作练习

1. 以酚酞为指示剂,用 NaOH 溶液滴定 HCl 溶液:从酸式滴定管中放出约 20 mL HCl 溶液,加 10 mL 水及 1~2 滴指示剂,用 NaOH 溶液滴定。注意观察终点时溶液颜色的变化,并准确读取滴定管内剩余溶液的体积,平行滴定 3 次。

2. 以甲基橙为指示剂,用 HCl 溶液滴定 NaOH 溶液:从碱式滴定管中放出约 20 mL NaOH 溶液,加 10 mL 水及 1~2 滴指示剂,用 HCl 溶液滴定。注意观察终点时溶液颜色的变化,并准确读取滴定管内剩余溶液的体积,平行滴定 3 次。

3. HCl 溶液、NaOH 溶液体积比的测定:从酸式滴定管中放出约 20 mL HCl 溶液,加入 1~2 滴酚酞指示剂,用 NaOH 溶液滴定至终点,分别读取 NaOH 溶液、HCl 溶液的准确体积,平行滴定 3 次,并计算 V_{HCl}/V_{NaOH} 和相对平均偏差。

4. HCl 溶液、NaOH 溶液体积比的测定:由碱式滴定管中放出约 20 mL NaOH 溶液,加入 1~2 滴甲基橙指示剂,用 HCl 溶液滴定至终点,分别读取 NaOH 溶液、HCl 溶液的准确体积,平行滴定 3 次,并计算 V_{HCl}/V_{NaOH} 和相对平均偏差。

⚠ 注意事项

1. 初读数一定要从 0.00 mL 开始,终读数要读至小数点后第二位。

2. 新配制的溶液应放冷至室温后方可进行滴定,试剂瓶上应及时贴上标签。

3. 注意半滴操作的要领及终点的观察。

五、数据记录与结果处理

表 4-1 滴定分析基本操作练习实验数据记录与结果处理

内 容 项 目	HCl 溶液滴定 NaOH 溶液（甲基橙指示剂）			NaOH 溶液滴定 HCl 溶液（酚酞指示剂）		
滴定次数	1	2	3	1	2	3
被滴定溶液体积 V/mL						
滴定溶液消耗体积/mL　初读数 V_0/mL						
终读数 V_1/mL						
ΔV/mL						
平均值 $\overline{V}$/mL						
绝对偏差 d_i						
相对平均偏差（%）						

单次测量值→单次实验结果（利用计量关系）→实验平均值→相对平均偏差。

【实验习题】

1. 盐酸与氢氧化钠标准溶液能否用直接法配制？为什么？

2. 配制酸碱标准溶液时，为什么用量筒量取盐酸，用台秤称取氢氧化钠，而不用吸量管和分析天平？

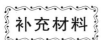

补充材料

电子天平的使用规则

（一）开机前的准备工作

1. 取下天平罩并叠好，整齐地放在天平背后；

2. 检察天平是否水平，若不水平，可通过前下方的两只水平调节脚进行调节；

3. 接通电源，天平即开始自检。当显示屏出现"OFF"时，自检结束；

4. 单击"ON"键，天平处于稳定状态后即可称量（为了获得准确的称量结果，天平必须先通电 20 min～30 min 以获得稳定的工作温度）。

（二）调校（校准）

为了确保获得准确的称量结果，天平必须调校使之符合当地的重力加速度。

注意：并不是每次开机后都要进行调校，但遇到下述情况必须调校：

（1）首次使用前；

（2）定期的称量服务；

（3）改变放置位置后。

（三）称量

1. 直接称量

（1）打开天平的左门，将称量瓶放在秤盘上，然后关上左门。等待直到显示屏左下方的稳定指示符"O"消失；

（2）读取称量结果。

2.减量称量法

(1)打开天平左门,将称量瓶放在秤盘中央,同时关上左门;

(2)等待,直到显示屏左下方的稳定指示符"O"消失,单击"O/T"键,显示"0.0000 g";

(3)取出称量瓶,装入一定质量的待称量物品,再将称量瓶放回秤盘上,然后关上左门;

(4)天平稳定后,负值显示即为所装入的待称量物品质量;

(5)当电子天平显示的负值不在称量质量范围之内时,则继续装入待称量物品,直至电子天平显示的负值在要求的称量范围之内则减量法称量结束,记下准确质量。

3.去皮(固定质量称量法)

(1)将空容器放在天平秤盘上,显示其重量值;

(2)单击"O/T"键,显示"0.0000 g";

(3)向空容器中加入待称量物品,并显示净重值。

如果将容器从天平上移去,去皮重量值会以负值显示。

去皮重量值将一直保留到再次按"O/T"键或天平关机。

(四)关机

1.按住"OFF"键直到显示出现"OFF"字样,松开该键天平即关机;

2.称量完毕,拔下电源插头,关好天平门,罩好天平罩,做好登记。

实验 5　溶液的配制

【实验目的】

1. 掌握几种常用的配制溶液的方法。
2. 掌握有关浓度的计算方法。
3. 练习量筒、移液管、吸量管、容量瓶和比重计的使用方法。
4. 配制几份备用溶液。

【基本操作】

1. 量筒的使用

量筒(如图 5-1 所示)是化学实验室中最常用的度量液体的仪器,它有各种不同的规格,可根据不同需要选用。例如,需要量取 8.0 mL 液体时,为了提高测量的准确度,应选用 10 mL 量筒(测量误差为 ± 0.1 mL),如果选用 100 mL 量筒量取 8.0 mL 液体体积,则至少有 ± 1 mL 的误差。读取量筒的刻度值,一定要使视线与量筒内液面(半月形弯曲面)的最低点处于同一水平线上(如图 5-2 所示),否则会增加体积的测量误差。量筒不能作反应器用,不能盛热的液体。

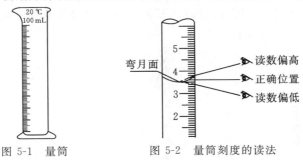

图 5-1　量筒　　　　　　　　图 5-2　量筒刻度的读法

2. 容量瓶的使用

容量瓶比量筒准确,用来配制准确浓度的溶液,配有磨口玻璃塞,容量瓶的颈部刻有标线,瓶上标明使用温度和容量。

容量瓶在洗涤前应先检查瓶塞处是否漏水,检漏后,再按常规将容量瓶洗净。

由固体物质配制溶液时,应先在烧杯中将固体溶解,再将溶液转移到容量瓶中(如图 5-3 所示),然后用蒸馏水按"少量多次"的原则润洗烧杯,洗涤液也转移到容量瓶中(以保证溶质全部转移)。再加入蒸馏水,当瓶内溶液体积达容积的 3/4 左右时,应将容量瓶沿水平方向摇动,使溶液初步混合,然后加蒸馏水至接近标线,稍等片刻,让附在瓶颈上的水全部流入瓶内,再用滴管加水至标线,盖好瓶塞,将瓶倒转并摇动多次(如图 5-4 所示),使溶液混合均匀。

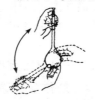

图 5-3　溶液的转移　　　　　图 5-4　容量瓶的使用

如果固体是加热溶解的,或溶解时热效应较大,要待溶液冷却至室温才能转移到容量瓶中。

容量瓶是量器而不是容器,不宜长期存放溶液,如果溶液需要使用一段时间,应将溶液转移至试剂瓶中存放,试剂瓶应先用该溶液润洗2～3次,以保证浓度不变。

3.移液管(或吸量管)的使用

要求准确地移取一定体积的液体时,可选用不同规格的移液管(或吸量管),每支移液管或吸量管上都标有使用温度和容量。移液管和吸量管的形状如图5-5所示。移液管只能移取某一特定体积(如25.00 mL、10.00 mL等)的溶液;吸量管带有分刻度,最小分刻度有0.1 mL、0.02 mL等,用它可以量取非整数的小体积液体。

移液管(或吸量管)的使用方法如下:

(1)洗涤

在洗涤移液管前先检查它两端是否有缺损,看清刻度是否符合要求,然后依次用洗涤液、自来水、蒸馏水洗净,用滤纸将移液管下端内外的水吸去,最后用少量被移取的液体润洗3次。

(2)吸液

吸取液体时,右手拇指及中指拿住移液管上端标线以上部位,使管下端伸入液面下约1 cm(不能伸入太深或太浅)。左手拿洗耳球,先将球内空气挤出,再将它的尖嘴塞住移液管上口,慢慢放松洗耳球,管内液面随之上升,注意将移液管相应地往下伸,如图5-6所示。当液体上升到标线以上时,迅速移开洗耳球,用右手的食指按住管口,将移液管提离液面,保持移液管垂直,稍放松食指,或用拇指和中指轻轻转动移液管,使液面缓慢、平稳地下降,直到液体弯月面与标线相切时,立即按紧管口,使液体不再流出。如果移液管下端悬挂着液滴,可将移液管尖端与器壁接触,使液滴落下。

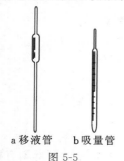  

a移液管 b吸量管　　图5-6　用移液管吸取液体　　图5-7　从移液管放出液体
图5-5

(3)放液

取出移液管,将它的尖端靠在接受容器的内壁上,让容器壁倾斜而移液管垂直,抬起食指,让液体自然顺壁流下,如图5-7所示。液体不再流出时,稍等片刻(约15 s)再将移液管拿开。若移液管上标有"吹"字,使用时需用洗耳球将残留在管尖的液滴吹出。

(4)移液管使用后,应用水洗净,放回移液管架上。

4.比重计的使用

比重计是用来迅速而简便测定液体比重的仪器,也可以说它是用来指示液体比重的玻璃浮标。比重计上端的细管里有刻度,下端装有较重的铅粒或水银(如图5-8所示)。

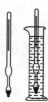

比重计的刻度有两种,一种是不等距的,即常用的比重刻度;另一种刻度图5-8　比重计是等距的,称波美度(Be')。这种有等距离刻度的比重计又称波美表,有些比重计同时有这两种刻度。

重表用于比重大于 1 的液体的测定,反之则用轻表。无论重表或轻表,比重刻度的数值都是由上至下增大的。但波美表中轻表和重表相反,波美刻度的数值是由上至下减小的,液体的比重越大,波美度越小。

两种刻度的数值关系可查"比重与波美度对照表",或用公式换算。换算公式有以下几种:

重表(液体的 $d>1$)　　$d=\dfrac{144.3}{144.3-Be'}$

轻表(液体的 $d<1$)　　换算公式有多种,常用的有:

①$d=\dfrac{144.3}{144.3+Be'}$ 对应的波美轻表刻度由 0 开始;

②$d=\dfrac{144.3}{134.3+Be'}$ 对应的波美轻表刻度由 10 开始。

换算时,要注意公式与所用的波美表相对应。溶液的比重是随浓度的变化而变化的,测出溶液的比重即可通过"比重与浓度对照表"查出相应的浓度。例如,测出硫酸的比重是 1.069,查表可知,它相应的质量百分比浓度是 10%,物质的量浓度是 1.1 mol·L^{-1}。

【实验仪器与试剂】

仪器　台秤、分析天平、量筒(25 mL、10 mL)、称量瓶、烧杯(50 mL)、比重计、吸量管(5 mL)、洗耳球、容量瓶(100 mL)、滴管、玻璃棒

试剂　HCl(浓)、H$_2$SO$_4$(浓)、HAc 标准溶液(约 0.1 mol·L^{-1})、乙酸(36%)、NaOH(s)、无水 Na$_2$CO$_3$(s)

【实验内容】

一、配制 20 mL 6 mol·L^{-1} H$_2$SO$_4$ 溶液

浓硫酸具有极强的腐蚀性,密度比水大,溶于水后所放出的溶解热高,在配制硫酸溶液时必须注意安全。配制硫酸溶液的操作顺序为:

1. 计算配制 20 mL 6 mol·L^{-1} H$_2$SO$_4$ 溶液所需浓硫酸(密度 1.84 g·cm^{-3})的用量 V。

2. 用量筒量取一定量的蒸馏水倒入 50 mL 烧杯中,再将所取的浓 H$_2$SO$_4$ 在不断搅拌下分次缓慢地加入水中,以防因溶液局部过热而使容器炸裂(千万不能将水加至浓硫酸中,否则会因强放热而使溶液沸腾,造成酸液喷溅),混匀。

3. 待溶液冷却后转移至试剂瓶中,贴上标签备用。

4. 测 6 mol·L^{-1} H$_2$SO$_4$ 溶液的密度。

二、配制 20 mL 6 mol·L^{-1} NaOH 溶液

1. 计算所需 NaOH 固体的用量 m。

2. 在 50 mL 烧杯中用台秤快速(为什么?)称取所需 NaOH 固体后,加入 20 mL 蒸馏水,搅拌至固体完全溶解。

3. 待溶液冷却后转入至试剂瓶中,贴上标签备用。

三、配制 20 mL 6 mol·L^{-1} HCl 溶液

1. 计算配制 20 mL 6 mol·L^{-1} HCl 溶液所需浓 HCl 的用量 V。

2. 用量筒量取一定量的蒸馏水倒入 50 mL 烧杯中,再将所取的浓 HCl 在不断搅拌下(在通风柜中操作)加入水中,混匀。

3. 待溶液冷却后转入至试剂瓶中,贴上标签备用。

四、配制 100 mL 约 0.01 mol·L^{-1}Na$_2$CO$_3$ 标准溶液

1. 计算配制 100 mL 0.01 mol·L^{-1}Na$_2$CO$_3$ 溶液所需固体碳酸钠的用量 m。

2. 在分析天平上用减量法准确称取无水碳酸钠于 50 mL 烧杯中。

3. 用适量蒸馏水溶解,转入 100 mL 容量瓶中,再用蒸馏水洗涤烧杯 3 次,洗液转入容量瓶,最后定容,摇匀。

4. 转移至试剂瓶中,计算其准确浓度,贴上标签备用。

五、用约 0.1 mol·L^{-1} HAc 标准溶液配制 100 mL 约 0.01 mol·L^{-1}HAc 标准溶液

1. 计算配制 100 mL 0.01 mol·L^{-1}HAc 标准溶液所需 0.1 mol·L^{-1}HAc 标准溶液的用量 V。

2. 用吸量管移取所需 0.1 mol·L^{-1}HAc 标准溶液至 100 mL 容量瓶中,加蒸馏水稀释至刻度,定容,摇匀。

3. 转移至试剂瓶中,计算其准确浓度,贴上标签备用。

六、配制 20 mL 盐的浓度控制在 1 mol·L^{-1}、pH＝4.8 的缓冲溶液

1. 选择 pK_a 与 4.8 相接近的弱酸 HAc 及其盐 NaAc,并计算所需用量 V 和 m。

2. 在台秤上于 50 mL 的烧杯中称取所需 NaAc,加入约 10 mL 蒸馏水,不断搅拌溶解后缓慢加入 36％醋酸。

3. 待溶液冷却后,加蒸馏水稀释至刻度,混匀,转入至试剂瓶中,贴上标签备用。

【实验习题】

1. 由浓硫酸配制稀硫酸溶液的过程中应注意哪些问题?

2. 用容量瓶配制溶液时,容量瓶是否需要干燥?实验内容五中能否用量筒量取 HAc 标准溶液?

3. 怎样洗涤吸量管?洗净后的吸量管在移取溶液前为什么还要用待吸取的溶液来洗涤?

补充材料

化学试剂(chemical reagent)的级别及其取用方法

1. 化学试剂的级别

试剂的纯度对实验结果准确度的影响很大,不同的实验对试剂纯度的要求也不同。化学试剂按杂质含量多少分属于不同等级。表 5-1 所示是常用的化学试剂等级标志。

表 5-1　化学试剂等级对照表

	级别	一级品	二级品	三级品	四级品
化学试剂等级标志	中文标志	保证试剂 优级纯	分析试剂 分析纯	化学试剂 化学纯	化学用 实验试剂
	英文名称	Guaranteed Reagent	Analytic Reagent	Chemical Pure	Laboratory Reagent
	符号缩写	G. R.	A. R.	C. P.	L. R.
	标签颜色	绿	红	蓝	黄或棕等
	德、美、英等国通用等级和符号	G. R.	A. R.	C. P.	

还有许多符合某方面特殊要求的试剂,如基准试剂、色谱试剂等。试剂的标签上写明试剂

的百分含量与杂质最高限量,并标明符合什么标准,即写有 GB(国家标准)、HG(化学工业部标准)、HGB(化工部暂行标准)等字样。

2.试剂的取用

取用试剂时必须遵守两个原则:一是不污染试剂,不能用手接触试剂,瓶塞应倒置于桌面上,取用试剂后,立即盖严并将试剂瓶放回原处,标签朝外;二是节约,尽量不多取试剂,多取的试剂不能放回原瓶,以免影响整瓶试剂纯度,应放在合适容器中另做处理或供他人使用。

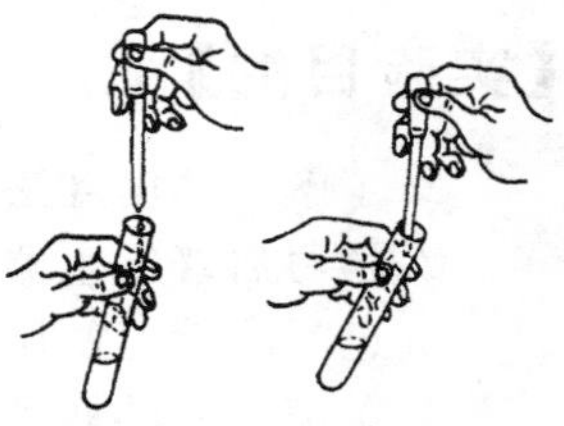

图 5-9　液体试剂的取用

(1)液体试剂的取用

①从滴瓶中取用试剂时,应先提取滴管,使管口离开液面,用手指捏瘪滴管的橡皮帽,再将滴管伸入液体中吸取。滴加液体时,滴管要垂直,这样量取液体的体积才准确。滴管口应距离受器口 1 cm～ 2 cm(如图 5-9 所示),以免滴管与器壁接触时沾上其他试剂,滴管再插回原滴瓶时,瓶内试剂就会被污染。注意不要倒持滴管,以免试剂流入橡皮帽,可能与橡皮发生反应,引起瓶内试剂变质。如果需从滴瓶中取出较多的试剂,可以直接倾倒。先将滴管内的液体挤出,然后将滴管夹持在食指和中指之间,倒出所需试剂。滴管不能随意放置,以免弄脏滴管。

不能将自用的滴管直接伸入试剂瓶中取试剂。如果确需滴加试剂,而试剂瓶又不带滴管,可将液体试剂倒入小试管中,再从小试管中取用。

②用倾注法取用液体试剂。倾注液体试剂时,应手心向着试剂瓶标签握住试剂瓶(有双面标签的试剂瓶,则应手握标签处),以免试剂流到标签上腐蚀标签。瓶口要紧靠容器,使倒出的试剂沿容器壁流下,或沿玻璃棒流入容器,倒出所需量后,瓶口不离开容器(或玻璃棒),稍微竖起试剂瓶,将瓶口倒出液体处在容器(或玻璃棒)上沿水平或垂直方向"刮"一下,然后竖起试剂瓶,这样可避免遗留在瓶口的试剂流到试剂瓶的外壁。万一试剂流到试剂瓶外,务必立即擦干净。

③有些实验(如在多试管里同时进行的定性反应实验)不必准确量取试剂,所以必须学会估计从瓶内取出试剂的量,如 1 mL 液体相当于多少滴,将它倒入试管中后液柱大约有多高等。如果需准确量取液体,则要根据准确度要求,选用量筒、滴定管或移液管。

(2)固体试剂的使用

①要用干净的药匙取固体试剂,用过的药匙需洗净擦干后才能再用。如果只取少量的粉末试剂,使用药匙末端的小凹处挑取。

②如果要将粉末试剂放进小口容器底部,为避免容器内壁沾有试剂,需使用干燥的容器,或者先将试剂放在平滑干净的纸片上,再将纸片卷成小筒送进平放的容器中,然后竖立容器,用手轻弹纸卷,让试剂全部落下(注意:纸条不能重复使用)。

③取用颗粒状固体或其他坚硬且比重较大的固体时,应将容器斜放,然后慢慢竖立容器,使固体试剂沿着容器内壁滑至容器底部,以免击破容器底部。

实验 6　二氧化碳相对分子质量的测定

【实验目的】

1. 了解气体密度法测定气体相对分子质量的原理和方法。
2. 学习启普发生器的使用,了解气体净化、干燥技术,掌握气压计的使用方法。
3. 进一步练习使用电子天平。
4. 了解误差的概念,初步学习实验数据处理结果误差的分析。

【实验原理】

根据理想气体状态方程 $pV=nRT=\dfrac{m}{M}RT$,$n=\dfrac{m}{M}=\dfrac{pV}{RT}$,即同温同压下同体积的不同气体物质的量相同,所以在相同温度和压力下,测定相同体积的两种气体的质量,其中一种气体的相对分子质量已知,即可求得另一种气体的相对分子质量。

若将二氧化碳与空气均看做理想气体,在同温同压下相同体积的二氧化碳与空气(其平均相对分子质量为 29.0)物质的量也应相同,即 $n_{CO_2}=n_{空气}$

$$\frac{m_{CO_2}}{M_{CO_2}}=\frac{m_{空气}}{M_{空气}}=pV/RT \qquad ①$$

$$M_{CO_2}=\frac{m_{CO_2}}{m_{空气}}\times 29.0=\frac{m_{CO_2}}{pVM_{空气}/RT}\times 29.0 \qquad ②$$

式中,m_{CO_2} 为二氧化碳气体的质量,可通过天平称量测得,$m_{CO_2}=m_2-m_1+m_{空气}$,m_2 为(CO$_2$+瓶+塞子)的质量,m_1 为(空气+瓶+塞子)的质量。

$m_{空气}$ 为空气的质量,可通过公式 $m_{空气}=\dfrac{pVM_{空气}}{RT}$ 求得。 $\qquad ③$

式中,p 为实验条件下的大气压,T 为实验温度,V 为盛装 CO$_2$ 容器的容积。可由下式求出:

$$V=(m_3-m_1+m_{空气})/\rho_水\approx(m_3-m_1)/\rho_水$$

式中,m_3 为(水+瓶+塞子)的质量,为了提高测得的二氧化碳气体质量的准确性,要求测试用的二氧化碳气体纯净、干燥,所收集的二氧化碳气体体积必须与上式中的 V 相等。

【实验仪器与试剂】

仪器　电子天平、台秤(感量:100 g)、锥形瓶(50 mL、细口、带塞)、启普发生器(带洗气、干燥装置)、火柴

试剂　HCl 溶液(6 mol·L^{-1})、H$_2$SO$_4$(浓)、NaHCO$_3$ 溶液(1 mol·L^{-1})、CuSO$_4$ 溶液(1 mol·L^{-1})、CaCO$_3$ 或大理石(块状)、无水 CaCl$_2$(s)

【实验内容】

一、二氧化碳的制备、净化、干燥与收集

按图 6-1 所示装配好二氧化碳气体发生与净化装置,大理石与盐酸在启普发生器中反应生成的 CO$_2$ 气体,通过洗气瓶 2 的水(除去什么?)、洗气瓶 3 的浓 H$_2$SO$_4$(除去什么?)的洗涤和干燥管 4 的无水 CaCl$_2$ 干燥或者经过 1 mol·L^{-1} CuSO$_4$ 溶液、1 mol·L^{-1} NaHCO$_3$ 溶液洗

涤和无水 $CaCl_2$ 干燥后，导入锥形瓶 5 的气体即为纯净的 CO_2 气体。

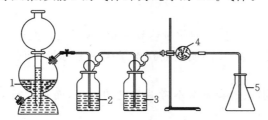

1-($CaCO_3$＋稀 HCl)　2-H_2O　3-浓 H_2SO_4　4-无水 $CaCl_2$ 和玻璃棉　5-锥形瓶

图 6-1　二氧化碳的制备、净化、干燥与收集装置示意图

二、称重

1. m_1：(空气＋瓶＋塞子)的质量

取一洁净而干燥的锥形瓶，选一个合适的橡皮塞塞紧瓶口，在塞子上做一个记号，标出塞子塞入瓶内的位置，在电子天平上称量质量 m_1。

2. m_2：(CO_2＋瓶＋塞子)的质量

从启普发生器中产生的二氧化碳气体，需经过洗气、干燥、收集、称量。

因为二氧化碳的密度大于空气，所以必须将导管插入瓶底，才能将瓶内的空气赶尽，气体收满后(如何检验?)，缓慢取出导管，用塞子塞紧瓶口(塞子塞入瓶口的位置应与步骤 1 中一样)，在电子天平上称质量 m_2。重复操作 3 次(收集二氧化碳气体装置与前面相同，为什么?)，直至前后 3 次的质量相差不超过 1 mg 为止。

3. m_3：(水＋瓶＋塞子)的质量

最后在瓶内装满水，塞紧塞子，在台秤上称重(为什么?)。

4. 记下室温和大气压

三、数据记录与结果处理

表 6-1　二氧化碳相对分子质量的测定数据记录与结果处理

项目		数据
室温 t(℃)		
大气压 p(Pa)		
(空气＋瓶＋塞子)的质量 m_1(g)		
(CO_2＋瓶＋塞子) 的质量 $\overline{m_2}$(g)	第一次 $m_2(1)$(g)	
	第二次 $m_2(2)$(g)	
	第三次 $m_2(3)$(g)	
(水＋瓶＋塞子)的质量 m_3(g)		
锥形瓶的容积(mL)：$V=(m_3-m_1+m_{空气})/\rho_水 \approx (m_3-m_1)/\rho_水$		
瓶内空气质量(g)：$m_{空气}=pVM_{空气}/RT$		
CO_2 气体的质量(g)：$m_{CO_2}=m_2-m_1+m_{空气}$		
二氧化碳的相对分子质量：$M_{CO_2}=\dfrac{m_{CO_2}}{m_{空气}}\times 29.0$		
相对误差(%)		
误差产生的主要原因		

【实验习题】

1. 为什么当(CO_2＋瓶＋塞子)的质量达到恒重时,可认为锥形瓶中已充满 CO_2 气体?

2. 为什么(CO_2＋瓶＋塞子)的质量要在电子天平上称量,而(水＋瓶＋塞子)的质量则可以在台秤上称量?

3. 为什么在计算锥形瓶的容量时不考虑空气的质量,而在计算 CO_2 的重量时却要考虑空气的质量?

补充材料

一、气体的发生(见表 6-2)

表 6-2　气体的发生

气体发生的方法	实验装置图	适用气体	注意事项
加热试管中的固体制备气体		O_2、NH_3、N_2、NO 等	1.固体试剂加热; 2.试管口向下倾斜 $15°$; 3.检查气密性
利用启普气体发生器制备气体	玻璃塞	H_2、CO_2、H_2S 等	1.启普气体发生器不能加热; 2.装在发生器内的固体必须是颗粒较大或块状的; 3.检查装置气密性; 4.更换废液或废渣时必须按操作规则进行
利用蒸馏烧瓶和分液漏斗制备气体		CO、SO_2、Cl_2、HCl 等	1.分液漏斗管应插入液体(1个小试管)内,否则漏斗中液体不易流下; 2.必要时可加热; 3.必要时可加回流装置
从钢瓶直接获得气体		N_2、O_2、H_2、NH_3、CO_2、Cl_2、C_2H_4 等	1.钢瓶应存放在阴凉、干燥、远离热源的地方; 2.绝对不可使油或其他易燃物、有机物沾在钢瓶上; 3.使用钢瓶中的气体时,要用减压器; 4.钢瓶内的气体绝对不能用完,一定要保留 0.05 MPa 以上的残留压力(表压)

二、气体的收集(见表 6-3)

表 6-3　气体的收集

收集方法	实验装置	适用气体	注意事项
排水集气法	气体	难溶于水的气体。如 H_2、O_2、N_2、NO、CO、CH_4、C_2H_4、C_2H_2 等	1.集气瓶应装满水,不能留气泡; 2.停止收集时,应先拔出导管(或移走水槽)后再停止加热

续表

收集方法		实验装置	适用气体	注意事项
排气集气法	向上排气法		易溶于水，比空气重的气体，如 SO_2、Cl_2、HCl、CO_2 等	1.集气导管应尽量接近集气瓶底； 2.密度与空气接近或在空气中易被氧化的气体不宜用排气法，如 CO 等
	向下排气法		易溶于水，比空气轻的气体，如 NH_3 等	

三、气体的干燥

实验室制备的气体常常带有酸雾和水汽。为了得到比较纯净的气体，酸雾可用水除去；水汽可用浓硫酸、无水氯化钙或硅胶吸收。一般情况下使用洗气瓶（gas-washing bottle）（如图6-2所示）、干燥塔（drying tower）（如图6-3所示）、U形管（U-tube）（如图6-4所示）或干燥管（drying tube）（如图6-5所示）等仪器进行净化或干燥。液体（如水、浓硫酸等）装在洗气瓶内，无水氯化钙或硅胶装在干燥塔或U形管内，玻璃棉装在U形管或干燥管内。

图6-2　洗气瓶　　　图6-3　干燥塔　　　图6-4　U形管　　　图6-5　干燥管

由于制备气体的反应物中常含有硫、砷等杂质，所以在气体发生过程中常夹杂有硫化氢、砷化氢等气体。硫化氢、砷化氢和酸雾可通过高锰酸钾溶液、醋酸铅溶液或硫酸铜溶液、碳酸氢钠溶液除去，再通过装有无水氯化钙的干燥管进行干燥。

不同性质的气体应根据具体情况，分别采用不同的洗涤剂和干燥剂进行处理。

四、启普气体发生器（Kipp gas generator）的构造、原理和使用注意事项

启普气体发生器是由一个葫芦状的玻璃容器和球形漏斗组成的（如图6-6所示）。葫芦状的容器由球体和半球体构成，底部有一液体出口，用塞子塞紧。球体的上部有一气体出口，与带有玻璃旋塞的导气管相连（如图6-7所示）。

 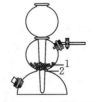

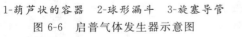

1-葫芦状的容器　2-球形漏斗　3-旋塞导管　　　1-固体药品　2-玻璃棉（或橡皮垫圈）
图6-6　启普气体发生器示意图　　　　　图6-7　启普气体发生器装置图

移动启普气体发生器时，应用两手握住球体下部，切勿只握住球形漏斗，以免葫芦状的容器落下而打碎。启普气体发生器不能加热，装在发生器内的必须是块状或颗粒较大的固体试剂。

1.装配仪器

在球形漏斗颈和玻璃旋塞磨口处涂一薄层凡士林，插好球形漏斗和玻璃旋塞，转动几次，使装配严密。

2.检查仪器气密性

开启旋塞，从球形漏斗口注水至充满半球体时关闭旋塞。继续加水，待水从漏斗管上升到漏斗

球体内时停止加水。在水面处做一记号,静置片刻,如水面不下降,则证明不漏气,可以使用。

3.加试剂

在葫芦状容器的球体下部先垫上玻璃棉(或橡皮垫圈),然后由气体出口加入固体药品(加入固体的量不宜过多,以不超过中间球体体积的1/3为宜,否则固液反应激烈,酸液很容易被气体从导管带出),再从球形漏斗加入适量酸。玻璃棉(或橡皮垫圈)的作用是避免固体掉入半球体底部。

4.发生气体

实验开始时,打开旋塞,由于中间球体内压力降低,酸即从底部通过狭缝进入中间球体与固体接触而产生气体。实验结束时,关闭旋塞,由于中间球体内产生气体,球体内压力增大,酸液被压回到球形漏斗中,使固体与酸液分离而停止反应。下次再用时,只要打开旋塞即可。启普气体发生器使用非常方便,并且还可以通过调节旋塞来控制气体的流速。

5.添加或更换试剂

启普气体发生器中的酸液长久使用会变稀。换酸时,可先关闭导气管的活塞,待酸液与固体分离后,用塞子将球形漏斗上口塞紧,然后将液体出口的塞子拔下,让废酸缓缓流出后,再塞紧塞子,向球形漏斗中加入酸。需要更换或添加固体时,可先将导气管旋塞关好,将酸压入半球体后,用塞子将球形漏斗上口塞紧,从气体出口更换或添加固体。

实验结束后,将废液倒入废液缸内,剩余固体倒出,洗净回收。仪器洗涤后,在球形漏斗与球型容器连接处以及在液体出口和玻璃旋塞之间垫上纸条,以免磨口粘结在一起而拔不出来。

五、气压计(barometer)的使用技术

气压计是用来测量大气压的仪器,种类很多,这里以福廷式气压计为例介绍其使用方法。福廷式气压计是以水银柱平衡大气压力的,水银柱的高度即表示大气压的大小。其主要结构是一根一端密封的玻璃管,里面装水银。开口的一端插入水银槽内,玻璃管顶部水银面以上的空室是真空。当拧松通气钉时,大气压力就作用在水银槽内的水银面上,使玻璃管中的水银柱升高,水银柱高度即与大气压平衡。拧转游标尺调节手柄使游标尺零线基面与玻璃管内水银柱弯月面相切,即可进行读数。

当大气压发生变化时,玻璃管内水银柱的高度与水银槽内水银液面的位置也相应地发生变化。由于在计算气压表的游标尺时已补偿了水银槽内水银液面的变化量,因而游标尺所示值经订正后,即为当时的大气压值。

附属温度表用来测定玻璃管内水银柱和外管的温度,以便对气压计的示值进行温度校正。

气压计的观测可按下列步骤进行:

(1)气压计必须垂直安装。旋转汞液面调节螺丝,使皮囊上方汞槽内汞面与象牙针恰好相接触,用手指轻敲外管,使玻璃管内水银柱的弯月面处于正常状态。

(2)转动标尺调节手柄,使游标尺移到稍高于水银柱的位置,慢慢移下游标尺,使游标尺基面与水银弯月面顶端刚好相切,如图6-8所示。

(3)在刻度标尺上,读取游标尺主尺零线以下最接近的整数(如图6-8所示为1 013),再从游标尺副尺上找出正好与主尺上的某一刻度相吻合的刻度(如图6-8所示为4)即为读数的十分位小数。这样,主、副尺的读数相加即为大气压的数值(如图6-8所示为1 013.4 hPa)。

(4)读取附属温度表的温度,准确到0.1 ℃。

(5)读数记下后,将气压计底部汞槽螺旋向下移动,使汞面与象牙针脱离。

$p=1\ 013.4\ hPa$

图6-8　气压计装置图

实验 7　摩尔气体常数的测定

【实验目的】

1. 加深理解理想气体状态方程式和分压定律。
2. 练习测定摩尔气体常数的微型实验操作。
3. 进一步学习使用电子天平和气压计。
4. 了解误差的意义、产生原因及误差的表示方法。

【实验原理】

在一定温度(T)和压力(p)下,用已知质量的金属镁(m_{Mg})与过量的稀盐酸反应产生一定量的氢气(m_{H_2}),测出反应所放出氢气的体积(V_{H_2}),代入理想气体状态方程式 $pV = nRT$,即可计算出摩尔气体常数 R 的数值。反应:

$$Mg(s) + 2HCl(aq) = MgCl_2(aq) + H_2(g)$$

实验时,温度和压力可分别由温度计和气压计测得,氢气的物质的量(n)可通过反应中 Mg 的质量求得。由于氢气是在水面上收集的,因此,氢气中会混有水蒸气,在此温度下,水的饱和蒸气压 p_{H_2O} 可从数据表中查出。根据分压定律:$p_{总} = p_{H_2O} + p_{H_2}$,则氢气的分压为 $p_{H_2} = p_{总} - p_{H_2O}$。将以上各项代入式 $R = pV/nT$ 中(其中 $n_{H_2} = n_{Mg}$),即可求出 R 的值。

$$R = p_{H_2}V_{H_2}/n_{H_2}T_{H_2}$$

【实验仪器与试剂】

仪器　电子天平、烧杯(500 mL)、量筒(10 mL)、橡皮塞、铜丝、温度计

试剂　HCl 溶液(2 mol·L^{-1})、镁条(去氧化膜)

【实验内容】

一、实验步骤

1. 用电子天平称取 2 份已去氧化膜的镁条,每份质量为 0.007 0 g~0.009 0 g(精确至 0.000 1 g)。取一小截铜丝,一端夹住镁条将其固定,另一端插入橡皮塞小头内。

2. 用多用滴管取 3 mL 2 mol·L^{-1} HCl 溶液,伸入已校正(如何校正?)的 10 mL 量筒底部逐滴加入(为何不直接量取?)。再用干净的滴管缓慢沿量筒壁旋转式将蒸馏水加满整个量筒,操作时,首先尽量减少酸与水的混合(为什么?)。

3. 将装好镁条的橡皮塞塞紧量筒口(不能留气泡),倒转量筒,使其浸入烧杯(或水槽)的水中(如图 7-1 所示),轻轻拔松橡皮塞。片刻后,由于 HCl 扩散到镁条处而发生反应,产生氢气将量筒中的一部分水排到烧杯(或水槽)中,观察并记录实验现象。

4. 镁条反应完全后,静置数分钟,待量筒冷却至室温,轻轻敲击量筒外壁,将可能附着在内壁的气泡赶至上面空间。扶直量筒,并始终使量筒口浸没在水面下,上下移动量筒,使量筒内水面与烧杯(或水槽)的液面相平,这时量筒内气体的压力与大气压相等,读出量筒内气体的体积。此时 $V_{总} = V_{读} - 0.20$ mL(为什么?)。

5. 记录室温和大气压,并从附录 1 中查出室温时的饱和蒸气压。

6.用另一份镁条重复上述实验。

1-镁条　2-橡皮塞　3-铜丝

图7-1　摩尔气体常数的测定微型实验装置图

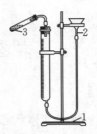

1-铁架台　2-漏斗　3-装有盐酸和镁条的试管

图7-2　摩尔气体常数的测定常规实验装置图

⚠️**注意事项**

1.夹镁条的铜丝要用稀盐酸浸泡几个小时,以避免铜丝中的杂质与稀盐酸反应而产生氢气造成实验误差。

2.由于量筒精度不够、镁条质量太小、铜丝表面易附着氢气等因素会造成实验误差,因此,实验前应先校正量筒的体积,也可将微型实验装置适当改装。具体方案参见参考文献:《摩尔气体常数的测定实验的改进和微型化研究》[J].湖北师范学院学报,2003,23(2):108-110。

3.图7-2所示为摩尔气体常数测定的常规实验装置图,具体常规实验方案可参照北京师范大学无机教研室等编的《无机化学实验》第一版"摩尔气体常数的测定"实验。

二、数据记录与结果处理

表7-1　摩尔气体常数的测定数据记录与结果处理

室温 $T/℃$ ＿＿＿＿＿＿＿　　　气压 p/Pa ＿＿＿＿＿＿＿

	第一份	第二份
镁条质量 m/g		
氢气体积 V_{H_2}/mL		
镁条的物质的量(mol) $n_{H_2}=n_{Mg}$		
室温时水的饱和蒸气压 p_{H_2O}/Pa		
氢气分压(Pa)　$p_{H_2}=p-p_{H_2O}$		
摩尔气体常数 $R/J·K^{-1}·mol^{-1}$		
R 的平均值(J·K^{-1}·mol^{-1})		
相对误差(%)		

【**实验习题**】

1.造成实验误差的主要原因有哪些?

2.读取液面位置时,为何要使量筒内水面与水槽内水面保持在同一水平面?

3.为什么 H₂ 的体积 $V_{H_2}=V_{读}-0.20$ mL?

第三章　无机化学基本原理

实验 8　NaOH 标准溶液的标定与混合碱分析

【实验目的】

1. 学会使用移液管、容量瓶。
2. 了解双指示剂法测定混合碱的原理及方法,掌握混合碱含量测定的操作技术。

【实验原理】

1. NaOH 标准溶液的标定

（基准物）

2. 混合碱分析

常见的混合碱有：$NaOH + Na_2CO_3$、$Na_2CO_3 + NaHCO_3$、$NaOH + Na_3PO_4$、$Na_3PO_4 + Na_2HPO_4$。

（1）烧碱中 $NaOH$、Na_2CO_3 含量的测定：双指示剂法（缺点：sp_1 不敏锐,所以不太准,但操作简单,特点：$V_1 > V_2$）

$$NaOH + HCl = NaCl + H_2O$$
$$Na_2CO_3 + HCl = NaHCO_3 + NaCl（突跃在碱性范围内）$$
$$NaHCO_3 + HCl = H_2CO_3 + NaCl（突跃在酸性范围内）$$

$NaOH + Na_2CO_3$（试液）

$\Big\downarrow c_{HCl}(PP), V_1 \text{ mL}$

$NaCl + NaHCO_3$（测得总碱度）

$\Big\downarrow c_{HCl}(MO), V_2 \text{ mL}$

$NaCl + H_2CO_3$

$\qquad \hookrightarrow H_2O + CO_2$（测得 Na_2CO_3 含量）

$$w_{Na_2CO_3} = \frac{\frac{1}{2} c_{HCl} 2V_2 M_{Na_2CO_3}}{m_s \times 1\,000} \times 100\%$$

$$w_{NaOH} = \frac{c_{HCl}(V_1 - V_2) M_{NaOH}}{m_s \times 1\,000} \times 100\%$$

（2）纯碱中 Na_2CO_3、$NaHCO_3$ 含量的测定：双指示剂法（缺点：sp_1 不敏锐，所以不太准，但操作简单，特点：$V_2 > V_1$）

$$Na_2CO_3 + HCl \rightleftharpoons NaHCO_3 + NaCl（突跃在碱性范围内）$$

$$NaHCO_3 + HCl \rightleftharpoons H_2CO_3 + NaCl（突跃在酸性范围内）$$

$$Na_2CO_3 + NaHCO_3（试液）$$

$$\downarrow c_{HCl}(PP), V_1 \text{ mL}$$

$$NaHCO_3（测得 Na_2CO_3 的量）$$

$$\downarrow c_{HCl}(MO), V_2 \text{ mL}$$

$$H_2CO_3 + NaCl（测得总碱度）$$

$$w_{Na_2CO_3} = \frac{c_{HCl} V_1 M_{Na_2CO_3}}{m_s \times 1\,000} \times 100\%$$

$$w_{NaHCO_3} = \frac{c_{HCl}(V_2 - V_1) M_{NaHCO_3}}{m_s \times 1\,000} \times 100\%$$

【实验仪器与试剂】

仪器　碱式滴定管、移液管、容量瓶、锥形瓶、滴定管夹、洗耳球、滴定台

试剂　HCl 溶液、NaOH 溶液、邻苯二甲酸氢钾、混合碱溶液、酚酞指示剂

【实验内容】

一、减量称量法

准确称取 0.4 g～0.5 g 邻苯二甲酸氢钾试样 3 份，分别置于 3 个 250 mL 的锥形瓶中（锥形瓶编号）。

二、NaOH 标准溶液浓度的标定

往上述每一个锥形瓶中分别加入 20 mL～30 mL 蒸馏水，待其溶解后，加入酚酞指示剂，用 NaOH 溶液滴定至终点，平行滴定 3 次。计算 NaOH 标准溶液浓度，其相对平均偏差应不大于 0.2%。

依据 NaOH 标准溶液的浓度及上次实验中 V_{HCl}/V_{NaOH} 计算 HCl 标准溶液的浓度。

三、混合碱含量的测定

准确移取 25.00 mL 混合碱溶液于锥形瓶中，加入 2～3 滴酚酞指示剂，用 HCl 标准溶液滴定至略带微红色即为终点，记下体积 V_1，再加入 1～2 滴甲基橙指示剂，继续用 HCl 标准溶液滴定至终点，记下体积 V_2，平行滴定 3 次。判断混合碱的组成，并计算混合碱各组分的含量（g/L）及它们的精密度。

四、数据记录与结果处理

表 8-1　NaOH 标准溶液的标定与混合碱分析实验数据记录与结果处理

实验次数 项目	第一份	第二份	第三份
邻苯二甲酸氢钾质量 m/g			
NaOH 溶液体积初读数 V_0/mL			

续表

项目 ＼ 实验次数	第一份	第二份	第三份
NaOH 溶液体积终读数 V_1/mL			
$\triangle V$			
NaOH 溶液浓度/mol·L^{-1}			
NaOH 溶液浓度平均值/mol·L^{-1}			
NaOH 溶液浓度标定相对平均偏差			
HCl 溶液体积初读数 V_0/mL			
HCl 溶液体积第一终点读数 V_1/mL			
HCl 溶液体积第二终点读数 V_2/mL			

【实验习题】

1.用双指示剂法测定混合碱组成的方法原理是什么？

2.采用双指示剂法测定混合碱,试判断下列 5 种情况下混合碱的组成。

(1)$V_1=0$,$V_2>0$　(2)$V_1>0$,$V_2=0$　(3)$V_1>V_2$　(4)$V_1<V_2$　(5)$V_1=V_2$

实验 9　EDTA 标准溶液的配制、标定与水的硬度测定

【实验目的】

1. 学习 EDTA 标准溶液的配制及标定方法。
2. 掌握容量瓶的正确使用方法。
3. 学习和掌握水的硬度表示及测定方法。

【实验原理】

1.络合滴定的特点

(1)指示剂的选择

较多选用金属指示剂,选用的指示剂至少要同时满足以下要求:

①指示剂要能与待测离子形成足够稳定的络合物,其稳定性又必须小于该离子与 EDTA 标准液形成的络合物的稳定性。

②指示剂本身的颜色与指示剂金属络合物的颜色应有十分明显的区别,以利于辨认。

⚠ **注意事项**

有些指示剂在溶液中很不稳定,若使用最好是固体;有些指示剂在碱性介质中易被空气氧化,在使用时常需加入羟胺、抗坏血酸等还原剂保护。Cu^{2+}、Co^{2+}、Ni^{2+} 等能与指示剂发生不可逆反应,而使指示剂"阻塞"或"封闭",可加掩蔽剂除去。

(2)酸度的控制

严格控制溶液的酸度是成功地进行络合滴定的关键。常用缓冲溶液控制的 pH 范围应既有一定的缓冲容量,其浓度又不会超过滴定反应所需的最佳范围。

(3)络合滴定干扰大,应掩蔽干扰离子

在络合滴定实验中,为了提高络合滴定的选择性,常使用掩蔽剂。掩蔽剂的选择应符合下列条件:

①能与待掩蔽的离子形成稳定的络合物。

②该络合物应无色、易溶。

③掩蔽剂的加入对溶液 pH 不能有明显影响,且其掩蔽能力也不受溶液 pH 的影响。

(4)络合滴定反应速度较慢,滴定速度不宜太快。

2.水的硬度

水的总硬度是指水中 Ca^{2+}、Mg^{2+} 的总量。EDTA 和金属指示剂铬黑 T(H_3In)分别与 Ca^{2+}、Mg^{2+} 形成络合物,稳定性为 $CaY^{2-} > MgY^{2-} > MgIn^- > CaIn^-$,当水样中加入少量铬黑 T 指示剂时,它首先和 Mg^{2+} 生成红色络合物 $MgIn^-$,然后与 Ca^{2+} 生成红色络合物 $CaIn^-$。

$$CaIn^- + H_2Y^{2-} = CaY^{2-} + HIn^{2-} + H^+$$

$$MgIn^- + H_2Y^{2-} = MgY^{2-} + HIn^{2-} + H^+$$

【实验仪器与试剂】

仪器　酸式滴定管、移液管、容量瓶、锥形瓶、滴定管夹、洗耳球、滴定台

试剂　HCl 溶液(6 mol·L^{-1})、NaOH 溶液(1 mol·L^{-1})、乙二胺四乙酸二钠、钙标准溶液、CaCO$_3$(G. R.)、三乙醇胺、钙指示剂

【实验内容】

一、0.02 mol·L^{-1} EDTA 溶液的配制

配制 400 mL 0.02 mol·L^{-1} EDTA 溶液。根据 $m = cMV = 0.02 \times 372.24 \times 0.4 \approx 3.0(g)$，称取 3.0 g 乙二胺四乙酸二钠(Na$_2H_2$Y·2H$_2$O)于 500 mL 烧杯中，加 200 mL 水，温热使其溶解完全，转入聚乙烯试剂瓶中，用水稀至 400 mL，摇匀。

二、0.02 mol·L^{-1} 钙标准溶液的配制

准确称取 0.20 g～0.22 g 于 120 ℃下干燥过的 CaCO$_3$，置于 100 mL 烧杯中，用少量水润湿，盖上表面皿，慢慢滴加 5 mL 1∶1 HCl 溶液，使其完全溶解，加少量水稀释，小心转移至 100 mL 容量瓶中，用水稀释至标线，摇匀，计算其标准溶液的浓度。

$$c_{Ca^{2+}} = \frac{m \times 1\,000}{M \cdot 100} \text{ mol·L}^{-1} \quad (M = 100.09 \text{ g·mol}^{-1})$$

三、EDTA 溶液浓度的标定

用 25 mL 移液管移取钙标准溶液于 250 mL 锥形瓶中，加 5 mL 1 mol·L^{-1} NaOH 溶液及少量钙指示剂，摇匀，用 EDTA 溶液滴定至溶液由酒红色变为纯蓝色即为终点。记下 EDTA 溶液的用量 V_{EDTA}。平行标定 3 次，计算 EDTA 标准溶液的浓度，其相对平均偏差不大于 0.2%。

四、水的硬度测定

1. 取水样：移取 100 mL 水样于 250 mL 锥形瓶中。
2. 加入掩蔽剂：三乙醇胺掩蔽 Fe^{3+}、Al^{3+} 等。
3. 控制水样的 pH：加入氨性缓冲溶液 5 mL，控制 pH=10。
4. 滴定：用 EDTA 标准溶液滴定至溶液由紫红色→蓝色(钙镁总硬度)。
5. 另移取 100 mL 水样于另一 250 mL 锥形瓶中，加入掩蔽剂三乙醇胺掩蔽 Fe^{3+}、Al^{3+} 等。加入 5 mL 1 mol·L^{-1} NaOH 溶液及少许钙指示剂，用 EDTA 标准溶液滴定至溶液由酒红色变为纯蓝色为终点(钙硬度)。

⚠ **注意事项**

因水样中的钙、镁含量不高，滴定时反应速度较慢，故滴定速度要慢。

五、数据记录与结果处理

$$c_{EDTA} = \frac{(cV)_{Ca^{2+}}}{V_{EDTA}}$$

水的硬度有多种表示方法，常以水中 Ca^{2+}、Mg^{2+} 总量换算为 CaO 含量的方法表示，以每升水中含 10 mg CaO 为 1 度(°)，用度来表示水的硬度。即 1 度=10 mg CaO/1 L H$_2$O。

$$\text{水的总硬度}/(°) = \frac{(cV)_{EDTA} \cdot M_{CaO}}{V_{水样}} \times 100$$

$$\rho_{Ca}/\text{mg·L}^{-1} = \frac{(cV_2)_{EDTA} \times M_{Ca} \times 10^3}{V_{水样}}$$

$$\rho_{Mg}/\text{mg·L}^{-1} = \frac{c(V_1 - V_2)_{EDTA} \times M_{Mg} \times 10^3}{V_{水样}}$$

表 9-1　EDTA 标准溶液的标定及水硬度测定实验数据记录与结果处理

实验次数 项　目	第一份	第二份	第三份
碳酸钙基准物质质量 m/g			
EDTA 标定体积初读数 V_0/mL			
EDTA 标定体积终读数 V_1/mL			
$\triangle V$/mL			
EDTA 浓度/mol·L^{-1}			
EDTA 浓度平均值/mol·L^{-1}			
EDTA 浓度标定相对平均偏差			
总硬度测定消耗 EDTA 体积初读数 V_0/mL			
总硬度测定消耗 EDTA 体积终读数 V_1/mL			
$\triangle V_1$/mL			
钙硬度测定消耗 EDTA 体积初读数 V_0/mL			
钙硬度测定消耗 EDTA 体积终读数 V_1/mL			
$\triangle V_2$/mL			

【实验习题】

1. 络合滴定中为什么需加入缓冲溶液？

2. 以 Na_2CO_3 为基准物、钙指示剂为指示剂标定 EDTA 浓度时，应控制溶液的酸度为多大？为什么？应如何控制？

3. 以二甲酚橙为指示剂，用 Zn^{2+} 标定 EDTA 浓度的实验中，溶液的 pH 应为多少？

4. 络合滴定法与酸碱滴定法相比，有哪些不同点？操作中应注意哪些问题？

5. 什么叫水的总硬度？怎样计算水的总硬度？

6. 为什么滴定 Ca^{2+}、Mg^{2+} 总量时要控制 pH≈10，而滴定 Ca^{2+} 分量时要控制 pH 为 12～13？若 pH＞13，测定 Ca^{2+} 分量对结果有何影响？

7. 如果只有铬黑 T 指示剂，能否测定 Ca^{2+} 的含量？如何测定？

实验 10　电导法测定醋酸的电离度和电离常数

【实验目的】

1. 掌握不同浓度醋酸标准溶液的配制方法。
2. 掌握电导仪的使用方法,学习电导法测定电离度和电离常数的原理。
3. 加深对弱酸电离度、电离常数及溶液的浓度与电导关系的理解。

【实验原理】

醋酸是弱电解质,在水溶液中电离达到平衡时,其电离平衡常数 K_c 与浓度 c 和电离度 α 有下列关系:

$$K_c = \frac{c\alpha^2}{1-\alpha}(\alpha < 5\%) \qquad ①$$

在一定温度下,K_c 为常数,测出不同的醋酸浓度所对应的电离度(α),代入①式可求算 K_c。

电解质溶液导电能力的大小采用电阻(R)的倒数——电导(G)来描述,其单位为西门子(S)。

$$G = \frac{1}{R} \qquad ②$$

当电极面积为 A,电极距离为 d 时,溶液电导又可写为:

$$G = \sigma \frac{A}{d} \quad 即 \quad \sigma = G\frac{d}{A} \qquad ③$$

式中,比例系数 σ 称为电导率或比电导,单位为 $S \cdot m^{-1}$。电解质溶液的电导率等于在电极面积为 $1\ m^2$,相距为 $1\ m$ 的两电极间该溶液的电导,A/d 为电极常数或电导池常数。对于某电极而言,A 与 d 为固定值,即 d/A 为常数,因此电导与电极结构无关。在一定温度时,电解质溶液的电导仅决定于电解质的性质及浓度,可用电导率仪测定。

为了比较不同电解质溶液的导电能力,引进摩尔电导概念。摩尔电导是指含有 1 mol 溶质的电解质溶液置于相距为 1 m、面积为 $1\ m^2$ 的两个电极间的电导。如果溶液浓度为 c(单位为 $mol \cdot L^{-1}$),则含 1 mol 电解质的溶液体积为 $\frac{1}{c} \times 10^{-3}\ m^3$,此时,摩尔电导 λ_m 与电导率关系为:

$$\lambda_m = \sigma \frac{10^{-3}}{c} \qquad ④$$

式中,λ_m 的单位为 $S \cdot m^2 \cdot mol^{-1}$。

弱电解质溶液无限稀释时,可看做完全电离($\alpha \rightarrow 1$),此时溶液的摩尔电导叫极限摩尔电导(λ_∞),当温度一定时,λ_∞ 也为一定值,即可由表 10-1 算出。

在一定温度下,弱电解质电离度 α 等于溶液在浓度 c 时的摩尔电导 λ_m 与 λ_∞ 之比。

即:

$$\alpha = \frac{\lambda_m}{\lambda_\infty} \qquad ⑤$$

将上式代入①式得:

$$K_c = \frac{c\lambda_m{}^2}{\lambda_\infty(\lambda_\infty - \lambda_m)}$$　　　　⑥

根据⑥式可求得电离常数 K_c。

【实验仪器与试剂】

仪器　DDS-11D 型电导率仪、容量瓶(25 mL)、吸量管(10 mL)、洗耳球、多用滴管、滤纸片、井穴板

试剂　HAc 标准溶液(0.2 mol·L^{-1})

【实验内容】

一、配制不同浓度的醋酸标准溶液

取 4 个 25 mL 容量瓶,编为 1～4 号,用吸量管移取已知浓度的醋酸溶液 2.50 mL、5.00 mL、7.50 mL、10.00 mL 分别置于各容量瓶中,加蒸馏水稀释至刻度,摇匀,计算相应溶液的浓度。

二、测定醋酸溶液的电导率

将不同浓度的醋酸溶液移至清洁干燥的 5 mL 井穴板的相应编号孔穴中,未经稀释的 HAc 标准溶液注入井穴 5 中。

将铂电极预先用蒸馏水淋洗,用吸水纸吸干水后,再以待测溶液淋洗电极 2～3 次,然后将电极小心浸入溶液中,电极的金属部分要完全被溶液浸没,按从稀到浓的顺序逐一测出不同浓度醋酸溶液的电导率。

三、数据记录与结果处理

1. 电离度的计算

(1)根据测得的 HAc 溶液的电导率,按④式计算该浓度时溶液的摩尔电导 λ_m。

(2)根据表 10-1 文献值计算出实验温度下 HAc 溶液的极限摩尔电导 λ_∞。

表 10-1　HAc 溶液的极限摩尔电导文献值

温度/℃	0	18	25	30
λ_∞ /S·m²·mol^{-1}	0.024 5	0.034 9	0.039 07	0.042 18

若室温不同于上表中所列温度,可用内插法求得所需的 λ_∞,假设室温为 T_x,求 T_x 时醋酸无限稀释的摩尔电导 λ_∞。取上述文献值的任意 T_1、T_2 对应的 $\lambda_{\infty 1}$、$\lambda_{\infty 2}$,则有:

$$\frac{\lambda_{\infty 2} - \lambda_{\infty 1}}{\lambda_\infty - \lambda_{\infty 1}} = \frac{T_2 - T_1}{T_x - T_1}$$　　　　⑦

然后代入具体数值算出 λ_∞。

(3)按⑤式计算不同浓度 HAc 溶液的电离度 α。

2. 电离常数 K_c 的计算

由电离度 α 按①式计算 K_c,或根据⑥式求得 K_c。

将实验数据及计算结果填入下列空格和表 10-2:

实验温度(T_x):＿＿＿＿＿＿＿＿＿＿℃

对应的无限稀释极限摩尔电导(λ_∞):＿＿＿＿＿＿＿＿＿＿S·m²·mol^{-1}

表 10-2　醋酸的电离度的电离常数测定数据记录

实验编号	醋酸溶液浓度 $c/\text{mol} \cdot \text{L}^{-1}$	电导率 $\sigma/\text{S} \cdot \text{m}^{-1}$	摩尔电导 $\lambda_m/\text{S} \cdot \text{m}^2 \cdot \text{mol}^{-1}$	电离度 α	电离常数 K_c
1					
2					
3					
4					
5					

求出 $\overline{K_c}$，再根据表中数据画图，讨论醋酸的浓度 c 与 α、K_c 的关系。

【实验习题】

稀释 HAc 溶液时，σ、λ_m 及 K_c 随着浓度的变化会怎样变化？

补充材料

一、酸度计法测定醋酸电离度及电离常数

由于 HAc 溶液能电离出 H^+，故只要用酸度计测出 H^+ 的浓度即可算出 HAc 的电离度及电离常数，具体方案可参照北京师范大学无机教研室等编的《无机化学实验》第三版"醋酸电离度和电离常数的测定"实验。

二、DDS-11D 型电导率仪及其使用技术

电导率仪即为测定液体电导率的仪器，在小烧杯内盛待测溶液，插入电导电极，即可从表头读出电导率的值。下面以 DDS-11D 型电导率仪为例介绍电导仪的使用技术。

1. 检查、准备

(1)在接通电源前表头指针应指向零，若不在零位，可调节表头螺丝使指针指向零位。

(2)按说明书选择 DJS-I 型铂电极 1 支，将电极插头插入电极插口内，并用电极夹将电极固定在电极杆上，调节"常数"旋钮于与选用的电极常数相应的位置，用蒸馏水冲洗。

2. 校正、测量

(1)"温度"旋钮置于与被测溶液相同温度的刻度上。

(2)将"量程"旋钮旋至"检查"位置，接通电源，打开电源开关预热 20 min，调节"校正"旋钮使表针指示满度。

(3)先将"量程"旋钮旋至量程最大位置，再将电极浸入待测溶液中，然后逐档下降，测量溶液的电导率。

(4)指针指示数乘以"量程"旋钮的倍率即为被测值。

(5)测量完毕，取出电极，将"量程"旋钮旋至"检查"位置，关闭电源，拔下电极，用蒸馏水冲洗后放回电极盒中。

(6)记录使用情况并收拾仪器。

(7)关电源开关，套上仪器罩。

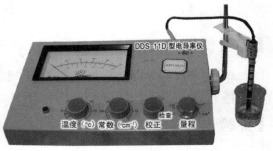

图 10-1　DDS-11D 型电导率仪

实验 11　高锰酸钾溶液的配制、标定与过氧化氢含量的测定

【实验目的】

1. 了解 $KMnO_4$ 标准溶液的配制方法和保存条件,掌握 $KMnO_4$ 标准溶液的标定条件。
2. 掌握 $KMnO_4$ 法测定 H_2O_2 含量的原理及方法。
3. 熟悉自身氧化还原指示剂。

【实验原理】

1. $KMnO_4$ 标准溶液的配制与标定

(1)溶液配制

市售 $KMnO_4$ 中常含有少量杂质及 MnO_2,H_2O 中也常含有少量有机物。这些因素均会使 $KMnO_4$ 浓度发生改变,且少量 MnO_2 可催化溶液中的 $KMnO_4$ 分解,所以,应采用标定法配制 $KMnO_4$ 标准溶液。

(2)溶液标定

可用还原性基准物标定 $KMnO_4$ 溶液,如 $FeSO_4 \cdot (NH_4)_2SO_4 \cdot 6H_2O$、$H_2C_2O_4 \cdot H_2O$、$Na_2C_2O_4$、$As_2O_3$、纯铁丝等,其中 $Na_2C_2O_4$ 最常用。标定反应式为:

$$2MnO_4^- + 5C_2O_4^{2-} + 16H^+ \!=\!=\! 2Mn^{2+} + 10CO_2\uparrow + 8H_2O$$

条件:$pH=0.1\sim1$(介质为 $0.5\ mol \cdot L^{-1}\ H_2SO_4$ 溶液);$75\ ℃\sim80\ ℃$ 加热;$KMnO_4$ 作自身氧化还原指示剂。

$$c_{KMnO_4} = \frac{\frac{2}{5}m_{Na_2C_2O_4} \times 1\ 000}{M_{Na_2C_2O_4} V_{KMnO_4}}(mol \cdot L^{-1})\quad(M_{Na_2C_2O_4}=134.00\ g \cdot mol^{-1})$$

2. H_2O_2 含量的测定

$pH=0.1\sim1$(介质为 $0.5\ mol \cdot L^{-1}\ H_2SO_4$ 溶液),标定反应式为:

$$2MnO_4^- + 5H_2O_2 + 6H^+ \!=\!=\! 2Mn^{2+} + 5O_2\uparrow + 8H_2O$$

Mn^{2+} 起自动催化作用,$KMnO_4$ 作自身氧化还原指示剂。

$$\varphi_{H_2O_2}(\%) = \frac{\frac{5}{2}(cV)_{KMnO_4} \times M_{H_2O_2}}{25.00 \times 1\ 000} \times 100(mg \cdot L^{-1})\quad(M_{H_2O_2}=34.015\ g \cdot mol^{-1})$$

【实验仪器与试剂】

仪器　台称、分析天平、棕色试剂瓶、玻璃砂芯漏斗、抽滤瓶、酸式滴定管、锥形瓶、滴定台

试剂　H_2SO_4 溶液($3\ mol \cdot L^{-1}$)、$KMnO_4(s)$、$Na_2C_2O_4(s,A.R.)$、H_2O_2 溶液

【实验内容】

一、$0.02\ mol \cdot L^{-1}\ KMnO_4$ 溶液的配制

称取 $1.6\ g\ KMnO_4$ 溶于 $500\ mL$ 水中,盖上表面皿,加热至沸腾并保持微沸状态 $1\ h$,冷却后于室温下放置 $2\ h\sim3\ h$,用微孔玻璃漏斗或玻璃棉过滤,滤液贮于清洁带塞的棕色试剂瓶中。

二、KMnO₄ 溶液的标定

准确称取 0.13 g～0.15 g $Na_2C_2O_4$ 固体于 250 mL 锥形瓶中,加入 40 mL～50 mL 蒸馏水,溶解后加入 10 mL 3 mol·L^{-1} H_2SO_4 溶液,加热至 75 ℃～80 ℃(开始冒蒸汽),趁热用 KMnO₄ 标准溶液滴定至终点(无色→红色)(滴定结束时温度不得低于 60 ℃),平行标定 3 次,计算 c_{KMnO_4} 及相对平均偏差(<0.2%)。

三、H₂O₂ 含量的测定

准确移取 25.00 mL H_2O_2 溶液于锥形瓶中,加入 5 mL 3 mol·L^{-1} H_2SO_4 溶液及 2～3 滴 MnSO₄ 溶液,用 KMnO₄ 标准溶液滴定至终点,记下体积 V,平行标定 3 次。计算 H_2O_2 质量体积百分含量及相对平均偏差(<0.2%)。

⚠ 注意事项

1. 滴定管的读数:读取凹液面的上沿。

2. 滴定条件应注意:

(1)酸度:用 H_2SO_4 控制溶液的 pH≤1(滴定中若出现棕色浑浊应补加适量 H_2SO_4 溶液;若已滴定至终点,则应重做),此时不能用 HCl 溶液、HNO₃ 溶液代替 H_2SO_4 溶液控制溶液的 pH。

(2)温度:滴定温度应控制在 75 ℃～80 ℃,滴定结束时不应低于 60 ℃。温度太低,则反应速度太慢;温度太高,则 $C_2O_4^{2-}$ 在酸性条件下易分解:$C_2O_4^{2-} + 2H^+ \!=\!\!=\!\! CO_2\uparrow + CO\uparrow + H_2O$。

(3)速度:滴定速度太快,KMnO₄ 易在热的酸性溶液中分解:

$$4MnO_4^- + 4H^+ \!=\!\!=\!\! 4MnO_2 + 3O_2\uparrow + 2H_2O$$

(4)催化剂:为了加快反应速度,可加入少量 Mn^{2+} 作催化剂,在无催化剂时滴定速度应为:慢→稍快→慢。

3. 终点的观察:淡红色半分钟内不消失。

四、数据记录与结果处理

表 11-1　高锰酸钾溶液的配制、标定及过氧化氢含量的测定实验数据记录与结果处理

实验次数 项　目	第一份	第二份	第三份
草酸钠质量 m/g			
KMnO₄ 标定体积初读数 V_0/mL			
KMnO₄ 标定体积终读数 V_1/mL			
$\triangle V$/mL			
KMnO₄ 浓度/mol·L^{-1}			
KMnO₄ 浓度平均值/mol·L^{-1}			
KMnO₄ 浓度标定相对平均偏差/%			
H₂O₂ 含量测定 KMnO₄ 体积初读数 V_0/mL			
H₂O₂ 含量测定 KMnO₄ 体积终读数 V_1/mL			
$\triangle V$/mL			
H₂O₂ 质量体积的百分含量/%			
H₂O₂ 质量体积百分含量相对平均偏差/%			

【实验习题】

1. 标定高锰酸钾溶液时,为什么第一滴高锰酸钾加入后溶液的红色褪去很慢,而以后红色褪去越来越快?

2. 用高锰酸钾法测定过氧化氢时,能否用硝酸或盐酸来控制酸度? 为什么?

实验 12 电离平衡

【实验目的】

1. 掌握测试溶液 pH 的基本方法。
2. 理解电离平衡、水解平衡和同离子效应的基本原理。
3. 练习配制缓冲溶液并试验其性质。

【实验原理】

弱电解质在溶液中存在电离平衡,化学平衡移动规律同样适用于这种平衡体系。在弱电解质的溶液中加入含有相同离子的另一电解质时,会使弱电解质的电离程度减小,称为同离子效应。

$$H_2O + HAc \rightleftharpoons H_3O^+ + \boxed{Ac^-}$$
$$NaAc \longrightarrow Na^+ + \boxed{Ac^-} \longrightarrow 同离子效应$$

盐类水解是酸碱中和的逆反应,是组成盐的离子与水中的 H^+ 或 OH^- 结合生成弱酸或弱碱的过程,水解后溶液的酸碱性取决于盐的类型。

$$H_2O + CO_3^{2-} \rightleftharpoons OH^- + HCO_3^- \qquad 水解常数\ K_{h_1} = \frac{K_w}{K_{a_2}}$$

$$H_2O + NH_4^+ \rightleftharpoons H_3O^+ + NH_3 \qquad 水解常数\ K_h = \frac{K_w}{K_b}$$

$$NH_4^+ + Ac^- \rightleftharpoons NH_3 + HAc \qquad 水解常数\ K_h = \frac{K_w}{K_a K_b}$$

缓冲溶液一般由浓度较大的弱酸及其共轭碱,或弱碱及其共轭酸所组成。它们在稀释或向其中加入少量酸、碱时,由于平衡移动使其 pH 改变很小,缓冲溶液的缓冲能力与缓冲溶液的总浓度及其配比有关。如:

$$H_2O + HAc \rightleftharpoons H_3O^+ + Ac^- \qquad K_a = \frac{c(H^+) \cdot c(Ac^-)}{c(HAc)}$$

在一元弱酸 HA 及其盐 A^- 所组成的缓冲体系中,设 $c(HA) = c_酸$,$c(A^-) = c_盐$,

$$c(H^+) = K_a \frac{c_酸}{c_盐}$$

一元弱碱及其盐所组成的缓冲体系中,

$$c(OH^-) = K_b \frac{c_碱}{c_盐}$$

【实验仪器与试剂】

仪器 烧杯(50 mL、500 mL)、量筒(10 mL)、多用滴管、微量滴头、井穴板、微型试管、pHS-25 型酸度计、pH 试纸

试剂 HCl 溶液($0.10\ mol \cdot L^{-1}$)、HNO_3 溶液($6\ mol \cdot L^{-1}$)、HAc 溶液($0.1\ mol \cdot L^{-1}$、

$2.0\ mol\cdot L^{-1}$）、NaOH 溶液（$0.10\ mol\cdot L^{-1}$）、氨水（$0.1\ mol\cdot L^{-1}$、$2.0\ mol\cdot L^{-1}$）、NH_4Cl 溶液（$0.10\ mol\cdot L^{-1}$）、NH_4Ac溶液（$0.1\ mol\cdot L^{-1}$、$1.0\ mol\cdot L^{-1}$）、Na_2CO_3 溶液（$0.1\ mol\cdot L^{-1}$）、$NaHCO_3$溶液（$1\ mol\cdot L^{-1}$）、NaAc 溶液（$0.10\ mol\cdot L^{-1}$、$1.0\ mol\cdot L^{-1}$）、$Al_2(SO_4)_3$ 溶液（$0.1\ mol\cdot L^{-1}$）、$FeCl_3$ 溶液（$0.1\ mol\cdot L^{-1}$）、$Bi(NO_3)_3(s)$、食醋、食盐、糖、酒、酚酞、甲基橙

【实验内容】

一、溶液的酸碱性（选做）

用广泛 pH 试纸分别测定食醋、食盐、糖、酒等各物质水溶液的 pH。

二、盐类的水解（选做）

1.用广泛 pH 试纸分别测出 $0.1\ mol\cdot L^{-1}\ Al_2(SO_4)_3$、$0.1\ mol\cdot L^{-1}\ NH_4Cl$、$0.1\ mol\cdot L^{-1}NH_4Ac$、$0.1\ mol\cdot L^{-1}Na_2CO_3$ 等各类盐溶液的 pH 并与理论值相比较。解释溶液的酸碱性，并写出水解离子反应式。

2.在微型试管中加入 10 滴 $1\ mol\cdot L^{-1}NaAc$ 溶液和 1 滴酚酞溶液，摇匀，观察溶液颜色，将溶液加热至沸，溶液颜色有何变化？试解释之。

3.在微型试管中加入 10 滴蒸馏水和 3 滴 $0.1\ mol\cdot L^{-1}FeCl_3$溶液，使溶液混合均匀，观察溶液颜色。小火加热后，再观察试管中溶液颜色有何不同，说明原因。

4.在干燥的微型试管中加入少许 $Bi(NO_3)_3$ 固体，观察现象，加 10 滴蒸馏水，又有何现象出现？再滴加 $6\ mol\cdot L^{-1}HNO_3$ 溶液，边滴加边振荡，现象又有何变化？试解释实验现象。

5.用多用滴管吸入约 $0.5\ mL\ 0.1\ mol\cdot L^{-1}\ Al_2(SO_4)_3$ 溶液，使滴管的吸泡在下，弯曲径管吸取 $0.5\ mL\ 1\ mol\cdot L^{-1}\ NaHCO_3$溶液，观察实验现象（由此你联想到什么？）。用什么方法证明产物是 $Al(OH)_3$ 而不是 $Al(HCO_3)_3$？写出反应的离子方程式。

三、同离子效应

1.在 5 mL 井穴板的两个孔穴内各加 10 滴 $0.1\ mol\cdot L^{-1}$氨水和 1 滴酚酞指示剂，再在其中一孔穴内滴 2 滴 $1\ mol\cdot L^{-1}NH_4Ac$ 溶液，比较两个孔穴中溶液的颜色，试解释颜色不同的原因。

2.在 5 mL 井穴板的两个孔穴内各加 10 滴 $0.1\ mol\cdot L^{-1}$ HAc 溶液和 1 滴甲基橙指示剂，再在其中一孔穴中加 2 滴 $1\ mol\cdot L^{-1}NH_4Ac$ 溶液，比较两个孔穴中溶液的颜色，试解释颜色不同的原因。

四、缓冲溶液

1.缓冲溶液的配制

按表 12-1 中给出的试剂种类和用量配制 3 组溶液，混匀，每一组分成 2 份放置于干燥的井穴板中，编上编号。

2.缓冲溶液 pH 的测定与计算

按表 12-2 中说明操作后，用酸度计测量各溶液的 pH，并与计算值相比较。注意：每次测量前，一定要清洗好电极。

3.控制酸的浓度在 $1\ mol\cdot L^{-1}$ 左右，请配制 pH＝4.8 的缓冲溶液，并测其 pH（选做）

将各组溶液的 pH 对照，确定哪一组溶液 pH 的变化较小。小结缓冲性能与缓冲溶液的

配比及总浓度之间的关系。

五、数据记录与结果处理

表 12-1   缓冲溶液的配制

组 号	配制溶液（各量取 4.0 mL）
1	$0.1 \ mol \cdot L^{-1}$ 氨水＋$0.1 \ mol \cdot L^{-1} NH_4Cl$ 溶液
2	$1.0 \ mol \cdot L^{-1} HAc$ 溶液＋$1.0 \ mol \cdot L^{-1} NaAc$ 溶液
3	$1.0 \ mol \cdot L^{-1} HAc$ 溶液＋$0.10 \ mol \cdot L^{-1} NaAc$ 溶液
4	蒸馏水

表 12-2   缓冲溶液 pH 的测定与计算

① 第一份溶液			② （向第一份溶液的井穴中加 2 滴 $0.10 \ mol \cdot L^{-1} HCl$ 溶液，混匀）			③ （向第二份溶液的井穴中加 2 滴 $0.1 \ mol \cdot L^{-1} NaOH$ 溶液，混匀）		
孔穴号	pH 测定值	pH 计算值	孔穴号	pH 测定值	pH 计算值	孔穴号	pH 测定值	pH 计算值
1-1			1-1			1-2		
2-1			2-1			2-2		
3-1			3-1			3-2		
4-1			4-1			4-2		

【实验习题】

1. 影响盐类水解的因素有哪些？在实验室里如何配制 $CuSO_4$ 和 $FeCl_3$ 溶液？

2. 试用 H_3PO_4 的 K_{a_1}、K_{a_2}、K_{a_3} 数据解释 H_3PO_4、NaH_2PO_4、Na_2HPO_4、Na_3PO_4 溶液的酸碱性，并与实验值进行比较。

补充材料

一、pH 试纸的使用

1. 检查溶液的酸碱性。将 pH 试纸剪成小块，放置于洁净干燥的白瓷板或表面皿上，用玻璃棒蘸取待测溶液滴入 pH 试纸中心，与标准比色卡对比确定溶液 pH。

2. 检查气体的酸碱性。将 pH 试纸用蒸馏水润湿，贴在表面皿或玻璃棒上置于试管口（不能与试管接触），根据 pH 试纸的变色情况来确定逸出气体的酸碱性，这种方法不能用来测溶液 pH。

3. $Pb(Ac)_2$ 试纸的使用。用蒸馏水将试纸润湿，置试纸于盛有待检物的试管口，如试纸变黑表示有 H_2S 气体逸出。

二、pHS-25 型酸度计（acidimeter）及其使用方法

1. 仪器的安装。如图 12-1 所示，装好电极杆，接通电源。电压必须符合标牌上所注明的数值，电压太低或不稳均会影响使用。电源插头中的黑线表示接地线，不能与其他两根线接错。

2. 电极安装。先将电极夹子夹在电极杆上，然后将复合电极夹在夹子上，复合电极的插头

插在电极插口内并旋紧。

3. 将测量选择开关换到"pH"档,打开电源,测量前要预热半小时以上。

4. 调节斜率至 100% 位置(或顺时针旋转到底)。

5. 复合电极用蒸馏水洗净吸干,插入 pH＝6.86 的缓冲溶液中,调节"温度"旋钮,使指示的温度与溶液温度相同。

图 12-1 pHS-25 型酸度计

6. 调节"定位"旋钮使指示的 pH 与该缓冲溶液在此温度下的 pH 相同。

7. 取出电极,用蒸馏水清洗后,插入 pH＝4.00(或 pH＝9.20)的缓冲溶液中,调节"斜率"旋钮,使 pH 与该缓冲溶液在此温度下的 pH 相同。

经过以上标定过程后,"定位"及"斜率"旋钮不应再有任何变动。

8. 电极用蒸馏水清洗后吸干,插入待测液中测量 pH。

9. 选择开关置"mV"档,将电极插入待测液中测量电极电位值。

10. 取出电极,用蒸馏水清洗后,套上保护套,放入电极盒中。

11. 记录使用情况。

12. 关掉电源开关,套上仪器罩。

<h1 style="text-align:center">实验 13　沉淀反应</h1>

【实验目的】

1. 加深理解同离子效应和盐效应的概念。
2. 掌握确定沉淀反应计量系数和测定难溶电解质 K_{sp} 的方法。
3. 试验沉淀的生成、溶解和转化。
4. 掌握离心机的使用和离心分离操作。

【实验原理】

在一定温度下，难溶电解质在溶液中达到下列平衡：

$$A_m B_n(s) \Longrightarrow mA^{n+}(aq) + nB^{m-}(aq)$$

其平衡常数 $K_{sp} = c_{A^{n+}}^m \cdot c_{B^{m-}}^n$ 称为溶度积（关于标准平衡常数 K_{sp}^{θ} 的定义可参见无机化学教材）。在此溶液中，离子积 Q_i（$Q_i = c_A^m \cdot c_B^n$，c_A 和 c_B 是 A^{n+} 和 B^{m-} 在任意状态时的浓度）与 K_{sp} 的关系为：对于某一给定的溶液，当 $Q_i < K_{sp}$ 时，溶液为不饱和溶液，若体系中有 $A_m B_n$ 固体，则会不断溶解；当 $Q_i > K_{sp}$ 时，溶液为过饱和溶液，反应向生成沉淀方向进行，直至形成饱和溶液；当 $Q_i = K_{sp}$ 时，溶液为饱和溶液，达到动态平衡。

当溶液中有几种离子同时存在时，逐步向溶液中加入某种试剂，加入试剂可能与之发生反应而产生几种沉淀，则 Q_i 先达到 K_{sp} 的难溶电解质先沉淀，当第二种难溶电解质的 Q_i 达到它的 K_{sp} 时，第二种沉淀开始沉淀。这种先后沉淀的过程称为分步沉淀。

在含有沉淀的溶液中，加入适当试剂与某一离子结合成更难溶的物质的过程，叫沉淀转化。

【实验仪器与试剂】

仪器　离心机、吸量管、微型试管、离心试管、多用滴管、井穴板、微量滴头

试剂　HCl 溶液（6.0 mol·L^{-1}）、NaOH 溶液（2.0 mol·L^{-1}）、饱和 H$_2$S 溶液、氨水（6.0 mol·L^{-1}）、Na$_2$S 溶液（0.1 mol·L^{-1}）、KCl 溶液（1.0 mol·L^{-1}、0.1 mol·L^{-1}）、KI 溶液（0.1 mol·L^{-1}）、MgCl$_2$ 溶液（0.1 mol·L^{-1}）、BaCl$_2$ 溶液（0.5 mol·L^{-1}）、AgNO$_3$ 溶液（0.1 mol·L^{-1}）、Pb(NO$_3$)$_2$ 溶液（0.10 mol·L^{-1}）、CuSO$_4$ 溶液（0.1 mol·L^{-1}）、K$_2$CrO$_4$ 溶液（0.1 mol·L^{-1}）、Na$_2$SO$_4$ 溶液（0.5 mol·L^{-1}）、(NH$_4$)$_2$C$_2$O$_4$（饱和溶液）、NH$_4$Cl（饱和溶液）、Na$_2$SO$_4$ 溶液（0.5 mol·L^{-1}）、HNO$_3$ 溶液（6 mol·L^{-1}）

【实验内容】

一、沉淀反应计量系数的确定

1. 用 2 支带有微量滴头的多用滴管分别吸入 0.5 mol·L^{-1} BaCl$_2$ 溶液与 0.5 mol·L^{-1} Na$_2$SO$_4$ 溶液。

2. 按表 13-1 的用量将 BaCl$_2$ 溶液和 Na$_2$SO$_4$ 溶液滴加到 0.7 mL 井穴板的各穴中。

3. 摇匀,放置数分钟待沉淀聚沉。

4. 观察实验现象(各井穴中的沉淀量),写出 $BaCl_2$ 和 Na_2SO_4 反应的方程式,确定反应的计量系数。

表 13-1　反应计量系数的确定

孔穴序号	$0.50 \text{ mol} \cdot L^{-1}$ $BaCl_2$溶液滴数	$BaCl_2$物质的量/mol	$0.50 \text{ mol} \cdot L^{-1}$ Na_2SO_4溶液滴数	Na_2SO_4物质的量/mol	预期 $BaSO_4$物质的量/mol
1	1		9		
2	2		8		
3	3		7		
4	4		6		
5	5		5		
6	6		4		
7	7		3		
8	8		2		
9	9		1		

二、测定 $PbCl_2$ 的溶度积常数

准备一个 5 mL 井穴板,用量筒量取 2.50 mL $0.10 \text{ mol} \cdot L^{-1} Pb(NO_3)_2$ 溶液于井穴中,然后用多用滴管缓慢滴加 $1.0 \text{ mol} \cdot L^{-1}$ KCl 溶液,每滴加 1 滴后应充分搅拌,静置一段时间。观察是否有 $PbCl_2$ 沉淀产生,记下沉淀刚产生时所需 KCl 溶液的滴数及溶液的温度(计算 c_{Cl^-} 时,应如何确定 KCl 溶液的滴数?)。

结果处理:开始产生 $PbCl_2$ 沉淀时,溶液中

$$c_{Pb^{2+}} = \frac{0.10 \times 2.5}{V_{总}}, c_{Cl^-} = \frac{1.0 \times V_{Cl^-}}{V_{总}}$$

氯化铅溶度积 $K_{sp} = c_{Pb^{2+}} \cdot c_{Cl^-}^2$。

三、沉淀的生成和溶解

1. 向 2 支离心试管中各滴加 2 滴 $0.1 \text{ mol} \cdot L^{-1} MgCl_2$ 溶液和 2 滴 $2.0 \text{ mol} \cdot L^{-1}$ NaOH 溶液,观察现象。离心分离后,其中一支试管中滴加饱和 NH_4Cl 溶液,另一支试管中滴加 $6 \text{ mol} \cdot L^{-1}$ HCl 溶液,再观察现象,写出反应式。

2. 向 2 支离心试管中各滴加 2 滴 $0.1 \text{ mol} \cdot L^{-1} BaCl_2$ 溶液和 2 滴饱和$(NH_4)_2C_2O_4$溶液,观察现象。离心分离后,其中一支试管滴加饱和 NH_4Cl 溶液,另一支试管中滴加 $6 \text{ mol} \cdot L^{-1}$ HCl 溶液,再观察现象,写出反应式。

3. 向 2 支离心试管中各滴加 2 滴 $0.1 \text{ mol} \cdot L^{-1} CuSO_4$ 溶液和 3 滴新配制的饱和 H_2S 溶液,充分振荡后观察现象。离心并洗涤沉淀 2 次,向其中一支离心试管中滴加 $6 \text{ mol} \cdot L^{-1}$ HCl 溶液,另一支离心试管中滴加 $6 \text{ mol} \cdot L^{-1}$ HNO_3 溶液,再观察现象,写出反应式。

4. 向 2 支离心试管中各滴加 2 滴 $0.1 \text{ mol} \cdot L^{-1} AgNO_3$ 溶液和 2 滴 $0.1 \text{ mol} \cdot L^{-1}$ KCl 溶液,观察现象。离心分离后,再向其中一支离心试管中滴加 $6 \text{ mol} \cdot L^{-1}$ HNO_3 溶液,另一支离心试管中滴加 $6 \text{ mol} \cdot L^{-1}$ 氨水,再观察现象,写出反应式。

5. 向离心试管内加 2 滴 $0.1 \text{ mol} \cdot L^{-1} Na_2S$ 溶液和 2 滴 $0.1 \text{ mol} \cdot L^{-1} K_2CrO_4$ 溶液,加蒸

馏水 2 mL,然后滴加 2 滴 0.1 mol·L^{-1} Pb$(NO_3)_2$ 溶液,观察生成沉淀的颜色。离心分离,再向上层清液滴加 0.1 mol·L^{-1} Pb$(NO_3)_2$ 溶液,会出现什么现象? 用 K_{sp} 数据给予说明。

6.向离心试管内加 5 滴 0.1 mol·L^{-1} Pb$(NO_3)_2$ 溶液和 3 滴 1 mol·L^{-1} KCl 溶液,离心并洗涤沉淀,在沉淀上加 3 滴 0.1 mol·L^{-1} KI 溶液,用类似的方法,依次滴加 5 滴 0.1 mol·L^{-1} Na_2S 溶液,逐次进行沉淀转化的操作,观察记录沉淀颜色的变化,并通过相应难溶物的 K_{sp} 数据(参见附录 4)计算说明各种沉淀的转化。

【实验习题】

1. 设计实验确定 $Al_2(SO_4)_3$ 与 NaOH 反应的计量系数,你预期在哪一配比混合中沉淀量最多?

2.要洗涤 AgCl 沉淀,用下列哪种溶液最好? 简述理由。

① 0.1 mol·L^{-1} HCl 溶液　② 0.001 mol·L^{-1} HCl 溶液　③ 浓盐酸

④ 蒸馏水　⑤ 1 mol·L^{-1} 氨水

实验 14　反应级数和活化能的测定

【实验目的】

1. 了解实验浓度、温度和催化剂对反应速率的影响,加深对化学反应速率、反应级数和活化能等概念的理解。
2. 了解过二硫酸铵与碘化钾反应的反应速率测定原理和方法。
3. 了解反应级数及反应活化能的测定方法。
4. 练习水浴恒温操作。
5. 练习微型实验定量加液操作。

【实验原理】

在水溶液中,过二硫酸铵与碘化钾反应的方程式为:

$$(NH_4)_2S_2O_8 + 3KI = (NH_4)_2SO_4 + K_2SO_4 + KI_3$$

其离子反应方程式是:

$$S_2O_8^{2-} + 3I^- = 2SO_4^{2-} + I_3^- \tag{14-1}$$

根据速率方程其反应速率 v 可表示为:

$$v = kc_{S_2O_8^{2-}}^{\alpha} \cdot c_{I^-}^{\beta} \tag{①}$$

式中, v 是在此条件下反应的瞬时速率,若 $c_{S_2O_8^{2-}}$、c_{I^-} 是起始浓度,则 v 表示起始速率,k 是速率常数,$\alpha + \beta$ 是总反应级数。

实验测定的速率是在一段时间($\triangle t$)内反应的平均速率 $\bar{v}$。如果在时间 $\triangle t$ 内 $S_2O_8^{2-}$ 浓度改变为 $\triangle c_{S_2O_8^{2-}}$,则平均速率

$$\bar{v} = -\frac{\triangle c_{S_2O_8^{2-}}}{\triangle t} \tag{②}$$

若控制 $\triangle t$ 很小,则反应物浓度的变化很小,可以近似地用平均速率代替起始速率:

$$\lim_{\triangle t \to 0} \bar{v} = v = -\frac{\triangle c_{S_2O_8^{2-}}}{\triangle t} = kc_{S_2O_8^{2-}}^{\alpha} \cdot c_{I^-}^{\beta} \tag{③}$$

为了能够测出反应在 $\triangle t$ 时间内 $S_2O_8^{2-}$ 浓度改变值,需要在混合 $(NH_4)_2S_2O_8$ 溶液和 KI 溶液的同时,注入一定体积浓度已知的 $Na_2S_2O_3$ 和淀粉溶液,在反应(14-1)进行的同时还进行下列反应:

$$2S_2O_3^{2-} + I_3^- = S_4O_6^{2-} + 3I^- \tag{14-2}$$

反应(14-2)进行得非常快,几乎瞬间完成,而反应(14-1)进行得要慢得多,由反应(14-1)生成的 I_3^- 立即与 $S_2O_3^{2-}$ 反应,生成无色的 $S_4O_6^{2-}$ 和 I^-。所以在反应的开始阶段观察不到碘与淀粉反应而显示的特征蓝色。一旦 $Na_2S_2O_3$ 耗尽,反应(14-1)继续生成 I_3^- 就与淀粉反应立即呈现蓝色。

从反应(14-1)和(14-2)的关系可以看出,$S_2O_8^{2-}$ 减少的物质的量是 $S_2O_3^{2-}$ 减少的物质的量的 1/2,由于在 $\triangle t$ 时间内 $S_2O_3^{2-}$ 基本上全部消耗,故有下列关系:

$$\triangle c_{S_2O_8^{2-}} = \frac{1}{2}\triangle c_{S_2O_3^{2-}} = -\frac{1}{2}c_{S_2O_3^{2-}\, 始}$$

记下从反应开始到溶液显示蓝色所需时间 $\triangle t$，就可求出反应速率。

$$\bar{v} = -\frac{\triangle c_{S_2O_8^{2-}}}{\triangle t} = c\frac{c_{S_2O_3^{2-}\text{始}}}{2\triangle t} \tag{14-4}$$

实验测定 α、β 数值的方法如下：

当保持 c_{I^-} 不变时，对式③两边取对数，则：

$$\lg v = \alpha \lg c_{S_2O_8^{2-}\text{始}} + \text{常数} \tag{14-5}$$

以 $\lg v$ 为纵坐标，$\lg c_{S_2O_8^{2-}}$ 为横坐标作图，斜率即为 α；同样，保持 $c_{S_2O_8^{2-}}$ 不变：

$$\lg v = \beta \lg c_{I^-\text{始}} + \text{常数} \tag{14-6}$$

测定不同初始浓度 KI 的反应速率，以 $\lg v$ 为纵坐标，$\lg c_{I^-}$ 为横坐标作图，所求斜率即为 β。

实验测得的 $\alpha + \beta$，即为过二硫酸根氧化碘离子的总反应级数。

已知反应级数，则通过式①可求出反应速率常数 k。

反应的活化能 E_a 和反应速率常数及温度的关系由阿累尼乌斯公式表示：

$$\lg k = -\frac{E_a}{2.303RT} + B \tag{14-7}$$

式中，R 为摩尔气体常数，B 是常数项，E_a 的单位是 $J \cdot mol^{-1}$。

实验测出不同温度下反应(14-1)的反应速率常数，以 $\lg k$ 为纵坐标、$1/T$ 为横坐标作图，得一条直线，其斜率为 $-\dfrac{E_a}{2.303R}$，即可计算出反应活化能 E_a。

【实验仪器与试剂】

仪器 恒温水浴锅、秒表、多用滴管、微量滴头、5 mL 井穴板、标签纸

试剂 KI 溶液($0.20\ mol \cdot L^{-1}$)、$(NH_4)_2S_2O_8$ 溶液($0.20\ mol \cdot L^{-1}$)、$Na_2S_2O_3$ 溶液($0.010\ mol \cdot L^{-1}$)、KNO_3 溶液($0.20\ mol \cdot L^{-1}$)、$(NH_4)_2SO_4$ 溶液($0.20\ mol \cdot L^{-1}$)、$CuSO_4$ 溶液($0.001\ mol \cdot L^{-1}$)、淀粉溶液(0.5%)

【实验内容】

⚠ 注意事项

试剂的用量以滴计，通过改变滴数来调节反应物的浓度，操作时要求对定量滴加试剂溶液这一微型实验的基本操作有较熟练的技巧。

一、测定反应物不同起始浓度的反应速率

在室温下，将洁净的微量滴头逐一套在盛有各种反应试剂溶液的多用滴管上，按表 14-1 顺序及用量，滴加各种试剂到 5 mL 井穴板指定的井穴中（采用微量滴头的目的是什么，滴加试剂的正确操作如何？）。

为了使每次实验中溶液的离子强度和总体积保持不变，在井穴 2～5 中，分别滴加适量的 KNO_3 溶液和 $(NH_4)_2SO_4$ 溶液以平衡 KI 溶液、$(NH_4)_2S_2O_8$ 溶液及 $Na_2S_2O_3$ 溶液的用量。

当 $(NH_4)_2SO_4$ 溶液加完后，搅匀，将洗净后的微量滴头套到有 $(NH_4)_2S_2O_8$ 溶液的滴管上，按表中的用量，连续准确地将 $(NH_4)_2S_2O_8$ 溶液滴加到指定的井穴中，同时按动秒表计时，并不断搅拌。注意观察，当溶液刚出现蓝色时停止计时，记录反应时间（以秒为单位）和室温。

同样操作，逐一测出各井穴中溶液的反应时间。

二、测定不同温度下的反应速率

按表 14-1 孔穴 1 溶液的用量,将 KI、$Na_2S_2O_3$ 和淀粉溶液分别加到井穴板的井穴 6 中,然后将井穴板和盛有 $(NH_4)_2S_2O_8$ 溶液的多用滴管的吸泡小心放入恒温水浴中,并控制水浴温度为 0℃(冰水浴)。待井穴板中溶液温度与水浴温度一致时,迅速将 $(NH_4)_2S_2O_8$ 溶液滴加到井穴中,同时计时并搅拌溶液。当溶液刚出现蓝色时,记录反应时间及水浴温度。

同样操作,在另一块 5 mL 井穴板 7、8、9 井穴中逐一测出高于室温 5 ℃、10 ℃、15 ℃时溶液的反应时间。

将上述实验数据记入表 14-2 中。

三、催化剂对化学反应速率的影响

按井穴板井穴 1 的试剂用量取各溶液于井穴 10、11 内,将已稀释的 0.001 mol·L^{-1} $CuSO_4$ 溶液加 1 滴到井穴 10 中,加 3 滴到井穴 11 中。实验后,将实验数据记入表 14-3 中。

通过实验结果,说明反应物浓度、温度和催化剂等因素对反应速率的影响。

⚠ 注意事项

1. 为了使实验能有条不紊地进行,取试剂的各多用滴管应先编上号,按顺序排放在实验台上;每取一种试剂前,一定要先看清楚多用滴管的编号与试剂瓶编号是否一致。

2. 反应时间应从加入第一滴 $(NH_4)_2S_2O_8$ 溶液开始计时到蓝色出现为止,反应过程中要不断搅拌,且加入速率要快而均匀、连续,玻璃棒的搅动也应均匀、连续。

3. $(NH_4)_2S_2O_8$ 溶液和淀粉溶液必须新配制,所有试剂如混有少量 Cu^{2+}、Fe^{2+} 等杂质,会对反应有催化作用,必要时可加几滴 0.01 mol·L^{-1} EDTA 溶液消除这些金属离子的影响。

4. $(NH_4)_2S_2O_8$ 固体容易变质,会导致反应时间延长或缩短,可将 $(NH_4)_2S_2O_8$ 换成 $K_2S_2O_8$。

本实验可参考文献:《化学反应速率和活化能测定实验的改进和微型化研究》[J]. 湖北师院学报,2000,20(2):93-95。

四、数据记录与结果处理

表 14-1　浓度对反应速率的影响

室温 $T/℃$ _____

	井穴编号	1	2	3	4	5
试剂用量（滴数）	KI 溶液(0.20 mol·L^{-1})	16	16	16	8	4
	$Na_2S_2O_3$ 溶液(0.010 mol·L^{-1})	16	16	16	16	16
	淀粉溶液(0.5%)	4	4	4	4	4
	KNO_3 溶液(0.20 mol·L^{-1})	0	0	0	8	12
	$(NH_4)_2SO_4$ 溶液(0.20 mol·L^{-1})	0	8	12	0	0
	$(NH_4)_2S_2O_8$ 溶液(0.20 mol·L^{-1})	16	8	4	16	16
起始浓度	KI 溶液/mol·L^{-1}					
	$(NH_4)_2S_2O_8$ 溶液/mol·L^{-1}					
	$Na_2S_2O_3$ 溶液/mol·L^{-1}					
	反应时间 $\triangle t/s$					
	反应速率 υ/mol·L^{-1}·s^{-1}					

表 14-2　不同温度下的反应速率

井穴编号	1	6	7	8	9
反应温度 T/K					
反应时间 $\triangle t/s$					
反应速率 $\upsilon/mol \cdot L^{-1} \cdot s^{-1}$					

表 14-3　催化剂对反应速率的影响

实验编号	1	10	11
$CuSO_4$ 用量(滴数)			
反应时间 $\triangle t/s$			

求算反应级数和速率常数。由表 14-1 的数据,算出 $\lg \upsilon$、$\lg c_{S_2O_8^{2-}始}$、$\lg c_{I^-始}$,按 14-2、14-3 两式关系作图,求出 α、β,并将 α、β 和一定浓度时的 υ 代入 14-1 式求出 k。将数据填入表 14-4。

表 14-4　反应级数和速率常数

井穴编号	1	2	3	4	5
$\lg \upsilon$					
$\lg c_{S_2O_8^{2-}始}$					
$\lg c_{I^-始}$					
α					
β					
反应速率常数 k					

求算反应的活化能。由表 14-1 的数据,按 14-1 式求出各温度时的 k 值,再按 14-7 式作图 ($\lg k \sim 1/T$),求出活化能,将数据填入表 14-5。

表 14-5　反应的活化能

井穴编号	1	6	7	8	9
反应速率常数 k					
$\lg k$					
$1/T$					
反应活化能 E_a					

本实验活化能测定值误差不超过 10%(文献值 $E_a = 51.8 \text{ kJ} \cdot \text{mol}^{-1}$)。

【实验习题】

1. 根据化学方程式,是否能确定反应级数?用本实验的结果加以说明。

2. 实验中为什么可以由溶液中出现蓝色时间的长短来计算反应速率?反应溶液出现蓝色后,反应是否终止?

3. 用阿累尼乌斯公式计算反应的活化能,并与作图法得到的值进行比较。

实验 15　分子结构和晶体结构模型

【实验目的】

1. 熟悉一些典型无机分子(离子)的空间结构。
2. 了解金属晶体三种紧密堆积的排列方式,进一步理解晶胞、配位数等概念。
3. 掌握用塑料球、棍组成无机分子(或离子)的空间构型的方法。

【实验用品】

装配分子结构模型的塑料球、棍一套,各种原子轨道及杂化轨道模型,氯化钠、氯化铯、硫化锌(闪锌矿型)、氟化钙(萤石型)离子晶体结构模型,金属晶体模型,硬纸片(学生自备)。

【实验内容】

一、分子结构模型

用塑料球代表组成分子中的原子,塑料棍代表分子内的化学键,组建表 15-1 中所列无机分子或离子的空间结构模型,并画出它们的空间结构模型,用杂化轨道理论或价电子对互斥理论简单说明理由。

表 15-1　典型无机分子(或离子)的空间构型

分子类型	实例	价电子对数	价电子对空间构型	中心原子杂化状态	键角	配位数	孤电子对数	分子构型
AX_2	$BeCl_2$　CO_2							
AX_3	NO_3^-、BF_3、SO_3、CO_3^{2-}							
$:AX_2$	SO_2、O_3、NO_2^-							
AX_4	CH_4、NH_4^+、CCl_4							
AX_4	PO_4^{3-}、SO_4^{2-}、ClO_4^-							
$:AX_3$	NH_3、PCl_3、ClO_3^-							
$\ddot{A}X_2$	H_2O、ClO_2^-、SO_2							
AX_5	PF_5、PCl_5							
$:AX_4$	SF_4							
$\dot{A}X_3$	IF_3、BrF_3、ClF_3							
$:\dot{A}X_2$	I_3^-、XeF_2							
AX_6	SF_6、PF_6^-、AlF_6^{3-}							
$:AX_5$	BrF_5、IF_5、$XeOF_4$							
$\ddot{A}X_4$	ICl_4^-、XeF_4、BrF_4^-							

二、几种晶体结构模型

1. 金属晶体密堆积模型

①面心立方密堆积　②六方密堆积　③ 体心立方密堆积

2.二元离子化合物的空间结构

①氯化铯型　　②氯化钠型　　③硫化锌(闪锌矿)型　　④氟化钙(萤石)型

三、动手做模型

按图 15-1、图 15-2 所示用白纸分别做一个正八面体和正四面体模式。

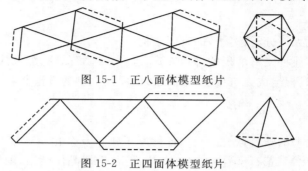

图 15-1　　正八面体模型纸片

图 15-2　　正四面体模型纸片

【实验习题】

1.写出下列分子的几何形状,并用图像表示。

H_2S、ICl_2^-、NO_2^-、NO_2、$XeOF_4$

2.价层电子对互斥理论可否用来判断无机化合物的分子构型?

3.中心原子以 sp^3d^2 或(d^2sp^3)杂化轨道成键的多原子分子,其分子构型是否都是正八面体? 为什么?

4.AB_3 型的共价化合物,其中心原子都采用 sp^3 杂化轨道成键,这种说法对吗? 为什么?

实验 16　氧化还原反应和电化学

【实验目的】

1. 理解电极电势与氧化还原反应的关系。
2. 加深对介质酸度和反应物浓度对氧化还原反应及电极电势影响的认识。
3. 了解原电池的构成,掌握端电压的测量方法。
4. 了解电解饱和食盐水现象。

【实验原理】

1. 氧化还原反应的本质是氧化剂和还原剂之间发生电子转移,物质得失电子的能力可用氧化还原电对电极电势(φ)的相对高低来衡量。对还原电势来说,若电对的电极电势数值越大,则其氧化态的氧化能力越强,还原态的还原能力越弱,反之亦然。因此,φ 值较大的电对的氧化态物质可以与 φ 值较小的电对的还原态物质发生自发的氧化还原反应。

介质的酸度对一些氧化还原反应的方向、速率和反应产物有很大的影响。特别是在有含氧酸根离子参加的反应中,两个电对的标准电极电势 $\varphi^\ominus$ 值相差不大时,离子浓度的变化或溶液酸度的改变有可能引起反应方向的改变。例如:

$$H_3AsO_4 + 2I^- + 2H^+ \rightleftharpoons H_3AsO_3 + I_2 + H_2O \qquad ①$$

对于 H_3AsO_4/H_3AsO_3 电对,根据能斯特方程,在酸性介质中:

$$\varphi = 0.58 - \frac{0.059}{2} \lg \frac{c_{H_3AsO_3}}{c_{H_3AsO_4} \cdot c_{H^+}^2 \cdot c_{I^-}^2}$$

从电极电势可判断,在强酸性溶液中反应①向右进行,在碱性介质中反应可逆向进行。又如:

$$2Fe^{3+} + 2I^- \rightleftharpoons 2Fe^{2+} + I_2 \qquad ②$$
$$\varphi^\ominus(I_2/I) = 0.535V \qquad \varphi^\ominus(Fe^{3+}/Fe^{2+}) = 0.77V$$

标准状态下,反应②向右自发进行。当增加 Fe^{2+} 浓度或加入配位剂(如 F^-,使生成 $[FeF_6]^{3-}$)而显著减少 Fe^{3+} 浓度时,反应向左进行,可用能斯特方程进行计算说明。

2. 原电池是化学能转化为电能的装置。理论上,任何一个氧化还原反应都能够组成一个原电池。原电池在负极上发生氧化反应,不断给出电子,通过外电路流入正极,在正极上发生还原反应。若在外电路中接上伏特计,可测得原电池两极的端电压。电池端电压数值与电池的电动势 φ 相近,$\varphi = \varphi_+ - \varphi_-$,$E$ 要用补偿法来测定(测定过程中无电流通过)。

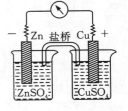

图 16-1　Cu-Zn 原电池

在 $T = 298K$ 时,Cu^{2+}/Cu 和 Zn^{2+}/Zn 半电池组成的原电池的电动势可用能斯特方程表示为:

$$\varphi = \varphi^\ominus - \frac{0.059}{2} \lg \frac{c_{Zn}^{2+}}{c_{Cu}^{2+}}$$

向 Cu^{2+}/Cu 半电池溶液中加入配位剂(如氨)或沉淀剂(如 S^{2-})时,会使 Cu^{2+} 浓度降低,从而导致 $\varphi_{Cu^{2+}/Cu}$(即 φ_+)值减小,则此原电池电动势也将减小。若 Zn^{2+} 浓度减小,$\varphi_{Zn^{2+}/Zn}$ 值减小,原电池电动势将增大。

对于有 H^+ 或 OH^- 参加的氧化还原反应,介质的酸(碱)度对电极电势的影响较大。例如:

$$Cr_2O_7^{2-}+14H^++6e^-\Longrightarrow2Cr^{3+}+7H_2O \qquad ③$$

$$\varphi=\varphi^\ominus-\frac{0.059}{6}\lg\frac{c_{Cr^{3+}}^2}{c_{Cr_2O_7^{2-}}\cdot c_{H^+}^{14}}$$

3.电解池是将电能转化为化学能的装置。电解时,在阴极上进行还原反应,在阳极上进行氧化反应,电极产物则取决于电解时电极电势的高低、离子浓度的大小、电极材料和超电势等因素。例如,电解食盐水,以石墨作阳极,由标准电极电势可知 OH^- 在石墨电极(阳极)上放电产生氧气,有很大的超电势(超电势的概念可参见物理化学教材),Cl^- 比 OH^- 更易失去电子从而被氧化,电极反应如下:

阳极:石墨电极 $2Cl^--2e^-\Longrightarrow Cl_2\uparrow$

阴极:铁棒电极 $2H_2O+2e^-\Longrightarrow H_2\uparrow+2OH^-$

【实验仪器与试剂】

仪器 井穴板、导线、铜线、伏特计、稳压器

试剂 HCl 溶液($0.1\ mol\cdot L^{-1}$、$6\ mol\cdot L^{-1}$)、H_2SO_4 溶液($1\ mol\cdot L^{-1}$、$0.1\ mol\cdot L^{-1}$、$6\ mol\cdot L^{-1}$)、HAc 溶液($6\ mol\cdot L^{-1}$)、NaOH 溶液($6\ mol\cdot L^{-1}$)、氨水(浓)、H_2O_2 溶液(3%)、NH_4F 溶液(10%)、Na_3AsO_3 溶液($0.1\ mol\cdot L^{-1}$)、Na_2SO_3 溶液($0.5\ mol\cdot L^{-1}$)、NaCl 溶液(饱和)、KCl 溶液(饱和)、KBr 溶液($0.1\ mol\cdot L^{-1}$)、KI 溶液($0.1\ mol\cdot L^{-1}$)、KSCN 溶液($0.1\ mol\cdot L^{-1}$)、$KMnO_4$ 溶液($0.01\ mol\cdot L^{-1}$)、$K_2Cr_2O_7$ 溶液($0.1\ mol\cdot L^{-1}$)、$K_3[Fe(CN)_6]$ 溶液($0.1\ mol\cdot L^{-1}$)、$FeCl_3$ 溶液($0.1\ mol\cdot L^{-1}$)、$ZnSO_4$ 溶液($0.01\ mol\cdot L^{-1}$、$0.1\ mol\cdot L^{-1}$)、$FeSO_4$ 溶液($0.1\ mol\cdot L^{-1}$)、$CuSO_4$ 溶液($0.1\ mol\cdot L^{-1}$)、碘水、淀粉(0.5%)、铁棒、铜片、锌片、石墨棒、淀粉 KI 试纸、酚酞

【实验内容】

一、电极电势与氧化还原反应

1.向微型试管内加 5 滴碘水和 1 滴 0.5%淀粉溶液,逐滴加入 $0.5\ mol\cdot L^{-1}\ Na_2SO_3$ 溶液,边滴加边振荡试管,观察现象。

2.向微型试管内加 5 滴 $0.1\ mol\cdot L^{-1}$ KI 溶液和 1 滴 0.5%淀粉溶液,逐滴加入 $0.1\ mol\cdot L^{-1}$ $FeCl_3$ 溶液,边滴加边振荡试管,观察现象。

3.向微型试管内加 5 滴 $0.1\ mol\cdot L^{-1}\ FeSO_4$ 溶液、2 滴 $0.1\ mol\cdot L^{-1}$ KSCN 溶液及 2 滴 $1\ mol\cdot L^{-1}\ H_2SO_4$ 溶液,逐滴加入 3% H_2O_2 溶液,边滴加边振荡试管,观察现象。

4.向微型试管内加 5 滴 $0.01\ mol\cdot L^{-1}\ KMnO_4$ 溶液和 2 滴 $1\ mol\cdot L^{-1}\ H_2SO_4$ 溶液,逐滴加入 3% H_2O_2 溶液,边滴加边振荡试管,观察现象。

通过上述实验可以得出哪些结论?比较氧化剂和还原剂的相对强弱,写出有关化学反应方程式。

二、介质酸度对氧化还原产物的影响

向 3 个井穴中各滴入 3 滴 $0.01\ mol\cdot L^{-1}\ KMnO_4$ 溶液,并依次加入 4 滴 $1\ mol\cdot L^{-1}\ H_2SO_4$ 溶液、2 滴 H_2O、2 滴 $6\ mol\cdot L^{-1}$ NaOH 溶液,再分别向 3 个井穴中加入 5 滴 $0.5\ mol\cdot L^{-1}$ Na_2SO_3 溶液,摇动井穴,观察现象,比较 3 个井穴有何不同。写出反应方程式,分析 MnO_4^- 还原产物不同的原因。

三、酸度对氧化还原反应速率的影响

向 3 个井穴中各滴入 3 滴 $0.01\ mol \cdot L^{-1} KMnO_4$ 溶液,并依次加入 4 滴 $1\ mol \cdot L^{-1}\ H_2SO_4$ 溶液、2 滴 $0.1\ mol \cdot L^{-1} H_2SO_4$ 溶液、2 滴 $6\ mol \cdot L^{-1} HAc$ 溶液,再分别向 3 个井穴中加入 5 滴 $0.1\ mol \cdot L^{-1} KBr$ 溶液,观察现象,比较反应速率的快慢,写出反应方程式。

四、浓度和酸度对氧化还原反应方向的影响

1. 在 $0.7\ mL$ 井穴板 3 个井穴中分别进行如下实验,注意观察溶液的颜色变化。

(1)向 2 个井穴中各加 4 滴 $0.1\ mol \cdot L^{-1} KI$ 溶液和 4 滴 $0.1\ mol \cdot L^{-1} FeCl_3$ 溶液,观察现象,再向其中一井穴加入 $4\sim5$ 滴 $10\% NH_4F$ 溶液,观察现象。

(2)向一井穴中加 4 滴 $0.1\ mol \cdot L^{-1} KI$ 溶液和少许 $FeSO_4$ 固体(目的是什么?),然后加入 $4\sim5$ 滴 $0.1\ mol \cdot L^{-1} FeCl_3$ 溶液,观察现象。

比较 3 个井穴中观察到的现象,并从氧化还原平衡的角度加以解释。

2. 向微型试管中加入 3 滴碘水(浓度较大)和 1 滴淀粉溶液,再滴加 3 滴 $0.1\ mol \cdot L^{-1} Na_3AsO_3$ 溶液,观察现象。然后滴加 $3\sim4$ 滴 $6\ mol \cdot L^{-1} HCl$ 溶液,观察现象,再加入 $6\ mol \cdot L^{-1} NaOH$ 溶液中和至碱性,振荡,观察现象,试对其加以说明。

通过以上两个实验,你对氧化还原反应的可逆性有何认识?

五、原电池的构成与端电压的测量

向 $5\ mL$ 井穴板的 1、2、4 三个相邻的井穴中(如图 16-2 所示)依次分别加入 $3\ mL\ 0.1\ mol \cdot L^{-1}$ 的 $CuSO_4$、$FeSO_4$ 和 $ZnSO_4$ 三种溶液,并插入对应的金属片构成三个半电池。以盐桥(用饱和 KCl 溶液湿润过的双层滤纸片代替)连接 1 和 2 井穴中的两种溶液,形成原电池,将对应电极接入伏特计(注意正、负极),观察伏特计指针的偏转,记录读数。

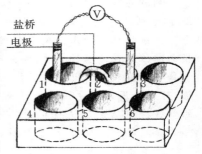

图 16-2　在井穴板中测端电压

按同样方法实验,每次改变原电池中的一个电极,组成新的原电池(每次都要更换作为盐桥的双层滤纸片),记录每次测量的端电压(共可测几次?)。

根据上述实验比较各电极的电极电势的相对大小,写出端电压最大和最小两个原电池的原电池符号、电极反应式及原电池总反应式。

六、影响电极电势的因素

1. 形成沉淀及配合物对电极电势的影响

上述实验中,铜锌原电池的两极分别与伏特计正、负极相接,测量两极之间的电压。然后向 $CuSO_4$ 溶液中滴入浓氨水并搅拌,直至生成的沉淀完全溶解,形成深蓝色的溶液为止。观察伏特计指针的偏转,原电池的端电压有何变化?

再向 $ZnSO_4$ 溶液中滴入浓氨水并搅拌,直到生成的沉淀溶解为止,观察端电压的变化。

2. 介质酸度对电极电势的影响

向与实验内容五 $Fe/FeSO_4$ 半电池相邻的井穴 3 中加入 $3\ mL\ 0.1\ mol \cdot L^{-1} K_2Cr_2O_7$ 溶液,并插入石墨电极,将 $K_2Cr_2O_7$ 溶液与 $FeSO_4$ 溶液用盐桥相连,石墨棒和铁片分别与伏特计正、负极相接,测量两极之间的电压。向 $K_2Cr_2O_7$ 溶液中缓慢滴加 $6\ moL \cdot L^{-1} H_2SO_4$ 溶液,观察伏特计指针偏转的情况,解释实验现象。

3. 浓度对电极电势的影响

测出原电池 $Zn \mid ZnSO_4(0.01\ mol \cdot L^{-1}) \parallel CuSO_4(0.1\ mol \cdot L^{-1}) \mid Cu$ 的端电压,解释上述实验现象。

七、电解

向 5 mL 井穴板两个相邻的井穴中加入饱和食盐水,并各滴入 2 滴酚酞溶液,接上盐桥,以铁棒为阴极、碳棒为阳极,接通 5 V 的直流电源。将湿润的淀粉 KI 试纸放在阳极井穴上,观察两极出现的现象,判断产物,写出电解食盐水的方程式,并加以解释。

【实验习题】

1.即使在很浓的 Fe^{3+} 酸性溶液中,仍然不能控制 MnO_4^- 和 Fe^{2+} 的反应,这与氧化还原反应是可逆反应的说法有无矛盾?

2.介质酸度变化对反应中 H_2O_2、Br_2 或 Fe^{3+} 的氧化性有无影响?试用电极电势予以说明。

3.为什么电解食盐水与电解水的阳极产物不同?

补充材料

1.直流伏特计的使用

测量电路两端的电压要用伏特计。伏特计有很多种,JO408 型伏特计就是其中的一种,如图 16-3 所示。它有两个量程:一个可以测量到 3 V,另一个可以测量到 15 V,两个量程共用一个"—"接线柱。使用前先检查指针是否对准零位,如有偏移,可调节机械零位调节器,使指针指向零位。在读取数据时,要先确认所用伏特计的量程,然后根据量程确认刻度盘上每个大格和每个小格表示的电压值。被测电压不能超过伏特计的最大测量值,若事先不知被测电流的值,可先选用大的量程挡即"15V"挡;如实测电压不超过 3 V,为提高读数的准确性,可改用小的量程挡即"3V"挡进行测量。"+"、"—"接线柱的接法要正确,连接伏特计时,必须使电流从"+"接线柱流入伏特计,若反接,指针偏向负值。

2.直流稳压计的使用

直流稳压计是将交流电转化为直流电的一种仪器。电解时应在直流稳压电流下进行,"+"、"—"接线柱应与电解池的"+"、"—"极对接,根据电解时反应速率的快慢调节电压大小。绝对不能将稳压计的"+"、"—"相接,这样容易烧坏稳压计。WYJ-302-2 型直流稳压计的最大量程为 30 V,如图 16-4 所示。

使用中如发生异常噪音、气味、烟雾的情况,应立即切断电源,停止使用,检查原因。应避免撞击和震动仪器,谨防损坏内部机构。仪器附近不能有强大的磁场存在,以免损坏测量仪器,影响读数。

图 16-3　直流伏特计

图 16-4　直流稳压计

实验 17　磺基水杨酸铁(Ⅲ)配合物的组成及稳定常数的测定

【实验目的】

1.了解分光光度计测定配合物组成及稳定常数的原理和方法。
2.测定 pH=2 时磺基水杨酸铁(Ⅲ)的组成及稳定常数。
3.学习分光光度计的使用。

【实验原理】

磺基水杨酸(HO ——⟨○⟩—— SO_3H ，简写为 H_3R)与 Fe^{3+} 可以形成稳定的配合物,因溶液 pH 的不同,形成配合物的组成也不同。在实验中通过加入一定量的 $HClO_4$ 溶液来控制溶液的 pH,测定 pH<2.5 时所形成的红褐色磺基水杨酸铁(Ⅲ)配离子的组成及稳定常数。

测定有色物质的浓度常用分光光度法,当一束波长一定的单色光通过有色溶液时,光的一部分被溶液吸收,另一部分透过溶液。对光的吸收和透过程度,通常有两种表示方法:

一种是用透光率 T 表示,即透过光的强度 I_t 与入射光强度 I_0 之比: $T=I_t/I_0$。

另一种是用吸光度 A(又称消光度、光密度)来表示,它是透光率的负对数:

$$A=-\lg T=\lg \frac{I_0}{I_t}$$

A 值越大表示光被有色溶液吸收的程度越大;反之, A 值越小表示光被有色溶液吸收的程度越小。

朗伯—比尔定律指出:当一束单色光通过溶液时,溶液的吸光度 A 与溶液的浓度 c 和液层厚度 l 的乘积成正比,即:

$$A=\varepsilon cl$$

式中, ε 是消光系数(或称吸光系数),当入射光波长一定时, ε 是有色物质的一个特征常数。

由于所测溶液中,磺基水杨酸是无色的, Fe^{3+} 溶液的浓度很稀,也可认为是无色的,只有磺基水杨酸铁配离子(MR_n)是有色的,因此溶液的吸光度只与配离子的浓度成正比。通过对溶液吸光度的测定,可以求出该配离子的浓度,从而确定其组成。

在用分光光度法测定配离子组成时,常用的实验方法有两种:一是摩尔比法,一是等摩尔系列法。本实验采用后者。

所谓等摩尔系列法就是保持溶液中中心离子 M 和配位体 R 总物质的量不变的前提下,使 M 和 R 的摩尔分数连续变化,而配制一系列溶液。在这一系列溶液中,有一些溶液中的金属离子是过量的,而另一些溶液中配体是过量的。在这两部分溶液中,配离子的浓度都不可能达到最大值。只有当溶液中金属离子与配体物质的量之比与配离子的组成一致时,配离子的浓度最大,由于中心离子和配体基本无色,只有配离子有色,所以配离子的浓度越大,溶液的颜色越深,其吸光度也就越大。若以吸光度对配体的摩尔分数作图,则从图上最大吸收峰处可以求得配合物的组成 n 值,如图 17-1 所示,根据最大吸收处:

配体摩尔分数=配体物质的量/总物质的量=0.5

中心离子摩尔分数＝中心离子物质的量/总物质的量＝0.5

$n＝$配体摩尔分数/中心离子摩尔分数＝1

由此可知该配合物的组成为 MR。

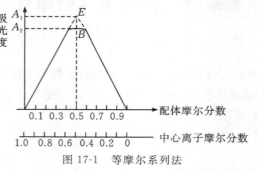

图 17-1　等摩尔系列法

由图 17-1 可看出,最大吸光度 E 点可认为是 M 和 R 全部形成配合物时的吸光度,其值为 A_1。由于配离子有一部分离解,其浓度要稍小一些,所以实验测得的最大吸光度在 B 点,其值为 A_2。因此配离子的离解度 α 可表示为:

$$\alpha=\frac{A_1-A_2}{A_1}$$

再根据组成关系即可导出表观稳定常数 K^*:

$$M+R=MR$$

平衡浓度　　　　　　　　　$c\alpha\quad c\alpha\quad c-c\alpha$

$$K^*=\frac{c_{MR}}{c_M c_R}=\frac{1-\alpha}{c\alpha^2}$$

式中, c 是相应于 E 点的金属离子 M 的总浓度。

如果考虑弱酸的电离平衡,则对表观稳定常数 K^* 要加以校正,校正后即可得 $K_稳$,校正公式为:

$$\lg K_稳=\lg K^*+\lg \theta$$

当 pH＝2 时,磺基水杨酸 $\lg \theta=10.2$。

【实验仪器与试剂】

仪器　722 型分光光度计、烧杯、容量瓶(100 mL)、吸量管(10 mL)、滤纸条

试剂　$HClO_4$ 溶液($0.01\ mol\cdot L^{-1}$)、磺基水杨酸($0.010\ 0\ mol\cdot L^{-1}$)、$Fe^{3+}$ 溶液($0.010\ 0\ mol\cdot L^{-1}$)

【实验内容】

一、配制系列溶液

1.配制 0.001 00 mol·L⁻¹Fe³⁺溶液

精确吸取 10.00 mL $0.010\ 0\ mol\cdot L^{-1}Fe^{3+}$ 溶液,注入 100 mL 容量瓶中,用 $0.01\ mol\cdot L^{-1}$ $HClO_4$溶液稀释至刻度,摇匀备用。

2.同法配制 0.001 00 mol·L⁻¹磺基水杨酸溶液

$0.001\ 00\ mol\cdot L^{-1}$磺基水杨酸溶液的配制方法同上。

二、测定系列溶液的吸光度

1.用 2 支 10 mL 刻度吸管按照表 17-1 所示用量,吸取 $0.001\ 00\ mol \cdot L^{-1}\ Fe^{3+}$ 溶液和 $0.001\ 00\ mol \cdot L^{-1}$ 磺基水杨酸溶液,分别注入 11 只已编号的干燥小烧杯中摇匀备用。

2.用分光光度计,测 480 nm~530 nm 范围的吸收光谱,通过绘图确定最大吸收波长。

3.用确定的最大吸收波长的光源,测定系列溶液的吸光度,测定次序为 1、11、2、10、3、9、4、8、5、7、6 号溶液。比色皿为 1 cm,参比溶液用 $0.01\ mol \cdot L^{-1}\ HClO_4$ 溶液,比色皿要先用蒸馏水冲洗,再用待测溶液润洗 3 遍,然后装好待测液,用镜头纸吸净比色皿的透光面(水滴较多时,应先用滤纸吸去大部分水,再用镜头纸擦净),将测得的数据记入表 17-1 中。

4.以吸光度对磺基水杨酸的摩尔分数作图,从图中找出最大吸收峰,求出配合物组成和稳定常数。

⚠️ 注意事项

1.在测定溶液吸光度时,比色皿应用蒸馏水润洗 2~3 次后,再用待测溶液润洗 2~3 次。

2.溶液装入比色皿后,要用细软而吸水的擦镜纸将比色皿外擦干,擦时应注意保护其透光面,勿使产生斑痕。拿比色皿时只能拿毛玻璃面。

3.比色皿放入比色皿架内时,应注意它们的位置,尽量保持前后一致,否则容易产生混淆。

4.为了防止仪器元件疲劳,在不测定时应关闭单色器光源的光闸门,同时核对微电计的"0"点位置是否有改变。

5.仪器的连续使用时间不应超过两小时,如果已经超过两小时,可间歇半小时再继续使用。

6.测定时尽量使吸光度在 0.1~0.65 范围内进行,这样可以提高测量的准确度。

7.选最大波长时,应采用两边逼近法,波长间隔由大到小,直到找出最大波长时为止。

8.本实验测得的是表观稳定常数,如欲得到热力学 K_f,还需要控制测定时的温度、溶液的离子强度以及配位体在实验条件下的存在状态等因素。

三、数据记录和结果处理

表 17-1　磺基水杨酸铁(Ⅲ)配合物吸光度测定数据记录与结果处理

序号	Fe^{3+}/mL	H_3R/mL	H_3R 摩尔分数	吸光度 A
1	10.00	0.00		
2	9.00	1.00		
3	8.00	2.00		
4	7.00	3.00		
5	6.00	4.00		
6	5.00	5.00		
7	4.00	6.00		
8	3.00	7.00		
9	2.00	8.00		
10	1.00	9.00		
11	0.00	10.00		

【实验习题】

1. 用等摩尔系列法测定配合物组成时，为什么说溶液中配位体的摩尔分数与金属离子的摩尔分数之比正好与配离子组成相同时，配离子的浓度为最大？

2. 用吸光度对配体的体积分数作图是否可求得配合物的组成？

3. 使用分光光度计时要注意哪些方面？

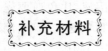

722 型分光光度计的使用方法

1. 将灵敏度旋钮调置"1"挡（放大倍率最小）。

2. 选择开关置于"T"，开启电源，指示灯亮，打开试样室，仪器预热 20 min。

3. 预热后打开试样室（光门自动关闭），调节透光率"0"旋钮，使数字显示为"000.0"。

4. 将装有溶液的比色皿置于比色皿架中。

5. 旋动仪器波长手轮，调至所需波长刻度处。

6. 盖上样品室盖，将参比溶液比色皿置于光路中，调节透光率"100"旋钮，使数字显示 T 为"100.0"［若显示不到 100.0，则可适当增加灵敏度的挡数，同时应重复(3)，调整仪器的"000.0"］。

7. 吸光度(A)的测量　参照本操作方法中 3、6，调整仪器的"000.0"和"100.0"，将选择开关置于"A"，旋动吸光度调零旋钮，使得数字显示为"000.0"，然后移入被测溶液，显示值即为试样的吸光度(A)值。

8. 浓度(c)的测量　选择开关旋至"C"，将已标定浓度的溶液移入光路，调节浓度旋钮，使得数字显示为标定值。将被测溶液移入光路，即可读出相应的溶液浓度(c)值。

9. 仪器使用时，应常参照本操作方法中 3、6 进行调"000.0"和"100.0"的工作。

10. 每台仪器所配套的比色皿不能与其他仪器上的比色皿单个调换。

11. 本仪器数字显示后背带有外接插座，可输入模拟信号。

12. 若大幅度改变测试波长，需等数分钟才能工作（因波长由长波向短波或反之移动时，光能量变化急剧，光电管受光后响应迟缓，需一段光响应平衡时间）。

13. 仪器使用完毕后应用防尘罩罩住，并放入硅胶保持干燥。

14. 比色皿用后应及时用蒸馏水洗净，用细软的纸或布擦干存于比色皿盒内。

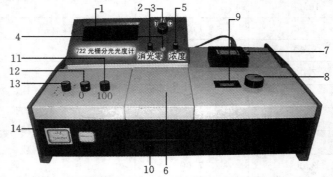

1-数字显示器　2-吸光度调零旋钮　3-选择开关　4-吸光度调斜率电位器
5-浓度旋钮　6-光源室　7-电源开关　8-波长手轮　9-波长刻度窗　10-试样架拉手
11-透光率 100 旋钮　12-透光率 0 旋钮　13-灵敏度调旋钮　14-干燥器
图 17-2　722 型分光光度计

第四章　元素的化学性质及其定性分析

实验 18　卤　素

【实验目的】

1. 掌握卤素及其含氧酸盐的氧化性。
2. 掌握卤素离子的还原性以及卤素离子的分离、鉴定方法。
3. 试验氢氟酸对玻璃的腐蚀性。

【实验仪器与试剂】

仪器　废玻璃片、微型试管、小刀、离心试管、玻璃棒、离心机、醋酸铅试纸、KI-淀粉试纸、铁锤、滤纸、井穴板

试剂　HCl 溶液（2 mol·L^{-1}、浓）、HNO$_3$ 溶液（2 mol·L^{-1}、6 mol·L^{-1}）、H$_2$SO$_4$ 溶液（1 mol·L^{-1}、6 mol·L^{-1}、浓）、HAc 溶液（1 mol·L^{-1}）、NaOH 溶液（2 mol·L^{-1}）、氨水（2 mol·L^{-1}、浓）、Na$_2$S$_2$O$_3$ 溶液（0.1 mol·L^{-1}）、NaClO 溶液（0.1 mol·L^{-1}）、NaCl 溶液（饱和）、Na$_2$SO$_3$ 溶液（0.1 mol·L^{-1}）、NaNO$_2$ 溶液（0.1 mol·L^{-1}）、KI 溶液（0.1 mol·L^{-1}、s）、KBr 溶液（0.1 mol·L^{-1}、饱和）、KIO$_3$ 溶液（0.1 mol·L^{-1}）、MnSO$_4$ 溶液（0.1 mol·L^{-1}）、AgNO$_3$ 溶液（0.1 mol·L^{-1}）、CuSO$_4$ 溶液（0.1 mol·L^{-1}）、品红溶液（0.01%）、淀粉溶液、CCl$_4$、氯水、溴水、碘水、石蜡、硫黄粉、Zn 粉、CaF$_2$(s)、KClO$_3$(s)

【实验内容】

一、氢氟酸对玻璃的腐蚀作用

在一块涂有薄层石蜡的玻璃片上，用小刀刻出字迹（必须穿透石蜡层）。在刻有字迹的地方涂上一层糊状的 CaF$_2$（CaF$_2$用水调成糊状），再滴加几滴浓 H$_2$SO$_4$，在通风橱中放置 2 h，取出玻璃片，用水把剩余的 CaF$_2$ 和浓 H$_2$SO$_4$ 洗去，刮掉石蜡，予以回收，观察玻璃片上有何变化，写出反应方程式。

二、卤素离子的还原性

向 3 支微型试管中分别加入 5 滴 NaCl 饱和溶液、5 滴 KBr 饱和溶液、5 滴现配 KI 饱和溶液（或少许固体），再分别加入 5 滴浓 H$_2$SO$_4$，观察溶液颜色的变化（装有 NaCl 溶液的试管上方用蘸有浓氨水的细玻璃棒检验逸出气体，装有 KBr 溶液的试管上方用润湿的 KI-淀粉试纸检验逸出气体，装有 KI 溶液的试管上方用润湿的醋酸铅试纸检验逸出气体）。通过实验，你能得出什么结论？

三、卤素的氧化性

1. 卤素的置换顺序

向 2 支分别装有 1 滴 $0.1\ mol \cdot L^{-1}$ KBr 溶液和 1 滴 $0.1\ mol \cdot L^{-1}$ KI 溶液的试管中,各滴加 2 滴氯水,观察现象;再分别各滴加 10 滴 CCl_4,振荡,静置片刻,观察水层和 CCl_4 层的变化。

向另一小试管中滴加 1 滴 $0.1\ mol \cdot L^{-1}$ KI 溶液和 2 滴溴水,观察现象,再滴加 10 滴 CCl_4,振荡,静置片刻,观察水层和 CCl_4 层的变化(该反应可用于 Br^-、I^- 的鉴定)。

2. 碘的氧化性

向 0.7 mL 井穴板的井穴中滴加 2 滴碘水和 1 滴淀粉溶液,然后滴加 $0.1\ mol \cdot L^{-1}$ $Na_2S_2O_3$ 溶液,观察现象。

3. 溴和碘在不同介质中的反应

向 0.7 mL 井穴板的井穴中滴加 2 滴溴水,再滴入 2 滴 $2\ mol \cdot L^{-1}$ NaOH 溶液,用细玻璃棒搅拌均匀,观察现象;再滴加 $2\ mol \cdot L^{-1}$ HCl 溶液至反应液显酸性,观察现象。用碘水代替溴水重复上述实验(现象不明显时可加入淀粉溶液)。

通过以上实验,对卤素的性质能得出什么样的结论?

四、次氯酸钠的氧化性

1. 与浓盐酸反应

向 0.7 mL 井穴板的孔穴中加入 3 滴浓盐酸,再加入 3 滴 $0.1\ mol \cdot L^{-1}$ NaClO 溶液,将润湿的 KI-淀粉试纸放在管口,观察现象。

2. 与 KI 溶液反应

向微型试管中先滴加 5 滴 $0.1\ mol \cdot L^{-1}$ KI 溶液,然后加入 2 滴淀粉溶液,再逐滴加入 $0.1\ mol \cdot L^{-1}$ NaClO 溶液,边滴加边振荡,观察现象。

3. 与品红溶液的作用

向微型试管中滴加 1 滴 0.01% 品红溶液,逐滴加入 $0.1\ mol \cdot L^{-1}$ NaClO 溶液,振荡后观察实验现象。

4. 与 Mn^{2+} 的作用

向试管中滴加 1 滴 $0.1\ mol \cdot L^{-1}$ $MnSO_4$ 溶液,然后加入 1 滴 $0.1\ mol \cdot L^{-1}$ NaClO 溶液,振荡后观察实验现象。

分别写出 1～4 中反应方程式,并用标准电极电势解释上述实验现象。

五、氯酸钾、碘酸钾的氧化性

1. 将少量 $KClO_3$ 晶体和硫黄粉按约 1:1.5 的体积比在纸上小心混合,包紧后,在室外用铁锤打击。

2. 向微型试管中滴加 1 滴 $0.1\ mol \cdot L^{-1}$ Na_2SO_3 溶液,然后加入 2 滴 $1\ mol \cdot L^{-1}$ H_2SO_4 溶液和 1 滴淀粉溶液,再逐滴滴入 $0.1\ mol \cdot L^{-1}$ KIO_3 溶液,边加边振荡,观察实验现象。

解释实验现象,并写出反应方程式。

六、分离与鉴定(选做)

1.Cl⁻、Br⁻、I⁻混合溶液的分离、鉴定

(1)分析简图

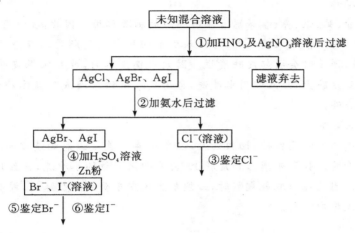

(2)分析步骤

①取 3～5 滴含卤素离子的混合液于离心试管中,加 1 滴 6 mol・L⁻¹ HNO₃溶液酸化,加 0.1 mol・L⁻¹AgNO₃溶液至沉淀完全,加热 2 min,离心分离,弃去清液,洗涤沉淀。

②在沉淀中加入 10 滴左右 6 mol・L⁻¹氨水,剧烈搅拌并水浴加热 2 min,离心沉降,清液转入另一试管中。

③溶液以 6 mol・L⁻¹ HNO₃溶液酸化,白色沉淀又出现,证实 Cl⁻存在。

④沉淀中加入 5～8 滴 1 mol・L⁻¹ H₂SO₄溶液及少许锌粉,充分搅拌,水浴加热至沉淀颗粒都变为黑色,离心分离,弃去沉淀。

⑤向滤纸上滴 1 滴试液和 1 滴 0.1 mol・L⁻¹ CuSO₄溶液,烘干后滴加 6 mol・L⁻¹ H₂SO₄溶液,有蓝紫环产生,证实 Br⁻存在。

⑥向含有淀粉的滤纸上加 2 mol・L⁻¹ HAc 溶液、0.1 mol・L⁻¹ NaNO₂溶液和试液各 1 滴,有蓝色斑点或环产生,证实 I⁻存在。

2.KCl 和 KClO₃ 固体的鉴别

你能用几种方法区别 KCl 和 KClO₃固体? 实验之。

【实验习题】

1.有一瓶标签失落的碱金属卤化物,怎样确定它是何种卤化物?

2.如果不慎把 NaClO 和 KClO₃溶液混淆了,你能用哪些简便方法将它们区分开来?

3.氯能从含有碘离子的溶液中取代出碘,而碘又能从 KClO₃溶液中取代出氯,二者有无矛盾? 试说明之。

补充材料

1.氯的安全操作

氯气剧毒并有刺激性,被人体吸入会刺激呼吸道,引起咳嗽。因此,在做涉及氯气的实验时,须在通风橱内进行,室内也要注意通风换气。不可直接对着管口或瓶口闻氯气,应当用手将气体扇向鼻孔。如果通风设备不好,要做氯的制备和性质实验时,应设计适当的气体吸收装置,减少或防止氯气的逸散。

2.溴的安全操作

溴蒸气对气管、肺、眼、鼻、喉等器官都有强烈的刺激作用。因此,在做有关溴的实验时,应在通风橱内进行。若不慎吸入溴蒸气,可吸入少量的稀薄氨气解毒。液态溴具有强烈的腐蚀性,它能灼伤皮肤,严重时会引起皮肤溃烂。因此在倒溴水时,要戴上橡皮手套进行操作。如果不慎将溴水溅到皮肤上,应立即用水冲洗,再用碳酸氢钠溶液或食盐水冲洗(也可用稀氨水或硫代硫酸钠溶液洗)。

3.HF 的安全操作

因为 HF 有剧毒和强腐蚀性,切勿吸入,以免中毒。氢氟酸能灼烧皮肤,会使皮肤变质而引起剧痛难愈的溃疡。如果不慎沾到皮肤上,应立即用大量的水冲洗,并且用氧化镁与甘油调成糊状物质敷上。因此在移取氢氟酸时,必须戴上橡皮手套和防护眼镜,涉及氢氟酸或 HF 气体的实验应在通风橱内进行。

实验 19　H_2O_2 和硫的化合物

【实验目的】

1. 试验 H_2O_2 的性质。
2. 掌握不同氧化态硫的化合物的重要性质；比较金属硫化物的溶解性。
3. 掌握 S^{2-}、SO_3^{2-}、$S_2O_3^{2-}$、SO_4^{2-} 的鉴定方法。

【实验仪器与试剂】

仪器　微型试管、离心试管、玻璃棒、石蕊试纸、滤纸、离心机、井穴板、pH 试纸

试剂　HCl 溶液（2 mol·L^{-1}、6 mol·L^{-1}）、HNO_3 溶液（2 mol·L^{-1}、浓）、H_2SO_4 溶液（1 mol·L^{-1}、浓）、H_2S 溶液（饱和）、NaOH 溶液（40%）、$NH_3·H_2O$ 溶液（2 mol·L^{-1}）、H_2O_2 溶液（3%、30%）、$(NH_4)_2MoO_4$ 溶液（饱和）、NaCl 溶液（0.1 mol·L^{-1}）、Na_2S 溶液（1 mol·L^{-1}）、Na_2SO_3 溶液（0.5 mol·L^{-1}）、$Na_2[Fe(CN)_5NO]$溶液（1%）、$Na_2S_2O_3$ 溶液（0.1 mol·L^{-1}）、KI 溶液（0.1 mol·L^{-1}）、KBr 溶液（0.1 mol·L^{-1}）、$K_2Cr_2O_7$ 溶液（0.1 mol·L^{-1}）、K_2CrO_4 溶液（0.1 mol·L^{-1}）、$KMnO_4$ 溶液（0.01 mol·L^{-1}）、$BaCl_2$ 溶液（0.1 mol·L^{-1}）、$K_4[Fe(CN)_6]$溶液（0.1 mol·L^{-1}）、$MnSO_4$ 溶液（0.1 mol·L^{-1}）、$Pb(NO_3)_2$ 溶液（0.1 mol·L^{-1}）、$ZnSO_4$ 溶液（0.1 mol·L^{-1}）、$CdSO_4$ 溶液（0.1 mol·L^{-1}）、$CuSO_4$ 溶液（0.1 mol·L^{-1}）、$AgNO_3$ 溶液（0.1 mol·L^{-1}）、$Hg(NO_3)_2$ 溶液（0.1 mol·L^{-1}）、$FeCl_3$ 溶液（0.1 mol·L^{-1}）、品红溶液、$K_2S_2O_8$(s)、PbO_2（粉末）、MnO_2（粉末）、乙醚、无水乙醇、CCl_4、碘水、氯水

【实验内容】

一、H_2O_2 的性质

1. 氧化性

(1)向微型试管中加入 2~3 滴 0.1 mol·L^{-1} KI 溶液，2 滴 1 mol·L^{-1} H_2SO_4 溶液，5 滴 CCl_4，充分振荡后，逐滴加入 3% H_2O_2 溶液，观察实验现象。

(2)向离心试管中加入 5 滴 0.1 mol·L^{-1} $Pb(NO_3)_2$ 溶液，滴加 H_2S 饱和溶液，观察产物的颜色和状态，离心分离，用少量蒸馏水洗涤沉淀 2 次，然后向沉淀中加入 3% H_2O_2 溶液充分振荡，观察沉淀颜色变化。

2. 还原性

(1)向微型试管中加入少量 PbO_2 粉末，滴入 2 滴 2 mol·L^{-1} HNO_3 溶液，然后加入 5 滴 3% H_2O_2 溶液，振荡后微热静置，观察现象（检验放出气体）。

(2)向试管中加入 2 滴 0.01 mol·L^{-1} $KMnO_4$ 溶液，并加 4 滴 1 mol·L^{-1} H_2SO_4 溶液，然后滴加 3% H_2O_2 溶液，充分振荡，观察实验现象。

3. 酸性

向试管中加入 0.5 mL 30% H_2O_2 溶液和 5 滴 40%NaOH 溶液，再加入 0.5 mL 无水乙

醇,混合均匀,观察生成 $Na_2O_2 \cdot 8H_2O$ 固体的颜色(该固体易溶于水并完全水解,但在乙醇中的溶解度较小)。

4. 催化分解

将盛有 1 mL 3‰ H_2O_2 的微型试管微热,用带火星的火柴梗放在管口,有何变化? 向另一微型试管中加入 1 mL 3‰ H_2O_2 溶液和少量 MnO_2,有何现象? 比较两种情况,说明 MnO_2 的作用。

5. 鉴定

向试管中加入 1 滴 0.1 mol $\cdot$ L^{-1} K_2CrO_4 溶液,加 5 滴 1 mol $\cdot$ L^{-1} H_2SO_4 溶液酸化,加 10 滴乙醚和 5 滴 3‰ H_2O_2 溶液,稍摇试管,观察乙醚层及水层的颜色变化。酸性介质中有如下反应:

$$2K_2CrO_4 + H_2SO_4 =\!=\!= K_2Cr_2O_7 + H_2O + K_2SO_4$$

$$Cr_2O_7^{2-} + 2H^+ + 4H_2O_2 =\!=\!= 2Cr(O_2)_2O + 5H_2O$$

$$4Cr(O_2)_2O + 12H^+ =\!=\!= 4Cr^{3+} + 6H_2O + 7O_2 \uparrow$$

通过上述实验,总结 H_2O_2 的基本性质。

二、H_2S 的还原性

向 0.7 mL 井穴板的 4 个井穴中分别滴加 2 滴碘水、0.01 mol $\cdot$ L^{-1} $KMnO_4$ 溶液、0.1 mol $\cdot$ L^{-1} $FeCl_3$ 溶液和 0.1 mol $\cdot$ L^{-1} $K_2Cr_2O_7$ 溶液,向 2~4 号井穴中再各滴入 2 滴 1 mol $\cdot$ L^{-1} H_2SO_4 酸化,然后分别向各井穴板中滴加 3 滴饱和 H_2S 溶液,仔细观察各井穴实验现象。

三、金属硫化物及其溶解性(选做)

取 5 支离心试管,分别加入 2 滴浓度均为 0.1 mol $\cdot$ L^{-1} 的 $MnSO_4$ 溶液、$ZnSO_4$ 溶液、$CdSO_4$ 溶液、$CuSO_4$ 溶液和 $Hg(NO_3)_2$ 溶液,然后各加 2 滴 H_2S 饱和溶液,充分振荡。再向不产生沉淀的试管中各滴入 2 滴 2 mol $\cdot$ L^{-1} $NH_3 \cdot H_2O$ 溶液,离心分离,观察产物的颜色和状态。

分别向上述沉淀中滴加 2 mol $\cdot$ L^{-1} HCl 溶液,充分振荡,观察沉淀是否溶解。对不溶解的硫化物,离心分离,弃去清液,按下列步骤继续实验。

1. 向沉淀中滴加 6 mol $\cdot$ L^{-1} HCl 溶液,观察是否溶解。

2. 将不溶于 6 mol $\cdot$ L^{-1} HCl 溶液的硫化物离心分离,再向沉淀中加入浓 HNO_3,观察沉淀是否溶解。

3. 将不溶于浓 HNO_3 的硫化物离心分离,弃去清液,用蒸馏水洗涤,再加入 1 mol $\cdot$ L^{-1} Na_2S 溶液,观察沉淀是否溶解。根据以上实验填写表 19-1。

表 19-1　部分金属硫化物及其溶解性质

金属硫化物	颜色	溶于何种溶液	反应方程式
MnS			
ZnS			
CdS			
CuS			
HgS			

四、亚硫酸及亚硫酸盐的性质

1. 向装有 10 滴 $0.5\ mol \cdot L^{-1}$ Na_2SO_3 溶液的微型试管中滴加 10 滴 $1\ mol \cdot L^{-1}$ H_2SO_4 溶液,观察现象(必要时可适当加热),将湿润的 pH 试纸移近管口,有何变化?

2. 向微型试管中依次滴加 3 滴 $0.5\ mol \cdot L^{-1}$ Na_2SO_3 溶液、3 滴 $1\ mol \cdot L^{-1}$ H_2SO_4 溶液及 1 滴 $0.1\ mol \cdot L^{-1}$ $K_2Cr_2O_7$ 溶液,观察现象。

3. 向微型试管中依次滴加 3 滴 $0.5\ mol \cdot L^{-1}$ Na_2SO_3 溶液、3 滴 $1\ mol \cdot L^{-1}$ H_2SO_4 溶液及 1 滴饱和 H_2S 溶液(新配),观察现象。

4. 向微型试管中依次滴加 3 滴 $0.5\ mol \cdot L^{-1}$ Na_2SO_3 溶液、3 滴 $1\ mol \cdot L^{-1}$ H_2SO_4 溶液及 1 滴品红溶液,观察现象。

通过上述实验,总结亚硫酸及其盐的相关性质。

五、硫代硫酸盐的性质

1. 向微型试管中加 2 滴碘水和 2 滴 $0.1\ mol \cdot L^{-1}$ $Na_2S_2O_3$ 溶液,再滴加 $0.1\ mol \cdot L^{-1}$ $BaCl_2$ 溶液,观察有无沉淀生成。

2. 向微型试管中加 2 滴氯水和 2 滴 $0.1\ mol \cdot L^{-1}$ $Na_2S_2O_3$ 溶液,再滴加 $0.1\ mol \cdot L^{-1}$ $BaCl_2$ 溶液,观察有无沉淀生成。

3. 向微型试管中加 10 滴 $0.1\ mol \cdot L^{-1}$ $Na_2S_2O_3$ 溶液、5 滴 $2\ mol \cdot L^{-1}$ HCl 溶液,用品红试纸检验并推断气体是什么。

4. 向微型试管中加 2 滴 $0.1\ mol \cdot L^{-1}$ KBr 溶液和 2 滴 $0.1\ mol \cdot L^{-1}$ $AgNO_3$ 溶液,再滴加 $0.1\ mol \cdot L^{-1}$ $Na_2S_2O_3$ 溶液,观察沉淀变化。

根据以上实验,总结 $Na_2S_2O_3$ 的性质,写出相关反应的化学方程式。

六、过二硫酸盐的氧化性

1. 向 2 支微型试管中各滴加 10 滴蒸馏水、3 滴 $0.01\ mol \cdot L^{-1}$ $MnSO_4$ 溶液和 5 滴 $6\ mol \cdot L^{-1}$ H_2SO_4 溶液。然后向第一支试管中加 1 滴 $0.1\ mol \cdot L^{-1}$ $AgNO_3$ 溶液、少量 $K_2S_2O_8$ 固体;向第二支试管中只加入少量 $K_2S_2O_8$ 固体,水浴加热(控温 60 ℃～80 ℃),观察实验现象。

2. 向 2 支微型试管中各滴入 5 滴 $0.1\ mol \cdot L^{-1}$ KI 溶液和 5 滴 $6\ mol \cdot L^{-1}$ H_2SO_4 溶液,再向其中一支试管中加 1 滴 $0.001\ mol \cdot L^{-1}$ $CuSO_4$ 溶液,最后向 2 支试管中各加入少量 $K_2S_2O_8$ 固体。

观察两种情况下溶液颜色变化的快慢并分析原因。

七、S^{2-}、SO_3^{2-}、$S_2O_3^{2-}$、SO_4^{2-} 的鉴定(选做)

1. S^{2-} 的鉴定

向 0.7 mL 井穴板中滴加 1 滴含 S^{2-} 的碱性试液,再滴加 1 滴 1‰ $Na_2[Fe(CN)_5NO]$ 溶液,若溶液呈紫红色则表示有 S^{2-} 存在(也可在滤纸上进行)。

2. SO_3^{2-} 的鉴定

向 0.7 mL 井穴板中滴加 2 滴饱和 $ZnSO_4$ 溶液,加入 1 滴新配制的 $0.1\ mol \cdot L^{-1}$ $K_4[Fe(CN)_6]$ 溶液和 1 滴新配制的 1‰ $Na_2[Fe(CN)_5NO]$ 溶液,再加入 1 滴含 SO_3^{2-} 的试液,搅拌,若出现红色沉淀,则表示有 SO_3^{2-} 存在。

3. $S_2O_3^{2-}$ 的鉴定

向 0.7 mL 井穴板中滴加 5 滴 0.1 mol·L^{-1} Na$_2$S$_2$O$_3$ 溶液,再逐滴滴加 0.1 mol·L^{-1} AgNO$_3$ 溶液直至产生白色沉淀,静置,观察沉淀颜色的变化(白→黄→棕→黑),并解释之。

$$Ag_2S_2O_3(白) + H_2O \Longrightarrow Ag_2S(黑) + H_2SO_4$$

向微型试管中加入 10 滴浓 H$_2$SO$_4$,将钼酸铵与硫代硫酸盐的混合液沿管壁慢慢流下,在接触区形成蓝色环。

4. SO_4^{2-} 的鉴定

向 0.7 mL 井穴板中滴加 2 滴含 SO$_4^{2-}$ 的溶液,用 2 滴 2 mol·L^{-1} HNO$_3$ 溶液酸化,再加入 2 滴 0.5 mol·L^{-1} BaCl$_2$ 溶液,若有白色沉淀生成,则表示有 SO$_4^{2-}$ 存在。

【实验习题】

1. 长久放置的 H$_2$S 溶液、Na$_2$SO$_3$ 溶液、Na$_2$S$_2$O$_3$ 溶液会发生什么变化?

2. Na$_2$S$_2$O$_3$ 溶液和 AgNO$_3$ 溶液反应,为什么有时生成 Ag$_2$S 沉淀,有时生成[Ag(S$_2$O$_3$)$_2$]$^{3-}$?

3. 有一未知物,可能是 Na$_2$S$_2$O$_3$、Na$_2$S、Na$_2$SO$_3$、Na$_2$SO$_4$、K$_2$S$_2$O$_8$ 中的一种或几种的混合物,试用最简洁的方法鉴定出来。

实验 20　氮和磷

【实验目的】

1. 试验并掌握亚硝酸及其盐、硝酸及其盐、磷酸盐的主要性质。
2. 学会鉴定铵离子、亚硝酸根离子、硝酸根离子、偏磷酸根离子、磷酸根离子、焦磷酸根离子的方法。
3. 了解偏磷酸、正磷酸的生成。

【实验仪器与试剂】

仪器　微型试管、离心试管、小烧杯、玻璃棒、蒸发皿、表面皿、井穴板、滤纸、pH 试纸、离心机、多用滴管、硬质试管、棉花

试剂　HCl 溶液($2\ mol\cdot L^{-1}$、$6\ mol\cdot L^{-1}$)、HNO_3 溶液($0.5\ mol\cdot L^{-1}$、$2\ mol\cdot L^{-1}$、浓)、H_2SO_4 溶液($1\ mol\cdot L^{-1}$、浓)、HAc 溶液($6\ mol\cdot L^{-1}$)、NaOH 溶液($6\ mol\cdot L^{-1}$)、氨水($2\ mol\cdot L^{-1}$)、$NaNO_2$ 溶液($0.5\ mol\cdot L^{-1}$、饱和)、NH_4Cl 溶液($0.1\ mol\cdot L^{-1}$)、$(NH_4)_2MoO_4$ 溶液(饱和)、$Na_4P_2O_7$ 溶液($0.1\ mol\cdot L^{-1}$)、KI 溶液($0.1\ mol\cdot L^{-1}$)、$NaNO_3$ 溶液($0.5\ mol\cdot L^{-1}$、s)、Na_2CO_3 溶液($0.5\ mol\cdot L^{-1}$)、Na_3PO_4 溶液($0.1\ mol\cdot L^{-1}$)、Na_2HPO_4 溶液($0.1\ mol\cdot L^{-1}$)、NaH_2PO_4 溶液($0.1\ mol\cdot L^{-1}$)、$Na_4P_2O_7$ 溶液($0.1\ mol\cdot L^{-1}$)、$KMnO_4$ 溶液($0.01\ mol\cdot L^{-1}$)、$CaCl_2$ 溶液($0.5\ mol\cdot L^{-1}$)、$AgNO_3$ 溶液($0.1\ mol\cdot L^{-1}$、s)、$FeSO_4$(s)、$Pb(NO_3)_2$(s)、P_4O_{10}(s)、硫黄粉、铜屑、Zn 片、冰、甲基紫(0.1%)、奈斯勒试剂、对氨基苯磺酸、α-奈胺、蛋白质溶液

【实验内容】

一、亚硝酸和亚硝酸盐

1. 亚硝酸的生成与分解

将分别盛有 10 滴饱和亚硝酸钠溶液和 $1\ mol\cdot L^{-1}\ H_2SO_4$ 溶液的 2 支微型试管置于冰水浴中,冷却后,将硫酸转移到亚硝酸钠溶液中,振荡使混合均匀,置于冰水浴中保存备用。

用多用滴管吸取自制的亚硝酸溶液 4 滴于微型试管中,在室温下观察溶液分解情况,如不明显,可滴加 $1\sim2$ 滴浓 H_2SO_4,观察实验现象,写出有关的化学方程式。

2. 亚硝酸的氧化性和还原性

向 0.7 mL 井穴板的 2 个井穴中分别加 1 滴 $0.1\ mol\cdot L^{-1}$ KI 溶液和 $0.01\ mol\cdot L^{-1}$ $KMnO_4$ 溶液,再各滴加 2 滴自制的亚硝酸溶液,观察现象,写出反应方程式,试用有关标准电极电势数据解释实验现象。

3. $AgNO_2$ 的生成

向 0.7 mL 井穴板的井穴中滴加 2 滴 $0.1\ mol\cdot L^{-1}$ $AgNO_3$ 溶液和 2 滴 $0.5\ mol\cdot L^{-1}$ $NaNO_2$ 溶液,观察有无沉淀生成。解释上述实验现象,说明亚硝酸具有什么性质,为什么?

二、硝酸和硝酸盐

1. 硝酸的性质（在通风橱中进行）

（1）浓 HNO_3 与非金属的反应

向微型试管内加入米粒大小的硫黄粉,滴加 10 滴浓 HNO_3,试管口蓬松地塞上用少许 NaOH 溶液润湿过的棉花（起什么作用？注意不要让 NaOH 溶液流入试管中）,加热至沸,观察有何现象出现。冷却 1 min~2 min,检验有无 SO_4^{2-} 生成。

（2）浓硝酸与金属的反应

向微型试管中加入少许铜屑,滴加 5 滴浓硝酸,观察现象（现象若不明显,可用小纸盖住井穴片刻）,当看到液面上有红棕色气体出现时,加入蒸馏水。尽量不让 NO_2 逸出试管,试管中溶液呈什么颜色？

（3）稀硝酸与金属的反应

向微型试管中加入少许铜屑,滴加 5 滴 2 mol·L^{-1} HNO_3 溶液,水浴加热,与实验（2）中的现象有何不同？

向微型试管中加入锌片,滴加 5 滴 0.5 mol·L^{-1} HNO_3 溶液,观察现象,反应进行 5 min 后,取出几滴溶液检验有无 NH_4^+ 生成（参见后述气室法）。

总结 HNO_3 与金属、非金属反应的规律,写出相关反应方程式。

2. 硝酸盐的热分解（选做）

向干燥的硬质试管中分别试验 $NaNO_3$、$Pb(NO_3)_2$、$AgNO_3$ 固体受热分解,观察反应的情况和产物的颜色,检验反应生成的气体,总结硝酸盐热分解的规律,写出反应方程式。

三、NH_4^+、NO_2^-、NO_3^- 的鉴定

1. NH_4^+ 的鉴定

（1）气室法

向 5 mL 井穴板的一个井穴中滴加 5 滴铵盐溶液,再小心滴入 6 mol·L^{-1} NaOH 溶液至溶液为碱性,将一小块湿润的 pH 试纸贴在表面皿的凸面上,并用凸面盖实井穴板,如试纸显碱性,则表示有 NH_4^+（必要时井穴板可在水浴上加热）。

（2）奈氏法

向 0.7 mL 井穴板的井穴中滴加 1 滴 0.1 mol·L^{-1} NH_4Cl 溶液、2 滴奈斯勒试剂,即有红色沉淀生成,其反应如下:

$$HgI_2+2I^- =\!=\!= [HgI_4]^{2-}$$

$$NH_4^+ + 2[HgI_4]^{2-} + 4OH^- \longrightarrow [\ O \begin{matrix} Hg \\ \diamond \\ Hg \end{matrix} NH_2\ ]I\downarrow + 3H_2O + 7I^-$$

2. NO_2^- 的鉴定

向微型试管中滴加 1 滴 0.5 mol·L^{-1} $NaNO_2$ 溶液,加 1 滴 6 mol·L^{-1} HAc 溶液酸化,再加 1 滴对氨基苯磺酸和几滴 α-奈胺,溶液即显红色,其反应式为:

$$H_2N-C_6H_4-SO_3H + C_{10}H_7-NH_2 + NO_2^- + H^+ \longrightarrow$$

$$H_2N-C_{10}H_6-N=\!\!=N-C_6H_4-SO_3H + 2H_2O$$

3.NO_3^- 的鉴定(棕色环实验)

向微型试管中滴加 5 滴 0.5 mol·L^{-1} $NaNO_3$ 溶液,再加少许 $FeSO_4$ 固体。然后斜持试管,沿试管壁小心加入浓 H_2SO_4,不振荡,观察界面现象,其反应式如下:

$$3Fe^{2+}+NO_3^-+4H^+ \Longrightarrow 3Fe^{3+}+NO\uparrow+2H_2O$$
$$Fe^{2+}+NO+SO_4^{2-} \Longrightarrow Fe(NO)SO_4(棕色)$$
硫酸亚硝基合铁(Ⅱ)

注意:这里是 NO_2^- 不存在时的鉴定反应,NO_2^- 也能起类似的反应,当有 NO_2^- 存在时,应先加入 NH_4Cl 加热,除去 NO_2^-。

四、正磷酸盐的性质和磷酸根的鉴定

1.正磷酸盐的性质

(1)溶液的酸碱性

用 pH 试纸分别检验浓度均为 0.1 mol·L^{-1} 的 Na_3PO_4 溶液、Na_2HPO_4 溶液、NaH_2PO_4 溶液的 pH,并与理论值进行比较,说明酸式盐是否都呈酸性。

(2)溶解性

向 5 mL 井穴板的 3 个井穴中分别加 3 滴 0.1 mol·L^{-1} Na_3PO_4 溶液、Na_2HPO_4 溶液、NaH_2PO_4 溶液,各滴加 1 滴 0.5 mol·L^{-1} $CaCl_2$ 溶液,观察有无沉淀生成。向无沉淀的井穴中滴加 2 滴 2 mol·L^{-1} 氨水,有何变化?最后用 2 mol·L^{-1} 盐酸酸化,又有何变化?比较 $Ca_3(PO_4)_2$、$CaHPO_4$、$Ca(H_2PO_4)_2$ 的溶解性,说明它们之间相互转化的条件。

2.磷酸根的鉴定

(1)磷钼酸铵沉淀法

向微型试管中加 3 滴含 PO_4^{3-} 的试液(可以是 Na_3PO_4 溶液、Na_2HPO_4 溶液或 NaH_2PO_4 溶液),1 滴 6 mol·L^{-1} 硝酸和 8~10 滴饱和钼酸铵溶液,即有黄色沉淀生成,反应式如下:

$$PO_4^{3-}+3NH_4^++12MoO_4^{2-}+24H^+=(NH_4)_3PO_4 \cdot 12MoO_3 \cdot 6H_2O\downarrow+6H_2O$$

(2)滴 1 滴 Na_3PO_4 试液在滤纸上,干燥后,滴 1 滴 0.1%甲基紫溶液,约半分钟后,再加入 1 滴钼酸铵溶液和 1 滴 2 mol·L^{-1} HCl 溶液,观察蓝色斑点的产生。

五、偏磷酸根、磷酸根、焦磷酸根的鉴定

1.取少许 P_4O_{10} 固体于小烧杯中,加入 10 mL~15 mL 经冰水浴的蒸馏水溶解;取 5 mL 该溶液于小试管中,加 1 mL 浓 HNO_3,加热煮沸 10 min。保留上述两种溶液,供后续实验用。

2.向 0.7 mL 井穴板的 2 个井穴中分别滴加 3 滴 1 中所得溶液,然后滴加 0.5 mol·L^{-1} 碳酸钠溶液调至中性或微酸性(为什么?),再向其中加 2 滴 0.1 mol·L^{-1} $AgNO_3$ 溶液,有何现象发生?另取 0.1 mol·L^{-1} 焦磷酸钠溶液,加入 2 滴 0.1 mol·L^{-1} $AgNO_3$ 溶液,观察实验现象,写出相关离子方程式。

3.向 2 支微型试管中分别滴加 10 滴 1 中所得 2 种溶液,第三支微型试管中加入 2 滴 0.1 mol·L^{-1} 焦磷酸钠溶液,再各加 2~3 滴 2 mol·L^{-1} 醋酸溶液和蛋白水溶液,观察现象。

根据实验结果,试总结出鉴定磷酸根、偏磷酸根、焦磷酸根的方法。

六、分离与鉴定(选做)

1.有一未知物,可能是 $Na_2S_2O_3$、NaI、Na_2SO_4、$NaCl$、Na_3PO_4、Na_2HPO_4、NaH_2PO_4 中的一种,试用最简洁的方法鉴定出来。

2.现有 NaNO$_2$ 和 NaNO$_3$ 两瓶溶液,没有标签,试设计三种区别它们的方案。

【实验习题】

1.如何检验 NaNO$_2$ 溶液、Na$_2$S$_2$O$_3$ 溶液、KI 溶液?

2.为什么一般情况下不用硝酸作反应介质? 稀硝酸、稀硫酸(或盐酸)与金属反应有何不同?

3.PCl$_5$ 水解后加入硝酸银时,为什么只有氯化银沉淀,而磷酸银却不沉淀? 如何使磷酸银沉淀? 通过 K_{sp} 及 K_a 数据计算说明。

补充材料

1.NO$_2$ 也能支持燃烧,故可能有 NO$_2$ 与 O$_2$ 混合气体存在时,仅以助燃现象确定 O$_2$ 的存在是不充分的,要确证 O$_2$ 应先排除 NO$_2$。

2.NO$_2^-$ 也能起类似棕色环实验的反应,但不能成环,只能使溶液全部为棕色。也就是说,当 Fe^{2+} 溶液(酸性)与 NO$_2^-$ 相混合时,溶液即变为棕色。用 FeSO$_4$ 晶体鉴定 NO$_2^-$ 时,一般用 HAc 而不用浓 H$_2$SO$_4$。

$$NO_2^- + 3Fe^{2+} + 4HAc \Longrightarrow NO\uparrow + 3Fe^{3+} + 2H_2O + 4Ac^-$$
$$Fe^{2+} + NO \Longrightarrow [Fe(NO)]^{2+}（棕色）$$

安全知识

除 N$_2$O 外,所有氮的氧化物均有毒,尤以 NO$_2$ 为甚,NO$_2$ 中毒无特效药治疗,其最高容忍浓度为每升空气中不得超过 0.005 mL。因此:(1)在不影响实验现象观察的情况下,尽可能减少氮的氧化物对空气的排放;(2)反应均在通风橱中进行;(3)如反应试管中有少量氮的氧化物释放,可用湿的 NaOH 溶液湿润的滤纸条放在试管口。

实验 21　砷、锑、铋

【实验目的】

1. 试验砷、锑、铋的氧化物和氢氧化物的酸碱性。
2. 掌握＋3 价氧化态砷、锑、铋化合物的还原性和＋5 价氧化态砷、锑、铋化合物的氧化性。
3. 了解砷、锑、铋硫化物的难溶性，砷、锑、铋硫代酸盐的生成和破坏。
4. 了解锑（Ⅲ）和铋（Ⅲ）盐的水解性质。

【实验仪器与试剂】

仪器　离心机、微型离心管、微型试管、井穴板、$Pb(Ac)_2$ 试纸、pH 试纸

试剂　HCl 溶液（6 mol·L^{-1}、浓）、HNO_3 溶液（6 mol·L^{-1}）、H_2SO_4 溶液（1 mol·L^{-1}）、NaOH 溶液（2 mol·L^{-1}、6 mol·L^{-1}）、$(NH_4)_2S_x$ 溶液（饱和）、Na_2S 溶液（1 mol·L^{-1}，新配）、Na_3AsO_3 溶液（0.1 mol·L^{-1}）、$SbCl_3$ 溶液（0.2 mol·L^{-1}，s）、$Bi(NO_3)_3$ 溶液（0.2 mol·L^{-1}，s）、$MnSO_4$ 溶液（0.01 mol·L^{-1}）、碘水、淀粉、氯水

【实验内容】

一、＋3 价氧化态砷、锑、铋氧化物或氢氧化物的酸碱性

1. As_4O_6 的性质实验（选做）

（1）向微型试管内加少许 As_4O_6 固体（极毒！），加 10 滴蒸馏水，微热，用 pH 试纸检验溶液的酸碱性。

（2）向 2 支干燥的微型试管中各加少量 As_4O_6 固体，向其中一试管中滴加 10 滴浓盐酸，微热，观察现象，写出反应方程式。向另一试管中逐滴加入 6 mol·L^{-1} NaOH 溶液至固体完全溶解，保留溶液，供后续实验用。

2. $Sb(OH)_3$ 的生成与性质实验

向 2 支离心管中各加 3 滴 0.1 mol·L^{-1} $SbCl_3$ 溶液，再滴加 3 滴 2 mol·L^{-1} NaOH 溶液，观察现象。离心分离，弃去清液，分别试验它们是否溶解于 6 mol·L^{-1} NaOH 溶液和 6mol·L^{-1} HCl 溶液。

3. $Bi(OH)_3$ 的生成与性质实验

向 2 离心管中各加 3 滴 0.1 mol·L^{-1} $Bi(NO_3)_3$ 溶液，再滴加 2 mol·L^{-1} NaOH 溶液，观察现象。离心分离，弃去清液，分别试验它们是否溶于 6 mol·L^{-1} NaOH 溶液和 6mol·L^{-1} HNO_3 溶液。

通过上述实验结果，比较＋3 价氧化态砷、锑、铋氢氧化物的酸碱性，并说明它们的变化规律。

二、锑（Ⅲ）盐、铋（Ⅲ）盐的水解

1. 取米粒大小的 $SbCl_3$ 固体（观察固体形状）加到盛有 10 滴蒸馏水的微型试管中，有何现象？用 pH 试纸检验溶液的酸碱性。再滴加 6 mol·L^{-1} HCl 溶液，观察沉淀是否溶解？稀释后再酸化，又有什么变化？（$SbCl_3$ 试剂易受潮，取用后应立即盖好试剂瓶）

2. 以 $Bi(NO_3)_3$ 固体代替 $SbCl_3$，进行类似实验（溶解时用 $6\ mol \cdot L^{-1}\ HNO_3$ 溶液），观察现象。

三、砷、锑、铋（Ⅴ、Ⅲ）化合物的氧化、还原性

1. $Sb(Ⅲ)$、$As(Ⅲ)$ 的还原性和 $Sb(Ⅴ)$、$As(Ⅴ)$ 的氧化性（选做，可参见实验16）

向 5 mL 井穴板的井穴中加 5 滴碘水和 2 滴淀粉溶液，观察现象；滴加 $0.1\ mol \cdot L^{-1}$ Na_3AsO_3 溶液至刚好褪色，再用 $6\ mol \cdot L^{-1}$ 盐酸酸化，又有什么变化？用能斯特方程解释实验现象。

2. 向小试管中加 2 滴 $0.1\ mol \cdot L^{-1}\ SbCl_3$ 溶液，然后逐滴加入 $6\ mol \cdot L^{-1}\ NaOH$ 溶液，边滴加边搅拌，至溶液澄清，得亚锑酸钠溶液（备用）。

向 5 mL 井穴板的井穴中加入 2 滴淀粉溶液和 5 滴碘水，观察现象。滴加几滴自制的亚锑酸钠溶液，有何变化？再用 $6\ mol \cdot L^{-1}$ 盐酸酸化，又有何现象？

3. $Bi(Ⅲ)$ 的还原性和 $Bi(Ⅴ)$ 的氧化性

向盛有 10 滴 $0.1\ mol \cdot L^{-1}\ Bi(NO_3)_3$ 溶液的离心试管中，加入 $6\ mol \cdot L^{-1}\ NaOH$ 溶液，观察沉淀的颜色，再加入 10 滴氯水，观察沉淀颜色的变化。离心分离，弃去溶液，洗涤沉淀。向沉淀中滴加 1 滴 $0.01\ mol \cdot L^{-1}\ MnSO_4$ 溶液和 $5 \sim 7$ 滴 $6\ mol \cdot L^{-1}\ HNO_3$ 溶液，水浴加热，观察上层溶液的颜色，检验反应中是否有氧气生成，为什么？

根据有关电极电势说明 ＋3 价和 ＋5 价氧化态砷、锑、铋的氧化还原性。

四、砷、锑、铋的硫化物与硫代酸盐的生成和性质

1. 向 4 支离心试管中各加 2 滴 $0.1\ mol \cdot L^{-1}\ Na_3AsO_3$ 溶液及 2 滴浓盐酸，振荡，然后滴加 $1\ mol \cdot L^{-1}$ 新配的 Na_2S 溶液，观察沉淀的颜色，离心分离，弃去清液，用蒸馏水洗涤沉淀 2 次，将得到的 4 份沉淀分别进行下列实验。

(1) 滴加浓 HCl，观察沉淀是否溶解；

(2) 滴加 $6\ mol \cdot L^{-1}\ NaOH$ 溶液，搅拌，观察沉淀是否溶解；

(3) 滴加 $0.5\ mol \cdot L^{-1}\ Na_2S$ 溶液，有何现象？若沉淀溶解，再滴加 $2\ mol \cdot L^{-1}\ HCl$ 酸化，又有什么变化？用 $Pb(Ac)_2$ 试纸检验逸出气体；

(4) 滴加 $(NH_4)_2S_x$ 溶液，待沉淀溶解后，加入 $2\ mol \cdot L^{-1}\ HCl$ 溶液，用 $Pb(Ac)_2$ 试纸检验逸出的气体。

2. 用 $0.2\ mol \cdot L^{-1}\ SbCl_3$ 溶液代替 $0.1\ mol \cdot L^{-1}\ Na_3AsO_3$ 溶液重复上述 1 的实验内容（不需加浓盐酸）。

3. 用 $0.2\ mol \cdot L^{-1}\ Bi(NO_3)_3$ 溶液代替 Na_3AsO_3 溶液重复 1 的实验内容（不需加浓盐酸）。

五、分离与鉴定（选做）

1. 用两种方法分离并鉴别溶液中的 Sb^{3+} 和 Bi^{3+}，区别 AsO_4^{3-} 和 PO_4^{3-}。

2. 某化合物，溶于水后得一无色溶液，加入 Na_2CO_3 溶液后没有沉淀产生，若加入 $AgNO_3$ 溶液产生黄色沉淀，判断可能是哪些物质，并用实验确证是何物。

【实验习题】

1. 实验室中如何配制 $SbCl_3$ 溶液、$Bi(NO_3)_3$ 溶液？

2. $Sb(Ⅲ)$、$As(Ⅲ)$ 还原单质碘的实验能在强碱性介质中进行吗，为什么？

3. 砷、锑、铋的氧化物和硫化物性质有何规律？

实验 22　碳、硅、硼

【实验目的】

1. 了解活性炭的吸附作用。
2. 掌握碳酸盐、硅酸盐、硼酸和硼砂的重要性质。
3. 练习硼砂珠制备试验的操作。

【实验仪器与试剂】

仪器　微型试管、井穴板、小烧杯、带铂丝（或镍铬丝）的玻璃棒、蒸发皿、酒精喷灯、石蕊试纸、pH 试纸

试剂　H_2SO_4 溶液（1 mol·L^{-1}、浓）、NH_4Cl 溶液（饱和）、Na_2CO_3 溶液（0.1 mol·L^{-1}）、$NaHCO_3$ 溶液（0.1 mol·L^{-1}）、K_2CrO_4 溶液（0.1 mol·L^{-1}）、$Pb(NO_3)_2$ 溶液（0.001 mol·L^{-1}、0.1 mol·L^{-1}）、$CaCl_2$（0.1 mol·L^{-1}，s）、$FeCl_3$（0.2 mol·L^{-1}，s）、$CuSO_4$（0.1 mol·L^{-1}，s）、$Al_2(SO_4)_3$（饱和，s）、硅酸钠（15%）、硼砂（饱和，s）、$Co(NO_3)_2$（s）、$NiSO_4$（s）、$MnSO_4$（s）、$ZnSO_4$（s）、$FeSO_4$（s）、变色硅胶、硼酸（饱和、晶体）、三氧化二铬（s）、活性炭、蓝（或红）墨水、甘油、乙醇、酚酞

【实验内容】

一、活性炭的吸附作用

1. 向离心试管中依次加入 2 mL H_2O、1 滴蓝（或红）墨水及一小勺活性炭，充分振荡后离心分离，观察溶液颜色。

2. 向离心试管中依次加入 1 mL 0.001 mol·L^{-1} $Pb(NO_3)_2$ 溶液和 1 滴 0.1 mol·L^{-1} K_2CrO_4 溶液，观察现象。

3. 向离心试管中加入 1 mL 0.001 mol·L^{-1} $Pb(NO_3)_2$ 溶液及一小勺活性炭，充分振荡，离心分离，向溶液中加入 1 滴 0.1 mol·L^{-1} K_2CrO_4 溶液，观察现象，试解释原因。

二、碳酸盐的性质

1. 用 pH 试纸分别测试 0.1 mol·L^{-1} Na_2CO_3 溶液、0.1 mol·L^{-1} $NaHCO_3$ 溶液的 pH，并与理论值比较。

2. 向 0.7 mL 井穴板的 4 个井穴中分别滴加 3 滴 0.1 mol·L^{-1} $FeCl_3$ 溶液、$CaCl_2$ 溶液、$Pb(NO_3)_2$ 溶液、$CuSO_4$ 溶液，然后各滴加 2 滴 0.1 mol·L^{-1} Na_2CO_3 溶液，观察现象。

3. CO_3^{2-} 的鉴定

向盛有 5 滴待鉴定试液的微型试管中加入 2 滴 1 mol·L^{-1} H_2SO_4 溶液，将浸有酚酞和碳酸钠溶液的小滤纸条放在试管口上，若红色褪去，则表示有 CO_3^{2-} 存在。

查阅有关数据，通过计算讨论反应进行的方向，确定反应产物。

三、硅酸及硅酸盐

1. 硅酸盐的水解

用 pH 试纸检验 15% 硅酸钠溶液的酸碱性,然后往盛有 5 滴该溶液的微型试管中滴入 3 滴饱和 NH_4Cl 溶液并微热,用石蕊试纸检验逸出的气体。

2. 微溶硅酸盐的生成——"水中花园"(选做)

向一只小烧杯中注入约 2/3 体积的 15% Na_2SiO_3 溶液,然后将 $CuSO_4$、$CaCl_2$、$Co(NO_3)_2$、$NiSO_4$、$MnSO_4$、$FeCl_3$、$ZnSO_4$、$FeSO_4$ 晶体各一小块投入杯中。记下各晶体的位置,观察现象。

注:(1)实验时可根据具体情况选取其中几种试剂;(2)不要将不同固体投放在一起;(3)实验完毕后,过滤回收 Na_2SiO_3 溶液,立即清洗烧杯(为什么?)。

3. 硅酸钠的吸附性(选做)

将蓝色的变色硅胶放在空气中(或投入水中),观察颜色变化,并加以解释。

四、硼酸的制备、性质和鉴定

1. 向盛有 6 滴饱和硼砂溶液(先测溶液的 pH)的小试管中滴加 3 滴浓 H_2SO_4,混匀,然后将试管放在冰水中冷却(时间稍长一些),观察产物的颜色、状态。

2. 向一只微型试管中滴 10 滴饱和硼酸溶液,测溶液的 pH,向硼酸溶液中滴入 3 滴甘油,混匀,再测溶液的 pH,解释酸度变化的原因。

3. 在蒸发皿中放入少量硼酸晶体、1 mL 乙醇和几滴浓 H_2SO_4,混合后点火,观察火焰颜色。

五、硼砂珠试验(选做)

1. 硼砂珠的制备

用铂丝(或镍铬丝)蘸取一些硼砂固体(不宜太多),在氧化焰中灼烧并熔成圆珠,观察其颜色和状态。

2. 用硼砂珠鉴定钴盐和铬盐

用烧好的硼砂珠分别蘸上少量硝酸钴、三氧化二铬固体熔融(每一个硼砂珠只能鉴定一种物质),冷却后,观察硼砂珠颜色的变化,写出相关化学反应方程式。

【实验习题】

1. 试用最简单的方法鉴别下列各组气体。

(1)H_2、CO、CO_2; (2)CO_2、SO_2、N_2。

2. 实验室中为什么可用磨口玻璃器皿贮存酸液而不能用其贮存碱液?

实验 23　碱金属和碱土金属

【实验目的】

1. 试验碱金属和碱土金属的活泼性。
2. 掌握碱土金属氢氧化物及其难溶盐的溶解性。
3. 练习焰色反应的操作。
4. 试验 Na^+、K^+、Mg^{2+}、Ca^{2+}、Ba^{2+} 的鉴定反应。

【仪器与试剂】

仪器　镊子、小烧杯、坩埚、酒精灯、微型试管、井穴板、离心试管、带铂丝（或镍铬丝）的玻璃棒、砂纸、pH 试纸

试剂　HCl 溶液（2 mol·L^{-1}）、HNO$_3$ 溶液（浓）、H$_2$SO$_4$ 溶液（1 mol·L^{-1}）、HAc 溶液（2 mol·L^{-1}、6 mol·L^{-1}）、NaOH 溶液（2 mol·L^{-1}）、NH$_3$·H$_2$O 溶液（2 mol·L^{-1}）、NH$_4$Cl 溶液（饱和）、(NH$_4$)$_2$C$_2$O$_4$ 溶液（饱和）、Na$_2$CO$_3$ 溶液（0.5 mol·L^{-1}）、Na$_2$SO$_4$ 溶液（0.5 mol·L^{-1}）、NH$_4$F 溶液（10%）、Na$_2$HPO$_4$ 溶液（0.1 mol·L^{-1}）、KCl 溶液（1 mol·L^{-1}）、K$_2$CrO$_4$ 溶液（0.5 mol·L^{-1}）、KMnO$_4$ 溶液（0.01 mol·L^{-1}）、LiCl 溶液（0.5 mol·L^{-1}）、MgCl$_2$ 溶液（0.5 mol·L^{-1}）、Ba(OH)$_2$ 溶液（0.5 mol·L^{-1}）、CaCl$_2$ 溶液（0.5 mol·L^{-1}）、SrCl$_2$ 溶液（0.5 mol·L^{-1}）、BaCl$_2$ 溶液（0.5 mol·L^{-1}）、CaSO$_4$ 溶液（饱和）、Na$_3$[Co(NO$_2$)$_6$] 溶液、NaB(C$_6$H$_5$)$_4$ 溶液（2%）、乙醇溶液（95%）、镁试剂、金属钠、镁条

【实验内容】

一、金属钠和镁的性质

1. 钠与水作用

用小刀切取一块绿豆大小的金属钠（不能取多！），用滤纸吸干表面的煤油，观察新切开面颜色，立即将它投入滴有酚酞的盛水小烧杯中，观察实验现象。

2. 钠与氧作用

另取一小块金属钠，用滤纸吸干其表面的煤油，立即置于坩埚中加热。当钠刚开始燃烧时，停止加热，观察反应现象（产物的颜色及状态等）。

将上述反应产物转入干燥的微型试管中，在冰水浴冷却下滴加几滴蒸馏水，检验管口逸出的气体，并滴加酚酞试液，观察实验现象。再用 1 mol·L^{-1} H$_2$SO$_4$ 溶液酸化，加入 1 滴 0.01 mol·L^{-1} KMnO$_4$ 溶液，观察紫色是否褪去。

3. 镁与水作用

取一小段用砂纸擦去表面氧化膜的镁条，放入微型试管中，加入少量水，观察有无反应。加热后又有何现象？滴加酚酞试液后有何变化？说明什么问题？

4. 镁在空气中燃烧

取一小段用砂纸擦去氧化膜的镁条，点燃后放在石棉网上，观察燃烧时的现象（产物颜色及状态等）。

根据以上试验结果,比较金属钠和金属镁的活泼性,写出有关反应方程式。

二、碱土金属氢氧化物的溶解性(选做)

1. 氢氧化镁的生成与性质

向 3 支微型试管中各加入 3 滴 0.5 mol·L^{-1} MgCl$_2$ 溶液,再各滴加 2 滴 0.5 mol·L^{-1} Ba(OH)$_2$ 溶液,观察生成物的颜色及状态。然后分别试验它与饱和 NH$_4$Cl 溶液、2 mol·L^{-1} HCl 溶液、2 mol·L^{-1} NaOH 溶液的作用。将加入饱和 NH$_4$Cl 溶液的微型试管加热,检验产生的气体,写出各化学反应方程式并解释现象。

2. 镁、钙、锶、钡氢氧化物的难溶性

分别向 0.7 mL 井穴板的 4 个井穴中依次滴加 3 滴 0.5 mol·L^{-1} MgCl$_2$ 溶液、CaCl$_2$ 溶液、SrCl$_2$ 溶液、BaCl$_2$ 溶液,然后各加入 3 滴新配制的 0.5 mol·L^{-1} Ba(OH)$_2$ 溶液,观察生成物的颜色、状态和沉淀量,由此得出它们的氢氧化物的溶解度递变规律,并通过 K_{sp} 计算值进行比较。

三、碱土金属的难溶盐

1. 碳酸盐

向 0.7 mL 井穴板的 3 个井穴中依次滴加 1 滴浓度均为 0.5 mol·L^{-1} 的 CaCl$_2$ 溶液、SrCl$_2$ 溶液、BaCl$_2$ 溶液,各加入 1 滴 1.0 mol·L^{-1} Na$_2$CO$_3$ 溶液,观察沉淀的生成情况,然后再滴加 2 mol·L^{-1} HAc 溶液,试验沉淀是否溶解。

2. 铬酸盐

取 2 支离心试管,分别加入 3 滴 0.5 mol·L^{-1} SrCl$_2$ 溶液和 BaCl$_2$ 溶液,再各加入 2 滴 0.5 mol·L^{-1} K$_2$CrO$_4$ 溶液,有何现象?离心分离,分别试验沉淀是否溶于 6 mol·L^{-1} HAc 溶液和 2 mol·L^{-1} HCl 溶液中。

3. 硫酸盐

分别向 4 支离心试管中依次滴加 3 滴浓度均为 0.5 mol·L^{-1} 的 MgCl$_2$ 溶液、CaCl$_2$ 溶液、SrCl$_2$ 溶液、BaCl$_2$ 溶液,再各滴加 6～8 滴 0.5 mol·L^{-1} Na$_2$SO$_4$ 溶液,观察现象(若向 MgCl$_2$ 溶液、CaCl$_2$ 溶液中加入 Na$_2$SO$_4$ 溶液后沉淀不明显,可以静置 5 min～10 min),并试验沉淀与浓 HNO$_3$ 是否反应。

比较 MgSO$_4$、CaSO$_4$、SrSO$_4$、BaSO$_4$ 溶解度的大小。将以上实验现象和结果填于表 23-1,生成难溶盐的写"↓",反之则写"—";溶于表中所用酸的记为"↓(溶)",不溶的记"↓(不)"。试用溶度积规则解释以上现象。

表 23-1 碱土金属盐的溶解性

所加试剂(溶液)	Mg^{2+}	Ca^{2+}	Sr^{2+}	Ba^{2+}	沉淀中所加酸(溶液)
Na$_2$CO$_3$					2 mol·L^{-1} HAc
K$_2$CrO$_4$					6 mol·L^{-1} HAc
					2 mol·L^{-1} HCl
Na$_2$SO$_4$					浓 HNO$_3$

四、锂、镁的微溶盐

1. 氟化物

向分别盛有 5 滴 1 mol·L⁻¹LiCl 溶液和 0.5 mol·L⁻¹MgCl₂溶液的 2 支微型试管中各加入 5 滴 10% NH₄F 溶液,观察现象。

2. 磷酸盐

向微型试管中加入 5 滴 1 mol·L⁻¹LiCl 溶液,加 1 滴 2 mol·L⁻¹NH₃·H₂O 溶液,调至 pH=9,再加入 0.1 mol·L⁻¹Na₂HPO₄溶液(为什么不用 Na₃PO₄溶液?);向微型试管中加入 3 滴 0.5 mol·L⁻¹MgCl₂溶液,然后滴加 3 滴 0.1 mol·L⁻¹Na₂HPO₄溶液。观察现象(若现象不明显,可适当加热或用玻璃棒摩擦试管内壁),比较锂盐、镁盐的相似性,写出化学反应方程式,解释其原因。

五、碱金属、碱土金属离子的鉴定

1. K⁺的鉴定

向微型试管中先滴加 5 滴 1 mol·L⁻¹KCl 溶液,再加 2 滴 Na₃[Co(NO₂)₆]溶液,观察沉淀的颜色(必须在近中性溶液中检验,否则[Co(NO₂)₆]³⁻会与 H⁺作用放出 NO₂、NO,当碱性强时,则会有 Co(OH)₃沉淀生成)。向微型试管中先滴加 3 滴 1 mol·L⁻¹KCl 溶液,然后再滴加 2% NaB(C₆H₅)₄溶液,观察沉淀的颜色。

NH₄⁺与 K⁺能发生类似反应,故只有 NH₄⁺不存在时才能用上述两种方法。

2. Ca²⁺的鉴定

向 2 支离心试管中各加入 3 滴 0.5 mol·L⁻¹CaCl₂溶液和 3 滴饱和(NH₄)₂C₂O₄溶液,离心分离,弃去清液,试验沉淀是否溶于 6 mol·L⁻¹HAc 溶液和 2 mol·L⁻¹HCl 溶液中,通过计算解释实验现象。

3. Mg²⁺的鉴定

(1)镁试剂法:向 0.7 mL 井穴板的井穴中加入 2 滴 0.5 mol·L⁻¹MgCl₂溶液,滴加 6 mol·L⁻¹NaOH 溶液,直到产生絮状沉淀为止,再加入 1 滴镁试剂,搅拌,观察颜色变化。

(2)磷酸铵镁法:向 5 mL 井穴板的井穴中加入 5 滴 0.5 mol·L⁻¹MgCl₂溶液、1~2 滴 0.1 mol·L⁻¹HCl 溶液和 5 滴 0.2 mol·L⁻¹Na₂HPO₄溶液,再滴加 2~3 滴 2 mol·L⁻¹ NH₃·H₂O 溶液,观察沉淀的生成。

4. Ba²⁺的鉴定

向 5 mL 井穴板的井穴中加入 2 滴 0.5 mol·L⁻¹BaCl₂溶液,3 滴 2 mol·L⁻¹HAc 溶液和 NH₄Ac 溶液,再滴加 0.5 mol·L⁻¹K₂CrO₄溶液,观察现象。

六、锂、钠、钾、钙、锶、钡的焰色反应

1. 常规实验法

取一支带铂丝(或镍铬丝)的玻璃棒(铂丝尖端应弯成环状,或用 HB 铅芯代替),浸铂丝于 6 mol·L⁻¹HCl 溶液中,在氧化焰中烧至无色,再蘸上 LiCl 溶液在氧化焰中灼烧,观察火焰颜色。依此方法,分别进行 NaCl 溶液、KCl 溶液、CaCl₂溶液、SrCl₂溶液、BaCl₂溶液的焰色反应试验。

注意：每试验一种样品前都要用 6 mol·L^{-1} HCl 溶液清洁铂丝；鉴定钾盐时，为排除钠对钾焰色的干扰，需透过钴玻璃片观察火焰。

2. 微型试管法（选做）

取 7 支微型试管，每支均加入 2/3 体积的 95％乙醇溶液，然后依次加入 1 mol·L^{-1} LiCl 溶液、NaCl 溶液、KCl 溶液和 0.5 mol·L^{-1} CaCl$_2$ 溶液、SrCl$_2$ 溶液、BaCl$_2$ 溶液及蒸馏水至试管管口。再将这 7 支微型试管放在盛有沸水的小烧杯中（小烧杯下可垫一湿布），点燃上述混合溶液，观察火焰的颜色，对个别焰色不明显的，可用滴管吸取少许乙醇直接加到试管口。此法焰色持续时间长，便于观察并比较它们火焰的颜色。

3. 非碱金属、碱土金属溶液的焰色反应试验（选做）

采用常规实验法试验 CuCl$_2$ 等溶液的焰色反应，观察火焰的颜色。

七、分离与鉴定（选做）

将可能含有 Mg^{2+}、Ba^{2+}、Ca^{2+} 的溶液进行分离并鉴定，设计操作示意图。

【实验习题】

1. 为什么在试验氢氧化镁、氢氧化钙、氢氧化钡的溶解度时，所用氢氧化钠溶液必须是新配制的？

2. 试从平衡移动原理解释氯化镁和氨水反应生成氢氧化镁和氯化铵，而氢氧化镁沉淀又能溶于饱和氯化铵溶液中。

实验 24　铝、锡、铅

【实验目的】

1. 试验锡（Ⅱ）、铅（Ⅱ）氢氧化物的酸碱性及铝的两性。
2. 试验并掌握锡（Ⅱ）的还原性和铅（Ⅳ）的氧化性。
3. 掌握铝（Ⅲ）、锡（Ⅱ、Ⅳ）、铅（Ⅱ）盐的水解性质。
4. 熟悉锡、铅硫化物的难溶性，了解铅的其他难溶化合物及性质。
5. 试验铝（Ⅲ）、锡（Ⅱ、Ⅳ）、铅（Ⅱ）的鉴定反应。

【实验仪器与试剂】

仪器　微型试管、离心试管、井穴板、蒸发皿、砂纸、pH 试纸、淀粉碘化钾试纸、$Pb(Ac)_2$ 试纸

试剂　HCl 溶液（2 mol · L^{-1}、6 mol · L^{-1}）、HNO_3 溶液（6 mol · L^{-1}、浓）、H_2SO_4 溶液（3 mol · L^{-1}、浓）、H_2S 溶液（饱和）、NaOH 溶液（2 mol · L^{-1}、6 mol · L^{-1}）、$NH_3 \cdot H_2O$ 溶液（2 mol · L^{-1}）、NH_4Cl 溶液（饱和）、$(NH_4)_2S$ 溶液（饱和）、Na_2S 溶液（1 mol · L^{-1}）、Na_2CO_3 溶液（饱和）、KI 溶液（0.1 mol · L^{-1}、饱和）、K_2CrO_4 溶液（0.5 mol · L^{-1}）、$Al_2(SO_4)_3$ 溶液（0.5 mol · L^{-1}、饱和）、$SnCl_2$ 溶液（0.1 mol · L^{-1}）、$SnCl_4$ 溶液（0.1 mol · L^{-1}）、$Pb(NO_3)_2$ 溶液（0.1 mol · L^{-1}）、$Bi(NO_3)_3$ 溶液（0.1 mol · L^{-1}）、$HgCl_2$ 溶液（0.1 mol · L^{-1}）、$MnSO_4$ 溶液（0.02 mol · L^{-1}、饱和）、$(NH_4)_2S_x$ 溶液、铝试剂、$PbO_2(s)$、$Pb_3O_4(s)$、$SnCl_2 \cdot 2H_2O$（晶体）、锡粒、铝片

【实验内容】

一、铝的两性（选做）

1. 金属铝的性质

（1）取五小块用砂纸擦净的铝片，分别置于盛有 6 滴蒸馏水、2 mol · L^{-1} HCl 溶液、2 mol · L^{-1}NaOH 溶液、饱和 NH_4Cl 溶液和饱和 Na_2CO_3 溶液的微型试管中，观察现象（常温下若反应不明显，可适当加热）。

（2）取一小块铝片放入盛有 5 滴冷的浓 H_2SO_4 的微型试管中，观察现象，水浴加热后，又有什么变化？检验逸出的气体。

2. 氢氧化铝的制备和两性

向 3 支微型试管中各加入 2 滴 0.1 mol · L^{-1} $Al_2(SO_4)_3$ 溶液，然后再各滴加 3 滴 2 mol · L^{-1} $NH_3 \cdot H_2O$ 溶液，观察产物的颜色和状态。

向第一支微型试管中加入过量 2 mol · L^{-1} $NH_3 \cdot H_2O$ 溶液，向第二支微型试管中逐滴滴加 2 mol · L^{-1}NaOH 溶液，向第三支微型试管中逐滴滴加 2 mol · L^{-1}HCl 溶液，观察各有什么现象。写出化学反应方程式，并总结结论。

二、铝盐的水解与氯化亚锡的水解

1. 向离心试管中加入 5 滴 $Al_2(SO_4)_3$ 饱和溶液，再滴加 5 滴饱和 $(NH_4)_2S_x$ 溶液，观察现

象,检验产生的气体,判断沉淀是什么物质,如何验证?

2. 取少量 $SnCl_2 \cdot 2H_2O$ 晶体(观察形状)于微型试管中,加入蒸馏水放置 2 min～3 min,观察现象,并测出溶液 pH,写出化学反应方程式,并加以解释。

三、锡、铅氢氧化物的生成和酸碱性

向 2 支微型试管中各加入 3 滴 $0.1\ mol \cdot L^{-1}\ SnCl_2$ 溶液,再分别加入 $2\ mol \cdot L^{-1}\ NaOH$ 溶液,振荡后观察是否有白色沉淀生成。

向上述 2 份沉淀中分别滴加 $2\ mol \cdot L^{-1}\ NaOH$ 溶液及 HCl 溶液,沉淀是否溶解?(加 NaOH 溶液后的溶液保留供后述实验内容五用)。

用 $0.1\ mol \cdot L^{-1}\ Pb(NO_3)_2$ 溶液代替 $SnCl_2$ 溶液进行同样的实验,$Pb(OH)_2$ 是否呈两性(试验其碱性应用什么酸)?

总结 Sn(Ⅱ)、Pb(Ⅱ)氢氧化物的酸碱性。

四、α-锡酸和β-锡酸

1. α-锡酸的生成和性质

向 2 支盛有 3 滴 $0.1\ mol \cdot L^{-1}\ SnCl_4$ 溶液的离心试管中滴加 $2\ mol \cdot L^{-1}\ NaOH$ 溶液,观察产物的颜色和状态,离心分离,弃去清液,分别试验它们与 $2\ mol \cdot L^{-1}\ NaOH$ 溶液及 HCl 溶液的反应。

2. β-锡酸的生成和性质(选做)

取一锡粒放入蒸发皿中,滴加 15 滴浓硝酸,微热(在通风橱内进行),观察反应现象(产物的颜色和状态等)。将产物分成 2 份,分别试验它们与 $2\ mol \cdot L^{-1}\ NaOH$ 溶液及 HCl 溶液的反应。

试根据实验结果比较 α-锡酸和 β-锡酸的化学活性。

五、Sn(Ⅱ)化合物的还原性和 Pb(Ⅳ)化合物的氧化性

1. $SnCl_2$ 的还原性

向盛有 2 滴 $0.1\ mol \cdot L^{-1}\ HgCl_2$ 溶液的井穴中逐滴滴加 $0.1\ mol \cdot L^{-1}\ SnCl_2$ 溶液,有什么现象发生?继续滴加过量的 $SnCl_2$ 溶液,并不断搅拌,然后放置 2 min～3 min,又有什么变化(此反应常用于 Sn^{2+} 和 Hg^{2+} 的鉴定)?

2. 亚锡酸钠的还原性

取实验内容三中自制的亚锡酸钠,滴加 $0.1\ mol \cdot L^{-1}\ Bi(NO_3)_3$ 溶液,观察现象(此反应可用于 Bi^{3+} 的鉴定)。

3. PbO_2 的氧化性

(1)取少量 PbO_2 固体于微型试管中,滴加 5 滴浓盐酸,水浴加热,将湿润的淀粉碘化钾试纸移近管口,检验气体产物。

(2)取少量 PbO_2 固体于微型试管中,滴加 5 滴 $3\ mol \cdot L^{-1}\ H_2SO_4$ 溶液和 1 滴 $0.01\ mol \cdot L^{-1}\ MnSO_4$ 溶液,微热,静置片刻,观察上层溶液颜色的变化,写出化学反应方程式,通过能斯特方程计算并讨论反应的可能性。

六、铅难溶化合物的生成及性质

1. 氯化铅

向盛有 4 滴蒸馏水的 2 支微型试管中均加入 3 滴 $0.5\ mol \cdot L^{-1}\ Pb(NO_3)_2$ 溶液,3 滴 $2\ mol \cdot L^{-1}$

HCl 溶液,观察产物的颜色和状态。

将一支微型试管加热,观察沉淀是否溶解。溶液自然冷却后,又有什么变化? 试说明氯化铅的溶解度与温度的关系。

将另一支微型试管中的上层清液倾出,在沉淀中逐滴滴加浓盐酸,振荡,观察沉淀变化情况。

2. 碘化铅

向盛有 3 滴蒸馏水和 2 滴 $0.1\ mol \cdot L^{-1}\ Pb(NO_3)_2$ 溶液的微型试管中,加 2 滴 $0.1\ mol \cdot L^{-1}$ KI 溶液,观察产物的颜色及状态。将沉淀连同溶液一起加热,观察现象。冷却后,再观察颜色和状态。

用同样方法制备一份 PbI_2 沉淀,向沉淀中加过量的饱和 KI 溶液,观察并解释实验现象。

3. 铬酸铅

向盛有 3 滴 $0.1\ mol \cdot L^{-1}\ Pb(NO_3)_2$ 溶液的离心试管中加 2 滴 $0.5\ mol \cdot L^{-1}\ K_2CrO_4$ 溶液,有黄色沉淀生成。离心分离,将沉淀分成 2 份,向一份中加 $6\ mol \cdot L^{-1}\ HNO_3$ 溶液,另一份中加 $6\ mol \cdot L^{-1}\ NaOH$ 溶液,观察现象(此反应可作为 Pb^{2+} 的鉴定反应实验)。

4. 硫酸铅

向盛有 3 滴 $0.1\ mol \cdot L^{-1}\ Pb(NO_3)_2$ 溶液的离心试管中加 2 滴 $3\ mol \cdot L^{-1}\ H_2SO_4$ 溶液,有白色沉淀产生。离心分离,弃去清液,向沉淀中滴加饱和 NaAc 溶液,微热,并不断搅拌,沉淀是否溶解?

解释上述现象,写出有关化学反应方程式。

七、锡、铅硫化物的性质(选做)

1. 锡(Ⅱ)与锡(Ⅳ)硫化物的生成及性质

向 4 支离心试管中各加入 2 滴 $0.1\ mol \cdot L^{-1}\ SnCl_2$ 溶液,向另 4 支离心试管中各加 2 滴 $0.1\ mol \cdot L^{-1}\ SnCl_4$ 溶液,然后向每支试管中分别滴加 H_2S 饱和溶液,微热,观察沉淀的颜色有何不同。离心分离后分别试验所得沉淀与 $2\ mol \cdot L^{-1}\ HCl$ 溶液、浓 HNO_3、$1\ mol \cdot L^{-1}\ Na_2S$ 溶液及多硫化铵溶液的反应,观察沉淀是否溶解。并用 $Pb(Ac)_2$ 试纸检验加酸的试管是否有气体放出。

2. 铅(Ⅱ)硫化物的生成及性质

取 4 支洁净的离心试管,各加 3 滴 $0.1\ mol \cdot L^{-1}\ Pb(NO_3)_2$ 溶液,然后再各滴加 H_2S 饱和溶液,微热,观察沉淀的颜色,同上操作,观察沉淀是否溶于 $2\ mol \cdot L^{-1}\ HCl$ 溶液、浓 NHO_3、$1\ mol \cdot L^{-1}\ Na_2S$ 溶液及多硫化铵溶液中。

将以上实验结果填入表 24-1。

表 24-1　锡、铅硫化物的性质

	颜色	$2\ mol \cdot L^{-1}\ HCl$ 溶液	浓硝酸	$1\ mol \cdot L^{-1}\ Na_2S$ 溶液	$(NH_4)_2S_x$ 溶液	K_{sp}
SnS						
SnS$_2$						
PbS						

结论:_____。

八、Al^{3+} 的鉴定

向微型试管中加入 2 滴 0.5 mol・L^{-1} $Al_2(SO_4)_3$ 溶液,再滴加 5 滴 3 mol・L^{-1} NH_4Ac 溶液和 5 滴 2 mol・L^{-1} NH_3・H_2O 溶液,使其接近中性,然后加入 1～2 滴铝试剂,搅拌后微热,若有鲜红色沉淀生成,则表明有 Al^{3+} 存在。

九、分离与鉴定(选做)

确定铅丹(Pb_3O_4)的化学组成。

自己设计实验步骤,证实 Pb_3O_4 中含有 $Pb(II)$ 与 $Pb(IV)$。

【实验习题】

1.实验室中配制 $SnCl_2$ 溶液时为什么既要加 HCl,又要加锡粒?

2.为什么 SnS 溶于 $(NH_4)_2S_x$,而 SnS_2 不溶? 为什么 SnS 不溶于 Na_2S,而 SnS_2 溶于 Na_2S?

3.如何鉴别下列各组物质?

$BaSO_4$ 与 $PbSO_4$;$BaCrO_4$ 与 $PbCrO_4$;SnS_2 与 PbS

实验 25 配合物的生成和性质

【实验目的】

1. 试验配合物的生成及性质,比较配离子的稳定性。

2. 掌握配位平衡与沉淀反应、氧化还原反应的关系及介质的酸碱性、浓度对配位平衡移动的影响。

3. 了解螯合物的特性及其在金属离子鉴定方面的应用。

【实验仪器与试剂】

仪器 离心机、酒精灯、烧杯、井穴板、多用滴管、离心试管、微型试管

试剂 H_2SO_4 溶液($6\ mol \cdot L^{-1}$)、H_2S 溶液(饱和)、$H_2C_2O_4$ 溶液($0.1\ mol \cdot L^{-1}$)、NaOH 溶液($0.1\ mol \cdot L^{-1}$)、$NH_3 \cdot H_2O$ 溶液($2\ mol \cdot L^{-1}$、$6\ mol \cdot L^{-1}$)、NH_4F 溶液(10%)、$(NH_4)_2C_2O_4$ 溶液(饱和)、KI 溶液($1\ mol \cdot L^{-1}$、$0.1\ mol \cdot L^{-1}$)、KSCN 溶液($0.1\ mol \cdot L^{-1}$)、$K_3[Fe(CN)_6]$ 溶液($0.1\ mol \cdot L^{-1}$)、$BaCl_2$ 溶液($0.1\ mol \cdot L^{-1}$)、$Al_2(SO_4)_3$ 溶液($0.1\ mol \cdot L^{-1}$)、$SnCl_2$ 溶液($0.1\ mol \cdot L^{-1}$)、$CoCl_2$ 溶液($0.1\ mol \cdot L^{-1}$)、$HgCl_2$ 溶液($0.1\ mol \cdot L^{-1}$)、$CuSO_4$ 溶液($0.1\ mol \cdot L^{-1}$)、$CrCl_3$ 溶液($0.1\ mol \cdot L^{-1}$)、$FeCl_3$ 溶液($0.1\ mol \cdot L^{-1}$)、$ZnSO_4$ 溶液($0.1\ mol \cdot L^{-1}$)、EDTA 溶液($0.1\ mol \cdot L^{-1}$)、淀粉(0.5%)、锌粉、无水乙醇、戊醇

【实验内容】

一、配离子的生成及性质

1. 向 0.7 mL 井穴板的孔穴中加入 1 滴 $0.1\ mol \cdot L^{-1}$ $HgCl_2$ 溶液和 1 滴 $0.1\ mol \cdot L^{-1}$ KI 溶液,有何现象?再滴加 $1\ mol \cdot L^{-1}$ KI 溶液(此溶液留作后面实验用),观察现象,写出化学反应方程式。

2. 向 0.7 mL 井穴板的 2 个孔穴中各加入 2 滴 $0.1\ mol \cdot L^{-1}$ $CuSO_4$ 溶液,然后向一个孔穴中加入 3 滴 $0.1\ mol \cdot L^{-1}$ $BaCl_2$ 溶液,另一孔穴中加入 3 滴 $0.1\ mol \cdot L^{-1}$ NaOH 溶液,观察现象。

3. 向 5 mL 井穴板的孔穴中加入 20 滴 $0.1\ mol \cdot L^{-1}$ $CuSO_4$ 溶液,再逐滴加入 $6\ mol \cdot L^{-1}$ $NH_3 \cdot H_2O$ 溶液,边加边搅拌,观察现象,继续滴加过量 $NH_3 \cdot H_2O$ 溶液至生成深蓝色溶液。然后用多用滴管取该溶液分别滴加到盛有 3 滴 $0.1\ mol \cdot L^{-1}$ $BaCl_2$ 溶液和 $0.1\ mol \cdot L^{-1}$ NaOH 溶液的井穴板中,观察有无沉淀生成。根据实验现象,分析配合物的组成,并写出相关化学反应方程式。

用多用滴管吸取 1 mL 自制的铜氨溶液于离心试管中,加约 1 mL 无水乙醇,混合均匀,观察晶体的析出。离心分离,弃去清液,晶体保留备用。

二、配离子稳定性的比较

1. 配位剂对配离子稳定性的影响

向 0.7 mL 井穴板的孔穴中加入 2 滴 $0.1\ mol \cdot L^{-1}$ $FeCl_3$ 溶液和 1 滴 $0.1\ mol \cdot L^{-1}$

KSCN 溶液,有何现象?然后加饱和$(NH_4)_2C_2O_4$溶液 3 滴,观察现象。再加 6 mol·L^{-1} NaOH 溶液,有无沉淀生成?解释上述现象。

向 0.7 mL 井穴板的孔穴中加入 2 滴 0.1 mol·$L^{-1}K_3[Fe(CN)_6]$溶液,然后滴加 6 mol·L^{-1} NaOH 溶液,是否有沉淀生成?通过实验现象比较 3 种 Fe(Ⅲ)配离子的稳定性。

2. 配合物的转化及其掩蔽作用

向微型试管中加入 5 滴 0.1 mol·L^{-1} CoCl$_2$溶液及 10 滴戊醇,再加入 5 滴饱和 KSCN 溶液,振荡后,观察戊醇层的颜色(此为 Co^{2+} 的鉴定方法)。再加 1 滴 0.1 mol·L^{-1} FeCl$_3$溶液,观察溶液颜色的变化(Fe^{3+} 对 Co^{2+} 的鉴定产生什么作用?)。然后向试管内逐滴加入 10% NH$_4$F 溶液,边滴加边轻轻振荡(以血红色刚好褪去为宜),观察现象,分析产生上述现象的原因。

三、配位平衡的移动

1. 配位平衡与沉淀溶解平衡

向 2 个离心试管中分别加入 1 滴 H_2S 水溶液和 0.1 mol·$L^{-1}H_2C_2O_4$溶液,然后各加 1 滴 0.1 mol·L^{-1}CuSO$_4$溶液,观察沉淀的生成,搅拌、离心、洗涤后,再分别滴入 6 mol·L^{-1} 氨水,沉淀是否溶解?通过多重平衡常数计算并解释上述实验现象。

2. 配位平衡与氧化还原反应

(1)向 0.7 mL 井穴板的孔穴中加入 1 滴 0.1 mol·L^{-1}HgCl$_2$溶液,逐滴加入 0.1 mol·L^{-1} SnCl$_2$溶液,观察沉淀的生成及颜色的变化。向实验内容一(1)的溶液中逐滴加入 0.1 mol·L^{-1} SnCl$_2$溶液,与上述实验现象比较有何不同?试通过电极电势分析加以讨论。

(2)向 0.7 mL 井穴板的 2 个孔穴中各加入 3 滴 0.1 mol·L^{-1}FeCl$_3$溶液和 1 滴淀粉溶液,向其中一孔穴中加入 3 滴 10% NH$_4$F 溶液,然后再向上述两孔穴中各滴加几滴 0.1 mol·L^{-1} KI 溶液,比较两者的现象,并加以解释。

3. 配位平衡与介质的酸碱性

向 0.7 mL 井穴板的 2 个孔穴中各加入 2 滴 0.1 mol·L^{-1}FeCl$_3$溶液,再滴加 10% NH$_4$F 溶液至溶液刚变为无色。然后向其中一孔穴中加入 6 mol·L^{-1}NaOH 溶液,向另一孔穴中滴加 6 mol·$L^{-1}H_2SO_4$溶液,观察现象,运用平衡移动原理解释观察到的现象。

4. 配位平衡与浓度的关系

向一微型试管内加入 3 滴 0.1 mol·L^{-1}CoCl$_2$溶液,滴加浓盐酸,观察溶液颜色的变化,再逐滴加水稀释,有何变化?重复上述操作,观察实验现象,并加以解释。

5. $[Cu(NH_3)_4]^{2+}$ 配离子的破坏(自拟实验)

取少量自制的铜氨配合物晶体于微型试管中,用 2 mol·L^{-1} 氨水溶解,得到含 $[Cu(NH_3)_4]^{2+}$ 配离子的溶液。按下列要求,根据平衡移动原理设计 4 种方案破坏铜氨配离子,并写出有关化学反应方程式。

(1)利用酸碱反应;(2)利用沉淀反应;(3)利用氧化还原反应;(4)利用生成更稳定配合物的方法。

四、水合异构

向微型试管中加 1 mL 0.1 mol·L^{-1}CrCl$_3$溶液,观察溶液的颜色,加热一段时间后有何变化？冷却一段时间后再观察溶液的颜色，反复操作，解释实验现象。

五、螯合物的性质

向 0.7 mL 井穴板的一孔穴中加 1 滴 0.1 mol·L^{-1} $FeCl_3$ 溶液和 1 滴 0.1 mol·L^{-1} KSCN 溶液，向另一孔穴中加入 2 滴含 $[Cu(NH_3)_4]^{2+}$ 的溶液，然后各滴加 0.1 mol·L^{-1} EDTA 溶液，有何现象？试加以解释。

六、分离与鉴定（选做）

试设计实验分离并鉴定可能含有 Zn^{2+}、Cu^{2+}、Al^{3+}、Fe^{3+} 的混合液。

【实验习题】

1. 在印染业的染浴中，常因某些离子（如 Fe^{3+}、Cu^{2+}）的存在而使染料颜色改变，加入 EDTA溶液便可纠正，试说明原理。

2. 向深蓝色铜氨配离子溶液中加水稀释或加饱和 H_2S 溶液是否有沉淀产生？说明原因。

补充材料

一些常见配离子的稳定常数：

$[Ag(NH_3)_2]^+$	$K_稳 = 1.6 \times 10^7$;	$[Cu(NH_3)_2]^+$	$K_稳 = 7.2 \times 10^{10}$;
$[Cu(NH_3)_4]^{2+}$	$K_稳 = 4.8 \times 10^{12}$;	$[Zn(NH_3)_4]^{2+}$	$K_稳 = 2.9 \times 10^9$;
$[Cd(NH_3)_4]^{2+}$	$K_稳 = 1.3 \times 10^7$;	$[HgI_4]^{2-}$	$K_稳 = 6.8 \times 10^{29}$;
$[Co(NH_3)_6]^{2+}$	$K_稳 = 1.3 \times 10^5$;	$[Co(NH_3)_6]^{3+}$	$K_稳 = 1.4 \times 10^{35}$;
$[Ni(NH_3)_6]^{2+}$	$K_稳 = 5.5 \times 10^8$;	$[Fe(CN)_6]^{4-}$	$K_稳 = 1.0 \times 10^{42}$;
$[Fe(CN)_6]^{3-}$	$K_稳 = 1.0 \times 10^{42}$;	$[FeF_6]^{3-}$	$K_稳 = 1.0 \times 10^{16}$;
$Fe(SCN)_3$	$K_稳 = 2.0 \times 10^3$;	$[Fe(C_2O_4)_3]^{3-}$	$K_稳 = 1.6 \times 10^{20}$;
$[Co(SCN)_4]^{2-}$	$K_稳 = 1.0 \times 10^3$;	CuY^{2-}	$K_稳 = 6.0 \times 10^{18}$;
FeY^-	$K_稳 = 6.0 \times 10^{18}$;	$[Ag(S_2O_3)_2]^{3-}$	$K_稳 = 2.9 \times 10^{13}$;
$[Ag(CN)_2]^-$	$K_稳 = 1.0 \times 10^{21}$;	$[Hg(CN)_4]^{2-}$	$K_稳 = 2.5 \times 10^{41}$;
$[Ni(en)_3]^{2+}$	$K_稳 = 2.1 \times 10^{18}$		

实验 26　铜、银、锌、镉、汞

【实验目的】

1. 试验并掌握铜、银、锌、镉、汞的氢氧化物(或氧化物)的酸碱性。
2. 试验铜、银化合物的氧化还原性。
3. 掌握 Cu(Ⅰ)与 Cu(Ⅱ)化合物及 Hg(Ⅰ)与 Hg(Ⅱ)化合物存在及相互转化的条件。
4. 了解铜、银、锌、镉、汞的配合能力及常见配合物的性质。
5. 掌握 Cu^{2+}、Ag^+、Zn^{2+}、Cd^{2+}、Hg^{2+}、Hg_2^{2+} 的鉴定方法。

【实验仪器与试剂】

仪器　电热板、微型试管、烧杯、小锥形瓶、表面皿、酒精灯、井穴板(九孔、六孔)、石蕊试纸、离心机

试剂　HCl 溶液(2 mol·L^{-1}、浓)、HNO$_3$ 溶液(2 mol·L^{-1}、6 mol·L^{-1})、H$_2$SO$_4$ 溶液(1 mol·L^{-1})、NaOH 溶液(2 mol·L^{-1}、6 mol·L^{-1}新配)、NH$_3$·H$_2$O 溶液(2 mol·L^{-1}、浓)、H$_2$O$_2$ 溶液(3%)、NH$_4$Cl 溶液(1 mol·L^{-1}、0.1 mol·L^{-1})、NaCl 溶液(0.1 mol·L^{-1})、Na$_2$S 溶液(0.5 mol·L^{-1})、Na$_2$S$_2$O$_3$ 溶液(0.1 mol·L^{-1}、0.5 mol·L^{-1})、KBr 溶液(0.1 mol·L^{-1})、KSCN 溶液(饱和)、KI 溶液(0.1 mol·L^{-1}、饱和、s)、K$_4$[Fe(CN)$_6$]溶液(0.1 mol·L^{-1})、SnCl$_2$溶液(0.5 mol·L^{-1})、AgNO$_3$ 溶液(0.1 mol·L^{-1})、CuSO$_4$ 溶液(0.1 mol·L^{-1})、CuCl$_2$ 溶液(0.5 mol·L^{-1})、ZnSO$_4$ 溶液(0.1 mol·L^{-1})、CdSO$_4$ 溶液(0.1 mol·L^{-1})、Hg(NO$_3$)$_2$ 溶液(0.1 mol·L^{-1})、Hg$_2$(NO$_3$)$_2$ 溶液(0.1 mol·L^{-1})、葡萄糖溶液(10%)、二苯硫腙、铜屑、锌粒、KSCN(s)

【实验内容】

一、Cu^{2+}、Ag^+、Zn^{2+}、Cd^{2+}、Hg^{2+}氢氧化物的生成与性质

1. 向 5 支微型试管中依次加入 3 滴浓度为 0.1 mol·L^{-1}的 AgNO$_3$ 溶液、CuSO$_4$ 溶液、ZnSO$_4$ 溶液、CdSO$_4$ 溶液、Hg(NO$_3$)$_2$ 溶液,然后各加 2 滴 2 mol·L^{-1} NaOH 溶液,振荡观察沉淀的颜色及状态,再滴加相应的稀酸,振荡,观察现象。

2. 将上述沉淀试验再各做一份,分别滴加 6 mol·L^{-1} NaOH 溶液,观察这些沉淀与碱的反应现象。

3. 另制一份 Cu(OH)$_2$ 沉淀,在酒精灯上加热,观察现象(6 mol·L^{-1} NaOH 溶液需新配制)。

将以上反应的产物及其性质列表比较并得出结论,写出相关化学反应方程式。

二、Cu^{2+}、Ag^+、Zn^{2+}、Cd^{2+}、Hg^{2+}与氨生成配合物

向 5 mL 井穴板的 5 个孔穴中依次加入 2 滴浓度为 0.1 mL·L^{-1}的 AgNO$_3$ 溶液、CuSO$_4$ 溶液、ZnSO$_4$ 溶液、CdSO$_4$ 溶液、Hg(NO$_3$)$_2$ 溶液,然后各滴加 2 mol·L^{-1}NH$_3$·H$_2$O 溶液,边滴加边摇动,观察实验现象(对于 Hg^{2+},需加数滴浓 NH$_3$·H$_2$O 溶液及 1 mol·L^{-1}NH$_4$Cl

溶液）。再滴加相应的稀酸，实验现象又有何变化？在微型试管中另做一份铜氨溶液，加热煮沸，观察现象，用石蕊试纸检验逸出的气体。

将以上反应的产物及其性质列表比较并得出结论，写出相关化学反应方程式。

三、Cu(Ⅱ)的氧化性及 Cu(Ⅱ)与 Cu(Ⅰ)的相互转化

1.Cu$_2$O 的生成与性质

向洁净的微型试管中加 5 滴 0.1 mol·L^{-1}CuSO$_4$溶液，加入过量的 6 mol·L^{-1}NaOH 溶液（新配），待生成的沉淀全部溶解后，再加 0.5 mL 葡萄糖溶液，混匀，水浴加热，观察沉淀的颜色及状态。离心分离，将沉淀用蒸馏水洗涤并分成 2 份，一份加入 1 mol·L^{-1}H$_2$SO$_4$溶液，另一份加入浓 NH$_3$·H$_2$O 溶液，观察现象，静置 10 min，再观察现象，并加以解释。

2.CuCl 的生成与性质

向小锥形瓶中加 10 mL 0.5 mol·L^{-1}CuCl$_2$溶液、3 mL 浓 HCl 溶液及少量铜屑，于电热板上加热，观察溶液颜色由黄棕色→深棕色→表面生成白膜（溶液已很少）的变化，迅速将全部溶液转入盛有 50 mL 蒸馏水的烧杯中，观察沉淀的生成，静置数分钟，倾出溶液，用蒸馏水洗涤沉淀。取两份少量沉淀分别试验它们与浓 NH$_3$·H$_2$O 和浓 HCl 溶液的作用，观察沉淀是否溶解，放置片刻后，观察溶液颜色又有何变化，并解释实验现象。

3.CuI 的生成与性质

向离心试管中加 2 滴 0.1 mol·L^{-1}CuSO$_4$溶液，然后滴加 0.1 mol·L^{-1}KI 溶液，观察现象。再滴加少量 0.1 mol·L^{-1}Na$_2$S$_2$O$_3$溶液（以除去反应中生成的碘，切勿多加，以免沉淀溶解），离心分离并洗涤沉淀，观察沉淀的颜色。向沉淀中加入饱和的 KI 溶液至沉淀刚好溶解，加水稀释，观察并解释实验现象。

根据以上实验，总结 Cu(Ⅰ)与 Cu(Ⅱ)化合物的存在条件及相互转化关系。

四、银的化合物

1.银的沉淀及配合物的生成与性质

向离心试管中加 5 滴 0.1 mol·L^{-1}NaCl 溶液，用 1 滴 6 mol·L^{-1}HNO$_3$溶液酸化，再滴加0.1 mol·L^{-1}AgNO$_3$溶液。待沉淀完全后，水浴加热，离心分离，洗涤沉淀。然后边振荡边滴加 2 mol·L^{-1}NH$_3$·H$_2$O 溶液，观察沉淀是否溶解，再加 1 滴 0.1 mol·L^{-1}NaCl 溶液，观察现象。再滴加 0.1 mol·L^{-1}KBr 溶液，观察有无沉淀，若有沉淀，离心分离，洗涤沉淀。向沉淀中滴加 0.5 mol·L^{-1}Na$_2$S$_2$O$_3$ 溶液充分振荡，观察沉淀是否溶解，再加 1 滴 0.1 mol·L^{-1}KBr 溶液，观察现象。加入 0.1 mol·L^{-1}KI 溶液，观察有无沉淀，若有沉淀，离心分离，洗涤沉淀，再滴加 3～5 滴蒸馏水及少量 KI 固体，观察现象。滴加 0.5 mol·L^{-1}Na$_2$S 溶液，观察沉淀颜色的变化。通过 K_{sp} 及 $K_{稳}$ 计算相关反应的平衡常数，并说明反应进行的方向。

2.Ag(Ⅰ)的氧化性（银镜反应）

向洁净的微型试管内加入 10 滴 0.1 mol·L^{-1}AgNO$_3$溶液，滴加 2 mol·L^{-1}NaOH 溶液至生成沉淀，沉淀完全后滴加 2 mol·L^{-1}NH$_3$·H$_2$O 至生成的沉淀完全溶解，然后加入 4 滴 10% 葡萄糖溶液，混匀后水浴加热（50℃左右，注意加热过程中不要摇动试管），观察试管内壁出现的实验现象，解释上述现象并写出化学反应方程式。

五、K$_2$[HgI$_4$]的生成与应用

1.向盛有 2 滴 0.1 mol·L^{-1}Hg(NO$_3$)$_2$溶液的微型试管中滴加 0.1 mol·L^{-1}KI 溶液，观

察沉淀的生成及其颜色,继续加过量的 KI 溶液(或 KI 固体)至沉淀刚好溶解,再加入与以上溶液同体积的 $6\ mol\cdot L^{-1}$ NaOH 溶液,即为奈斯勒试剂。

向 0.7 mL 井穴板的孔穴中加入 1 滴 $0.1\ mol\cdot L^{-1}$ NH_4Cl 溶液,再加 1 滴自制的奈斯勒试剂,观察现象,或用经奈斯勒试剂润湿的滤纸检验逸出的气体。

2. 向 0.7 mL 井穴板的孔穴中加 2 滴 $0.1\ mol\cdot L^{-1}$ $Hg_2(NO_3)_2$ 溶液,滴加 $0.1\ mol\cdot L^{-1}$ KI 溶液,有何现象?再加入过量的饱和 KI 溶液(或 KI 固体),振荡,静置片刻,观察实验现象。

六、Cu^{2+}、Ag^+、Zn^{2+}、Cd^{2+}、Hg^{2+} 的鉴定反应(可与实验内容一起做)

1. Cu^{2+} 的鉴定

取 2 滴 $0.1\ mol\cdot L^{-1}$ $CuSO_4$ 溶液,加入 2 滴 $0.1\ mol\cdot L^{-1}$ $K_4[Fe(CN)_6]$ 溶液,生成红褐色 $Cu_2[Fe(CN)_6]$ 沉淀,向沉淀中加入 $6\ mol\cdot L^{-1}$ $NH_3\cdot H_2O$ 溶液,沉淀溶解,溶液呈蓝色。

2. Ag^+ 的鉴定

配制 $[Ag(NH_3)_2]^+$ 后,滴加 2 滴 $0.1\ mol\cdot L^{-1}$ KI 溶液,有黄色 AgI 沉淀生成(见卤素中 Cl^- 的鉴定)。

3. Zn^{2+} 的鉴定

(1)向微型试管中加 1 滴 $0.1\ mol\cdot L^{-1}$ $ZnSO_4$ 溶液,加入 5 滴 $6\ mol\cdot L^{-1}$ NaOH 溶液,再加入 1～2 滴二苯硫腙,振荡并水浴加热,溶液呈粉红色。

(2)向微型试管中加 2 滴 $0.1\ mol\cdot L^{-1}$ $Hg(NO_3)_2$ 溶液,加入少量 KSCN 固体直至溶液呈浅红色,再加 1 滴 $0.1\ mol\cdot L^{-1}$ NH_4Cl 溶液,配成 $(NH_4)_2[Hg(SCN)_4]$ 溶液,最后加 2 滴 $0.1\ mol\cdot L^{-1}$ $ZnSO_4$ 溶液,有白色 $Zn[Hg(SCN)_4]$ 沉淀生成。

4. Cd^{2+} 的鉴定

取 2 滴 $0.1\ mol\cdot L^{-1}$ $CdSO_4$ 溶液,加入过量 $2\ mol\cdot L^{-1}$ $NH_3\cdot H_2O$ 溶液,生成无色的 $[Cd(NH_3)_4]^{2+}$ 溶液后,滴加 $0.5\ mol\cdot L^{-1}$ Na_2S 溶液,析出黄色沉淀,加入几滴 $6\ mol\cdot L^{-1}$ HCl 溶液后沉淀不溶解。

5. Hg^{2+}、Hg_2^{2+} 的鉴定

(1)向 2 滴 $0.1\ mol\cdot L^{-1}$ $Hg(NO_3)_2$ 溶液中,逐滴加入 $0.1\ mol\cdot L^{-1}$ $SnCl_2$ 溶液,边滴加边振荡,先有白色沉淀生成,继而转化成灰黑色沉淀。

(2)向 2 滴 $0.1\ mol\cdot L^{-1}$ $Hg_2(NO_3)_2$ 溶液中,滴加 $2\ mol\cdot L^{-1}$ $NH_3\cdot H_2O$ 溶液,生成灰色沉淀($HgNH_2NO_3$ 与 Hg)。用 $Hg(NO_3)_2$ 溶液做一份对照试验与之对比,现象有何不同?

七、H_2O_2 的催化分解

向 3 支微型试管中各加入 1 mL 3% H_2O_2 溶液,然后向第一份中加入 1 滴 $0.1\ mol\cdot L^{-1}$ $AgNO_3$ 溶液,向第二份中加入 1 粒锌粒,向第三份中加入 1 滴 $0.1\ mol\cdot L^{-1}$ $AgNO_3$ 溶液和 1 粒锌粒,比较不同条件下 H_2O_2 分解速率的快慢。

八、分离与鉴定(选做)

设计分离并鉴定可能含有 Cu^{2+}、Ag^+、Zn^{2+}、Cd^{2+}、Hg^{2+} 的混合液。

⚠ 注意事项

1. 银氨配合物不能长期贮存,因久置(天热时不到 24 h)会产生具有爆炸性的氮化银,可加盐酸破坏溶液中的银氨配离子,使其转化为 AgCl 回收。

2.在微型试管中发生银镜反应生成的银,可用稀硝酸溶解后回收。

3.金属汞易挥发,并通过呼吸道进入人体,逐渐积累会引起慢性中毒。所以在进行金属汞的实验时应特别小心,避免将汞洒落在桌面或地上,若不小心洒落,必须尽可能收集起来,并用硫黄粉盖在洒落的地方,使汞转化为不挥发的硫化汞。

4.对重金属离子废液的处理,最有效、最经济的方法是加碱或加 Na_2S 将重金属离子转变成难溶的氢氧化物或硫化物而沉积下来,过滤分离,少量残渣可埋于地下。

【实验习题】

1.用沉淀溶解平衡原理判断在 $Hg_2(NO_3)_2$ 溶液中通入 H_2S 气体后生成的沉淀为何物。

2.现有 3 瓶已失标签的 $Hg(NO_3)_2$ 溶液、$Hg_2(NO_3)_2$ 溶液和 $AgNO_3$ 溶液,试加以鉴别(至少写出两种方法)。

实验 27　钛、钒、钼、钨

【实验目的】

1.试验并掌握钛、钒、钼、钨氧化物的性质。

2.试验钛、钒、钼、钨低价化合物的生成与性质,了解钒的几种氧化态重要化合物的生成、颜色及稳定性。

3.试验并掌握钛、钒、钼、钨的鉴定反应。

4.试验钛(Ⅳ)和钒(Ⅴ)过氧化物的生成。

5.试验磷钼酸铵的生成与应用。

【实验仪器与试剂】

仪器　微型试管、电炉、小烧杯、酒精灯、坩埚、井穴板、pH 试纸

药品　H_2SO_4 溶液(0.5 mol·L^{-1}、浓)、HNO_3 溶液(6 mol·L^{-1}、浓)、HCl 溶液(2 mol·L^{-1}、6 mol·L^{-1}、浓)、H_2O_2 溶液(3%)、NaOH 溶液(2 mol·L^{-1}、6 mol·L^{-1}、40%)、$NH_3·H_2O$ 溶液(2 mol·L^{-1}、浓)、NH_4VO_3 溶液(饱和、s)、$(NH_4)_2MoO_4$ 溶液(饱和、s)、Na_2WO_4 溶液(0.5 mol·L^{-1})、Na_3PO_4 溶液(0.1 mol·L^{-1})、KSCN 溶液(饱和)、$KMnO_4$ 溶液(0.01 mol·L^{-1})、$SnCl_2$ 溶液(0.1 mol·L^{-1})、$CuCl_2$ 溶液(0.5 mol·L^{-1})、邻菲罗啉、锌粒、锌粉、TiO_2(s)

【实验内容】

一、二氧化钛的性质(选做)

取米粒大小的 TiO_2 固体于微型试管中,加入 2 mL 浓 H_2SO_4 溶液,水浴加热(或小火加热,以防止溶液溅出),观察试管内的变化。然后将溶液慢慢倒入蒸馏水中(注意蒸馏水的量不能太多),即配成 $TiOSO_4$ 溶液,供后续实验使用。

另取少许 TiO_2 固体于微型试管中,加入 1 mL 40%NaOH 溶液,加热,观察 TiO_2 是否溶解。

总结 TiO_2 的性质并得出结论,写出相关反应方程式。

二、五氧化二钒的生成及性质

取 1 g NH_4VO_3 固体于坩埚内,小火加热,观察反应过程中固体的颜色及状态变化,将产物分成 4 份于微型试管中:

向第一份固体中加 1 mL 浓 H_2SO_4 溶液,加热,观察现象,然后将所得溶液慢慢转入盛有 20 mL 水的小烧杯中,观察溶液颜色如何变化。

向第二份固体中加入 6 mol·L^{-1}NaOH 溶液,加热,观察现象。

向第三份固体中加入 2 mL 蒸馏水,煮沸,静置,冷却后测其 pH。

向第四份固体中加入 3 mL 浓 HCl 溶液,观察有何变化。将溶液加热至沸腾,观察产物的状态、颜色及溶液的颜色。用水稀释溶液,颜色又有何变化?

总结 V_2O_5 的性质并得出结论,写出相关反应方程式。

三、钼(Ⅵ)、钨(Ⅵ)氧化物的酸碱性(选做)

取少量$(NH_4)_2MoO_4$ 固体于坩埚中,加热,待分解完全后,冷却(观察反应过程中固体颜色

的变化,设法检验逸出气体)。将产物分成 3 份,分别试验其与浓 HCl 溶液、2 mol·L^{-1} NaOH 溶液及水的作用,观察现象,写出反应方程式。

取少量 WO$_3$ 固体,分别与浓 HCl 溶液、2 mol·L^{-1} NaOH 溶液及水作用,观察现象,写出化学反应方程式。比较 MoO$_3$ 与 WO$_3$ 在性质上的相似之处,得出结论。

四、钛、钼、钨的低价化合物的生成

1. Ti(Ⅲ) 的生成与还原性

向离心试管中加入 10 滴自制的 TiOSO$_4$ 溶液,与少量锌粉充分反应(可适当水浴加热),离心分离后,观察溶液颜色的变化。将溶液滴加到 0.5 mol·L^{-1} CuCl$_2$ 溶液中,观察现象,说明 Ti^{3+} 具有什么特性并加以解释。

$$2TiO^{2+} + Zn + 4H^+ =\!\!= 2Ti^{3+} + Zn^{2+} + 2H_2O$$
$$Ti^{3+} + Cu^{2+} + Cl^- + H_2O =\!\!= CuCl\downarrow + TiO^{2+} + 2H^+$$

2. 低价钼和钨化合物的生成及钼和钨化合物的鉴定

(1)钼蓝和钨蓝的生成

向 5 滴饱和(NH$_4$)$_2$MoO$_4$ 溶液中滴加 2 滴 0.5 mol·L^{-1} H$_2$SO$_4$ 溶液、1 滴 0.1 mol·L^{-1} Na$_3$PO$_4$ 溶液,再加入 2 滴 0.1 mol·L^{-1} SnCl$_2$ 溶液,即析出蓝色沉淀(称为钼蓝)。

向 5 滴饱和(NH$_4$)$_2$MoO$_4$ 溶液中滴加 2 滴 2 mol·L^{-1} HCl 溶液,再加入 1 粒锌粒,即产生钼蓝沉淀。

向 5 滴 0.5 mol·L^{-1} Na$_2$WO$_4$ 溶液中滴加 2~3 滴 2 mol·L^{-1} HCl 溶液,再加入 1 粒锌粒,即可产生钨蓝。

(2)系列低价钼化合物的生成与性质

向离心试管中加入 1 滴饱和(NH$_4$)$_2$MoO$_4$ 溶液及 2 mL 蒸馏水,再加入几滴 2 mol·L^{-1} HCl 溶液(可适当多加几滴)和少量锌粉,振荡,观察溶液由无色→蓝色→绿色→棕色的变化,离心分离,最后再滴加饱和 KSCN 溶液,同时加数滴 NH$_3$·H$_2$O 溶液,又有何变化?

$$2MoO_4^{2-} + Zn + 8H^+ =\!\!= 2MoO_2^+ + Zn^{2+} + 4H_2O$$
$$2MoO_2^+ + Zn + 8H^+ =\!\!= 2Mo^{4+} + Zn^{2+} + 4H_2O$$
$$2Mo^{4+} + Zn =\!\!= 2Mo^{3+} + Zn^{2+}$$
$$Mo^{3+} + 6SCN^- =\!\!= [Mo(SCN)_6]^{3-}$$

用电极电势和自由能-氧化态图讨论所观察到的现象。

五、钒的几种重要化合物的生成

1. 氯化氧钒(VO$_2$Cl) 溶液的制备

加半药匙 NH$_4$VO$_3$ 固体于微型试管中,加入 2 mol·L^{-1} HCl 溶液,振荡,微热至固体全部溶解,即制得 VO$_2$Cl 溶液,观察溶液颜色。

2. 低价钒化合物的制备

向 5 滴 VO$_2$Cl 溶液中加入 1 小匙锌粉、2 滴 6 mol·L^{-1} HCl 溶液,稍振荡,放置片刻,仔细观察钒由高氧化态化合物向低氧化态化合物变化过程中溶液颜色的变化。待上述溶液变成紫色后,离心分离,向溶液中逐滴加入 0.01 mol·L^{-1} KMnO$_4$ 溶液,仔细观察溶液颜色的变化。

$$2VO_2Cl + 4HCl + Zn =\!\!= 2VOCl_2 + ZnCl_2 + 2H_2O$$
$$2VOCl_2 + 4HCl + Zn =\!\!= 2VCl_3 + ZnCl_2 + 2H_2O$$
$$2VCl_3 + Zn =\!\!= 2VCl_2 + ZnCl_2$$

总结钒的各种氧化态化合物的颜色。V^{2+} 易被空气氧化成 V^{3+},若溶液不变紫,可多加几

滴 6 mol·L^{-1}HCl 溶液和锌粉。

六、钛(Ⅳ)和钒(Ⅴ)过氧化物的生成

1. 过氧钛酸盐的生成——Ti(Ⅳ)的鉴定

向自制的 0.5 mL TiOSO$_4$ 溶液中加 2 滴 3% H$_2$O$_2$ 溶液,观察溶液颜色的变化。再滴加 2 mol·L^{-1}NH$_3$·H$_2$O 溶液,又有何变化?

2. 过氧钒阳离子的生成——V(Ⅴ)的生成

向微型试管中依次加入 5 滴饱和 NH$_4$VO$_3$ 溶液、5 滴 2 mol·L^{-1}HCl 溶液和 1 滴 3% H$_2$O$_2$ 溶液,振荡,观察溶液颜色的变化。

3. 二过氧钒酸根的生成——V(Ⅴ)的鉴定

向微型试管中依次加入 5 滴饱和 NH$_4$VO$_3$ 溶液和 2 滴 6 mol·L^{-1}NaOH 溶液,微热,观察溶液有何变化。稍冷后再滴加 2 滴 3% H$_2$O$_2$ 溶液,观察溶液颜色又有何变化。

七、磷钼酸铵的生成与应用

1. 钼酸铵溶液的配制(选做)

向微型试管中加入约 0.5 g MoO$_3$ 固体和 0.5 mL 蒸馏水,边振荡边滴加浓 NH$_3$·H$_2$O 溶液,待 MoO$_3$ 固体溶解后,将溶液转入盛有 2 mL 6 mol·L^{-1}HNO$_3$ 溶液的井穴中,搅拌,静置备用。

2. PO$_4^{3-}$ 与 MoO$_4^{2-}$ 的鉴定

(1)PO$_4^{3-}$ 的鉴定:向微型试管中依次加入 1~2 滴 0.1 mol·L^{-1}Na$_3$PO$_4$ 溶液、5 滴浓 NHO$_3$ 溶液及 10 滴饱和的钼酸铵溶液,于 60 ℃~70 ℃水浴中加热,用玻璃棒摩擦管壁,观察析出的沉淀的颜色与状态(见氮、磷实验)。

(2)MoO$_4^{2-}$ 的鉴定:取 1 滴饱和(NH$_4$)$_2$MoO$_4$ 溶液,将其稀释到 5 mL 后取 3 滴于微型试管中,再加几滴 0.1 mol·L^{-1}SnCl$_2$ 溶液(须新配制)和 10 滴邻菲罗啉,由于 MoCl$_2$ 与邻菲罗啉生成可溶性配合物而使溶液呈紫色。

八、钒酸根在不同 pH 条件下的缩合反应(选做)

向微型试管中加入 1 小药匙 NH$_4$VO$_3$ 固体,加入 8~10 滴 2 mol·L^{-1}NaOH 溶液,不断振荡使其溶解,观察溶液颜色。再逐滴加入 2 mol·L^{-1}HCl 溶液,边滴加边振荡,仔细观察此过程中溶液颜色的变化,当有橙红色固体析出时,测出其 pH,推测(或验证)该固体是何物。

⚠ **注意事项**

1. 将(NH$_4$)$_2$MoO$_4$ 固体加热转化成 MoO$_3$ 以前,须先将水分烘干,以免爆溅。若转化的温度不同,产品的颗粒度会不同,产品的颜色也不同,灼烧温度越高则颗粒越小,灼烧温度越低则颗粒越大。

2. 由 NH$_4$VO$_3$ 固体分解制备 V$_2$O$_5$ 的较适宜温度在 400 ℃左右,加热过程中要不断搅动。反应过程中,固体颜色经过深蓝色和黑色的过程,此时生成的可能是低价化合物。继续加热,直到固体呈橙色,冷却后为橙黄色。若用强火灼烧,冷却后产物会结成块状固体,实验时效果差。

【**实验习题**】

1. 比较 TiO$_2$ 和 V$_2$O$_5$、MoO$_3$、WO$_3$ 的酸碱性。

2. 比较低价态钛、钒化合物有什么相似之处,简述理由。

3. 如何用实验区分 TiO^{2+} 和 VO$_2^+$?

实验 28　铬、锰

【实验目的】

1. 试验 $Cr(Ⅲ)$、$Mn(Ⅱ)$氢氧化物的生成与性质。
2. 了解 Cr、Mn 几种重要化合物的性质及它们之间相互转化的条件。
3. 了解 Cr、Mn 的某些价态化合物的不稳定性。
4. 掌握用电极电势处理问题的方法。

【实验仪器与试剂】

仪器　微型试管、离心机、离心试管、小烧杯、冰、多用滴管、KI 淀粉试纸

试剂　HCl 溶液（2 mol·L^{-1}、6 mol·L^{-1}、浓）、HNO_3 溶液（2 mol·L^{-1}、6 mol·L^{-1}）、H_2SO_4 溶液（1 mol·L^{-1}、6 mol·L^{-1}、浓）、NaOH 溶液（2 mol·L^{-1}、6 mol·L^{-1}、40%）、H_2O_2 溶液（3%）、NH_3·H_2O 溶液（浓）、Na_2SO_3 溶液（0.05 mol·L^{-1}、s）、$K_2Cr_2O_7$ 溶液（0.1 mol·L^{-1}、s）、$KMnO_4$ 溶液（0.01 mol·L^{-1}）、$BaCl_2$ 溶液（0.1 mol·L^{-1}）、$Al_2(SO_4)_3$ 溶液（0.05 mol·L^{-1}）、$Pb(NO_3)_2$ 溶液（0.1 mol·L^{-1}）、$MnSO_4$ 溶液（0.01 mol·L^{-1}、0.1 mol·L^{-1}）、$AgNO_3$ 溶液（0.1 mol·L^{-1}）、$CrCl_3$ 溶液（0.05 mol·L^{-1}）、$NaBiO_3$（s）、$NaNO_2$（s）、NH_4Cl（s）、$NaHSO_3$（s）、MnO_2（s）、锌粉、乙醚、无水乙醇

【实验内容】

一、Cr(Ⅲ)的生成与性质

1. $Cr(OH)_3$ 的生成与性质

(1)向 2 支微型试管中各加入 5 滴 0.05 mol·$L^{-1}CrCl_3$（或铬钾矾）溶液,然后各加入 1 滴 2 mol·L^{-1}NaOH 溶液,观察沉淀的颜色。向第一份沉淀中继续滴加 NaOH 溶液,振荡,观察沉淀的变化。向另一份沉淀中加 2 mol·L^{-1}HCl 溶液,振荡,观察实验现象。

(2)向 2 支微型试管中分别加入 5 滴 0.05 mol·$L^{-1}CrCl_3$ 溶液和 $Al_2(SO_4)_3$ 溶液,然后各滴加浓 NH_3·H_2O 溶液至过量(可适当加入 NH_4Cl 固体),观察比较 2 支试管中的实验现象。

2. Cr^{3+} 与 CrO_2^- 盐的还原性及鉴定

(1)向微型试管中依次加入 5 滴 0.05 mol·$L^{-1}CrCl_3$ 溶液、5 滴 6 mol·$L^{-1}H_2SO_4$ 溶液及少量 $NaBiO_3$ 固体,水浴加热,并不断振荡,观察实验现象。

(2)取 1~2 滴含有 Cr^{3+} 的溶液于微型试管中,滴加 2 mol·L^{-1}NaOH 溶液有沉淀生成,继续滴加至沉淀溶解,然后加入 3 滴 3% H_2O_2 溶液,振荡,观察实验现象;将微型试管置于冷水中冷却,再加入 1 mL 乙醚,然后沿试管内壁慢慢滴入 10 滴 2 mol·L^{-1} H_2SO_4 溶液,再加 3% H_2O_2 溶液,观察实验现象(若现象不明显,可适当多加几滴 H_2O_2 溶液)。放置一段时间后,再观察实验现象(参见实验 19 中 H_2O_2 的鉴定反应)。

$$2Cr^{3+} + 3H_2O_2 + 10OH^- \rightleftharpoons 2CrO_4^{2-} + 8H_2O$$

二、Cr(Ⅵ)化合物的性质

1.K₂Cr₂O₇的氧化性

向 2 支微型试管中各加入 2 滴 $0.1\ mol \cdot L^{-1}$ $K_2Cr_2O_7$ 溶液,用 5 滴 $1\ mol \cdot L^{-1}$ H_2SO_4 溶液酸化,再分别加入少量 $NaNO_2$、$NaHSO_3$ 固体,振荡,水浴加热,观察并比较实验现象。

2.CrO₄²⁻和 Cr₂O₇²⁻在溶液中的相互转化

向微型试管中加入 2 滴 $0.1\ mol \cdot L^{-1}$ $K_2Cr_2O_7$ 溶液,观察溶液颜色,滴加 3 滴蒸馏水和 $2\ mol \cdot L^{-1}$ $NaOH$ 溶液,观察溶液颜色的变化,用 $1\ mol \cdot L^{-1}$ H_2SO_4 溶液酸化后,溶液颜色又如何变化?

3. 微溶性铬酸盐的生成及溶解

向 3 支离心试管中各加入 2 滴 $0.1\ mol \cdot L^{-1}$ $K_2Cr_2O_7$ 溶液,再分别滴加 $0.1\ mol \cdot L^{-1}$ $AgNO_3$ 溶液、$BaCl_2$ 溶液、$Pb(NO_3)_2$ 溶液,观察产物的颜色及状态。离心分离,试验沉淀是否溶于 $6\ mol \cdot L^{-1}$ 相应的酸中(可适当微热)。

三、Cr²⁺的生成和性质(选做)

向离心试管中依次加入 5 滴 $0.05\ mol \cdot L^{-1}$ $CrCl_3$ 溶液、8 滴 $6\ mol \cdot L^{-1}$ HCl 溶液及少量锌粉,水浴加热至有大量气体逸出,观察溶液颜色的变化,离心分离出未反应的锌粉,再向清液中滴加 3% H_2O_2 溶液,又有何现象?

四、铬钾矾的制备

取 1 g 粉末状 $K_2Cr_2O_7$ 于小烧杯中,加 10 mL 水溶解,小心地加入 1.5 mL 浓硫酸,待溶液冷却后,于不断搅拌下,加入 1 mL 乙醇,观察溶液的颜色,将溶液稍加浓缩(注意不要煮成黏稠状),放置一周后,观察晶体的生成。

五、Mn(Ⅱ)化合物的性质及鉴定

1.Mn(Ⅱ)的制备及性质

向 3 支微型试管中各加入 3 滴 $0.1\ mol \cdot L^{-1}$ $MnSO_4$ 溶液及 3 滴 $2\ mol \cdot L^{-1}$ 新配制的 $NaOH$ 溶液(将多用滴管伸入至溶液中滴加),观察沉淀的颜色。分别检验第一份与第二份中沉淀是否溶于 $2\ mol \cdot L^{-1}$ HCl 溶液及 $NaOH$ 溶液中,第三份振荡后观察沉淀有何变化。

2.Mn²⁺的鉴定

取 1 滴 $0.01\ mol \cdot L^{-1}$ $MnSO_4$ 溶液于离心试管中,加入 1 滴 $0.1\ mol \cdot L^{-1}$ $AgNO_3$ 溶液及 5~7 滴 $6\ mol \cdot L^{-1}$ HNO_3 溶液,再加入半米粒大小的 $NaBiO_3$ 固体,水浴加热,观察现象(见实验 21)。

六、MnO₂的生成与性质

1.MnO₂的生成与性质

向微型试管中依次加入 2 滴 $0.1\ mol \cdot L^{-1}$ $MnSO_4$ 溶液、2 滴 $2\ mol \cdot L^{-1}$ $NaOH$ 溶液及 3% H_2O_2 溶液,观察实验现象。用 $1\ mol \cdot L^{-1}$ H_2SO_4 溶液酸化后,再加 5 滴 3% H_2O_2 溶液,又有何变化?如何解释?

2.MnO₂的氧化性

向少量 MnO_2 固体中逐滴加入浓盐酸,微热后有何现象?检验逸出的气体。

七、KMnO₄的氧化性(选做,参见实验 16 中介质酸度对氧化还原产物的影响)

向 3 支微型试管中各加入 2 滴 $0.01\ mol \cdot L^{-1}$ KMnO₄ 溶液,然后分别滴加 2 滴 $6\ mol \cdot L^{-1}$ H₂SO₄ 溶液、5 滴蒸馏水、5 滴 $6\ mol \cdot L^{-1}$ NaOH 溶液,再各滴加 $0.05\ mol \cdot L^{-1}$ Na₂SO₃ 溶液,振荡,比较并解释各试管中的实验现象。

八、锰的几种价态化合物的生成与性质(选做)

1. Mn³⁺ 的生成与性质

取 5 滴 $0.1\ mol \cdot L^{-1}$ MnSO₄ 溶液于微型试管中,加 5 滴浓硫酸,在冰水浴中冷却后,再加 2 滴 $0.01\ mol \cdot L^{-1}$ KMnO₄ 溶液,振荡后,观察深红色 Mn³⁺ 的生成,再逐滴加入 $6\ mol \cdot L^{-1}$ NaOH 溶液中和,观察溶液颜色的变化及生成的沉淀。

$$8H^+ + MnO_4^- + 4Mn^{2+} = 5Mn^{3+} + 4H_2O$$

$$2Mn^{3+} + 2H_2O = \underset{(棕)}{MnO_2} \downarrow + Mn^2 + 4H^+$$

2. MnO₃⁻ 的生成

将盛有 5 滴 40% NaOH 溶液的微型试管在冰水浴中充分冷却后,加 3 滴 $0.01\ mol \cdot L^{-1}$ KMnO₄ 溶液,振荡,观察溶液的颜色变化[紫色→绿色→最后出现 Mn(Ⅴ)的特征蓝色(需较长的时间)]。

$$2MnO_4^- + 2H_2O + 4e^- = 2MnO_3^- + 4OH^- \qquad \varphi^\ominus = 0.457\ V$$

$$O_2 + 2H_2O + 4e^- = 4OH^- \qquad \varphi^\ominus = 0.400\ 9\ V$$

3. Mn 的几种氧化态在不同介质中的相互转化

(1)取 5 滴 40% NaOH 溶液于微型试管中,加 5 滴蒸馏水及少许 Na₂SO₃ 固体,将试管放入冰水浴中冷却后,加 3 滴 $0.01\ mol \cdot L^{-1}$ KMnO₄ 溶液,振荡,观察溶液颜色由紫色→绿色→蓝色→草绿色→橙色的变化,最后析出棕色的 MnO₂ 沉淀(需较长的时间),解释上述现象。

(2)取半米粒大小的 MnO₂ 固体于离心试管中,加入 12~14 滴 $6\ mol \cdot L^{-1}$ NaOH 溶液和 3 滴 $0.01\ mol \cdot L^{-1}$ KMnO₄ 溶液,在 80 ℃~90 ℃水浴中加热后可得到绿色溶液。离心分离,将清液转移至微型试管中,逐滴加入 $1\ mol \cdot L^{-1}$ H₂SO₄ 溶液酸化,放置,观察实验现象。

九、分离与鉴定(选做)

分离含有 Cr³⁺、Mn²⁺、Al³⁺ 的混合溶液。

【实验习题】

1. 怎样用实验来确定 Cr(OH)₃ 是两性氢氧化物?
2. Ag⁺、Pb²⁺、Ba²⁺ 能否与 K₂Cr₂O₇ 反应生成沉淀? 试解释原因。
3. 通过实验总结各氧化态锰的氧化还原性。

实验 29　铁、钴、镍

【实验目的】

1. 试验铁、钴（Ⅱ、Ⅲ）化合物的生成与性质。
2. 了解铁、钴、镍的重要化合物及其相互转化。
3. 掌握 Fe^{2+}、Fe^{3+}、Co^{2+} 及 Ni^{2+} 的鉴定。

【实验仪器与试剂】

仪器　离心试管、微型试管、多用滴管、离心机、KI 淀粉试纸

试剂　H_2SO_4 溶液（2 mol·L^{-1}、6 mol·L^{-1}）、HCl 溶液（2 mol·L^{-1}、浓）、NaOH 溶液（2 mol·L^{-1} 新配、6 mol·L^{-1}）、Na_2CO_3 溶液（0.1 mol·L^{-1}）、$NH_3 \cdot H_2O$ 溶液（浓）、$KMnO_4$ 溶液（0.1 mol·L^{-1}）、H_2O_2 溶液（3%）、KSCN 溶液（0.1 mol·L^{-1}、饱和）、NH_4F 溶液（10%）、Na_2S 溶液（0.5 mol·L^{-1}）、$Na_2S_2O_3$（0.5 mol·L^{-1}、s）、$(NH_4)_2Fe(SO_4)_2$ 溶液（0.1 mol·L^{-1}）、$NH_4Fe(SO_4)_2$ 溶液（0.1 mol·L^{-1}）、$K_3[Fe(CN)_6]$ 溶液（0.1 mol·L^{-1}）、$K_4[Fe(CN)_6]$ 溶液（0.1 mol·L^{-1}）、$CoCl_2$ 溶液（0.1 mol·L^{-1}、1 mol·L^{-1}）、$NiSO_4$ 溶液（0.1 mol·L^{-1}）、$MnSO_4$ 溶液（0.1 mol·L^{-1}）、$Cr_2(SO_4)_3$ 溶液（0.1 mol·L^{-1}）、氯水、乙二胺溶液（25%）、无水乙醇、戊醇、二乙酰二肟溶液（1%）

【实验内容】

一、铁的系列实验

1. 向离心试管中加入 2 滴 0.1 mol·L^{-1} $KMnO_4$ 溶液,用 1 滴 3 mol·L^{-1} H_2SO_4 溶液酸化,逐滴加入 0.1 mol·L^{-1} $(NH_4)_2Fe(SO_4)_2$ 溶液,边滴加边振荡,至溶液颜色刚好褪去(加 1 滴 3% H_2O_2 溶液以氧化过量的 Fe^{2+})。逐滴加入 0.1 mol·L^{-1} KSCN 溶液,观察溶液颜色变化;然后加入 10% NH_4F 溶液,溶液颜色又有何变化? 逐滴加入 2 mol·L^{-1} NaOH 溶液,观察有无沉淀析出,若有沉淀析出,离心分离,弃去残液,向沉淀中加入 2 mol·L^{-1} HCl 溶液,沉淀是否溶解? 再滴加 0.1 mol·L^{-1} $K_4[Fe(CN)_6]$ 溶液,观察实验现象。

2. 另取 2 滴 0.1 mol·L^{-1} $(NH_4)_2Fe(SO_4)_2$ 溶液于 0.7 mL 井穴板的孔穴中,加入 2 滴 0.1 mol·L^{-1} $K_3[Fe(CN)_6]$ 溶液,观察实验现象。

3. 向 2 支微型试管中各加 5 滴 0.1 mol·L^{-1} $(NH_4)_2Fe(SO_4)_2$ 溶液,第一份中加入 2 mol·L^{-1} 新配制的 NaOH 溶液(用多用滴管取,并将滴管伸至液面下滴入),观察实验现象;振荡后放置,再观察实验现象有何变化。第二份中加入 2 mol·L^{-1} NaOH 溶液后,加入几滴氯水,观察实验现象与第一份是否相同;加入数滴浓盐酸后又有何变化? 检验是否有氯气逸出。

记录实验现象,试用相应的电极电势、配合物的稳定常数及溶度积计算说明。

二、钴的系列实验

1. 取 5 滴 1 mol·L^{-1} $CoCl_2$ 溶液于微型试管中,逐滴加入浓 HCl 溶液,观察溶液颜色变化情况(可适当加入几滴无水乙醇)。再用蒸馏水稀释时,溶液颜色又有何变化?

2.取 10 滴 $0.1\ mol \cdot L^{-1}CoCl_2$ 溶液于离心试管中,滴加 $0.1\ mol \cdot L^{-1}Na_2CO_3$ 溶液,振荡,观察析出沉淀的颜色;再滴加 $2\ mol \cdot L^{-1}NaOH$ 溶液(约 5 滴),观察沉淀颜色的变化情况。再滴加 $3\% H_2O_2$ 溶液,振荡,观察实验现象。离心分离,弃去清液,加入几滴浓盐酸,水浴加热,观察沉淀变化情况(用湿润的 KI 淀粉试纸检验逸出的气体),并观察溶液颜色的变化情况。向溶液中加入 $0.5\ mL$ 戊醇,滴加饱和 KSCN 溶液,振荡,观察实验现象。再加入浓氨水,振荡,观察溶液颜色的变化情况;放置一段时间后,再观察溶液颜色的变化情况。

3.向 $0.7\ mL$ 井穴板的 2 个孔穴中各加入 1 滴 $0.1\ mol \cdot L^{-1}CoCl_2$ 溶液,分别加入 5 滴 $0.5\ mol \cdot L^{-1}Na_2S_2O_3$ 溶液及 $Na_2S_2O_3$ 固体,观察不同深度蓝色的出现情况(可加入几滴无水乙醇)。

4.向 $0.7\ mL$ 井穴板的 2 个孔穴中各加入 1 滴 $1\ mol \cdot L^{-1}CoCl_2$ 溶液,分别加入 5 滴 $0.5\ mol \cdot L^{-1}Na_2S_2O_3$ 溶液及 $Na_2S_2O_3$ 固体,观察不同深度蓝色的出现情况(可加入几滴无水乙醇)。

5.通过 3、4 两组实验,可得出什么结论?

记录上述实验现象,并通过相关原理加以解释。

三、镍的系列实验

1.取 10 滴 $0.1\ mol \cdot L^{-1}NiSO_4$ 溶液于离心试管中,逐滴加入 $0.1\ mol \cdot L^{-1}Na_2CO_3$ 溶液,边滴加边振荡,观察沉淀颜色;逐滴加入 $3\ mol \cdot L^{-1}H_2SO_4$ 溶液至沉淀刚好溶解,观察溶液颜色。再滴加 $6\ mol \cdot L^{-1}NaOH$ 溶液,观察沉淀颜色;离心分离,弃去清液,向沉淀中加入浓氨水至沉淀刚好溶解,观察溶液颜色。滴加几滴 25% 乙二胺溶液,溶液颜色有何变化?滴加浓 HCl 溶液调 pH 约为 7,再加 $3\sim4$ 滴 1% 二乙酰二肟溶液,观察是否有沉淀析出(该反应可用于 Ni^{2+} 的鉴定)。加入 5 滴 $0.5\ mol \cdot L^{-1}Na_2S$ 溶液,观察沉淀颜色变化。

2.取 5 滴 $0.1\ mol \cdot L^{-1}NiSO_4$ 溶液,加入 $2\ mol \cdot L^{-1}NaOH$ 溶液,观察实验现象,振荡后再加入几滴氯水,实验现象有何变化?再加入浓盐酸,观察沉淀是否溶解(用湿润的 KI 淀粉试纸检验逸出的气体)。

记录上述实验现象,并通过相关原理加以解释。

四、分离与鉴定(选做)

1.设计实验分离并鉴定可能含有 Cr^{3+}、Mn^{2+}、Fe^{3+}、Co^{2+}、Ni^{2+} 等离子的混合液。

2.设计实验将铁(Ⅲ)盐转化为铁(Ⅵ)酸盐。

【实验习题】

1.总结 Fe^{3+}、Fe^{2+}、Co^{2+}、Ni^{2+} 的鉴定方法。

2.Fe^{3+} 的存在对用 SCN^- 鉴定 Co^{2+} 是否会产生影响?应如何消除?

实验 30　阳离子混合液的定性分析

【实验目的】

1. 总结阳离子的重要反应。
2. 掌握常见阳离子的基本分离方法及鉴定方法。
3. 巩固无机化学实验中的基本操作技能。

【实验仪器与试剂】

仪器　离心机、微型试管、离心试管、玻璃棒

试剂　HCl 溶液（2 mol·L^{-1}、6 mol·L^{-1}、浓）、H$_2$SO$_4$ 溶液（2 mol·L^{-1}）、HNO$_3$ 溶液（6 mol·L^{-1}）、HAc 溶液（2 mol·L^{-1}、6 mol·L^{-1}）、NaOH 溶液（2 mol·L^{-1}、6 mol·L^{-1}）、KOH 溶液（2 mol·L^{-1}）、NH$_3$·H$_2$O 溶液（6 mol·L^{-1}）、NH$_4$Ac 溶液（2 mol·L^{-1}）、(NH$_4$)$_2$C$_2$O$_4$ 溶液（饱和）、NaAc 溶液（2 mol·L^{-1}）、NaCl 溶液（0.1 mol·L^{-1}）、Na$_2$S 溶液（0.1 mol·L^{-1}）、NaHC$_4$H$_4$O$_6$ 溶液（饱和）、KCl 溶液（0.1 mol·L^{-1}）、K$_2$CrO$_4$ 溶液（1 mol·L^{-1}）、K$_4$[Fe(CN)$_6$] 溶液（0.1 mol·L^{-1}）、KSb(OH)$_6$ 溶液（饱和）、MgCl$_2$ 溶液（0.1 mol·L^{-1}）、CaCl$_2$ 溶液（0.1 mol·L^{-1}）、BaCl$_2$ 溶液（0.1 mol·L^{-1}）、Ba(NO$_3$)$_2$ 溶液（0.1 mol·L^{-1}）、SnCl$_2$ 溶液（0.1 mol·L^{-1}）、AlCl$_3$ 溶液（0.1 mol·L^{-1}）、Al(NO$_3$)$_3$ 溶液（0.1 mol·L^{-1}）、Pb(NO$_3$)$_2$ 溶液（0.1 mol·L^{-1}）、SbCl$_3$ 溶液（0.1 mol·L^{-1}）、HgCl$_2$ 溶液（0.1 mol·L^{-1}）、Bi(NO$_3$)$_3$ 溶液（0.1 mol·L^{-1}）、AgNO$_3$ 溶液（0.1 mol·L^{-1}）、CuCl$_2$ 溶液（0.1 mol·L^{-1}）、ZnSO$_4$ 溶液（0.1 mol·L^{-1}）、Cd(NO$_3$)$_2$ 溶液（0.1 mol·L^{-1}）、MnSO$_4$ 溶液（0.02 mol·L^{-1}）、NiSO$_4$ 溶液（0.1 mol·L^{-1}）、(NH$_4$)$_2$Fe(SO$_4$)$_2$ 溶液（0.1 mol·L^{-1}）、FeCl$_3$ 溶液（0.1 mol·L^{-1}）、亚硝酸钠（s）、镁试剂、0.1% 铝试剂、罗丹明 B、苯、2.5% 硫脲溶液、(NH$_4$)$_2$[Hg(SCN)$_4$]

【实验内容】

一、碱金属、碱土金属离子的鉴定

1. Na$^+$ 的鉴定

向盛有 0.5 mL 0.1 mol·L^{-1} NaCl 溶液的微型试管中，加入 0.5 mL 饱和六羟基锑（Ⅴ）酸钾 KSb(OH)$_6$ 溶液，观察白色结晶状沉淀的产生。如无沉淀产生，可用玻璃棒摩擦试管内壁，放置片刻，再观察，写出化学反应方程式。

2. K$^+$ 的鉴定

向盛有 0.5 mL 0.1 mol·L^{-1} KCl 溶液的微型试管中，加入 0.5 mL 饱和酒石酸氢钠 NaHC$_4$H$_4$O$_6$ 溶液，如有白色结晶状沉淀产生，表示有 K$^+$ 存在。如无沉淀产生，可用玻璃棒摩擦试管内壁，再观察，写出化学反应方程式。

3. Mg^{2+} 的鉴定

向试管中加 2 滴 0.1 mol·L^{-1} $MgCl_2$ 溶液，再滴加 6 mol·L^{-1} NaOH 溶液，直到生成絮状的 $Mg(OH)_2$ 沉淀为止。然后加入 1 滴镁试剂，搅拌，若生成蓝色沉淀，表示有 Mg^{2+} 存在。

4. Ca^{2+} 的鉴定

取 0.5 mL 0.1 mol·L^{-1} $CaCl_2$ 溶液于离心试管中，加 10 滴饱和草酸铵溶液，有白色沉淀产生，离心分离，弃去清液。若白色沉淀不溶于 6 mol·L^{-1} HAc 溶液而溶于 2 mol·L^{-1} HCl 溶液，表示有 Ca^{2+} 存在。

5. Ba^{2+} 的鉴定

向微型试管中加 2 滴 0.5 mol·L^{-1} $BaCl_2$ 溶液，加入 2 滴 2 mol·L^{-1} HAc 溶液和 2 mol·L^{-1} NaAc 溶液，然后加 2 滴 1 mol·L^{-1} K_2CrO_4 溶液，若有黄色沉淀生成，表示有 Ba^{2+} 存在，写出反应方程式。

二、p 区和 ds 区部分金属离子的鉴定

1. Al^{3+} 的鉴定

取 2 滴 0.1 mol·L^{-1} $AlCl_3$ 溶液于微型试管中，加 2 滴 0.1% 铝试剂，振荡后，置于水浴上加热片刻，再加入 1 滴 6 mol·L^{-1} 氨水，若有红色絮状沉淀产生，表示有 Al^{3+} 存在。

2. Sn^{2+} 的鉴定（参见 Hg^{2+} 的鉴定实验）

取 5 滴 0.1 mol·L^{-1} $SnCl_2$ 溶液于微型试管中，加入 2 滴 0.1 mol·L^{-1} $HgCl_2$ 溶液，轻轻摇动，若产生的沉淀很快由白色变为灰色，然后变为黑色，表示有 Sn^{2+} 存在。

3. Pb^{2+} 的鉴定

向离心试管中加 5 滴 0.1 mol·L^{-1} $Pb(NO_3)_2$ 溶液，加入 2 滴 1 mol·L^{-1} K_2CrO_4 溶液，如有黄色沉淀生成，向沉淀上加数滴 2 mol·L^{-1} NaOH 溶液，若沉淀溶解，表示有 Pb^{2+} 存在。

4. Sb^{3+} 的鉴定

向离心试管中加 5 滴 0.1 mol·L^{-1} $SbCl_3$ 溶液，加入 3 滴浓盐酸及少许亚硝酸钠，将 Sb(Ⅲ) 氧化为 Sb(Ⅴ)，当有气体放出时，加数滴苯及 2 滴罗丹明 B 溶液，若苯层显紫色，表示有 Sb^{3+} 存在。

5. Bi^{3+} 的鉴定

取 1 滴 0.1 mol·L^{-1} $Bi(NO_3)_3$ 溶液于微型试管中，加 1 滴 2.5% 硫脲溶液，若生成鲜黄色配合物，表示有 Bi^{3+} 存在。

6. Cu^{2+} 的鉴定

取 1 滴 0.1 mol·L^{-1} $CuCl_2$ 溶液于微型试管中，加 1 滴 6 mol·L^{-1} HAc 溶液酸化，再加入 1 滴 0.1 mol·L^{-1} $K_4[Fe(CN)_6]$（亚铁氰化钾）溶液，若生成红棕色 $Cu_2[Fe(CN)_6]$ 沉淀，表示有 Cu^{2+} 存在。

7. Ag^+ 的鉴定

取 5 滴 0.1 mol·L^{-1} $AgNO_3$ 溶液于微型试管中，加 5 滴 2 mol·L^{-1} 盐酸，产生白色沉淀，向沉淀上滴加 2 mol·L^{-1} 氨水至沉淀完全溶解，再用 6 mol·L^{-1} 硝酸酸化，若生成白色沉淀，表示有 Ag^+ 存在。

8. Zn^{2+} 的鉴定

取 3 滴 0.1 mol·L^{-1} ZnSO$_4$ 溶液于微型试管中，用 2 滴 2 mol·L^{-1} HAc 溶液酸化，再加入等体积 $(NH_4)_2[Hg(SCN)_4]$（硫氰酸汞铵）溶液，用玻璃棒摩擦试管内壁，若生成白色沉淀，表示有 Zn^{2+} 存在。

9. Cd^{2+} 的鉴定

取 3 滴 0.1 mol·L^{-1} Cd(NO$_3$)$_2$ 溶液于微型试管中，加 2 滴 0.5 mol·L^{-1} Na$_2$S 溶液，若生成亮黄色沉淀，表示有 Cd^{2+} 存在。

10. Hg^{2+} 的鉴定

取 2 滴 0.1 mol·L^{-1} HgCl$_2$ 溶液于微型试管中，逐滴加入 0.1 mol·L^{-1} SnCl$_2$ 溶液，边加边振荡，观察沉淀颜色变化过程，若最后变为灰色，表示有 Hg^{2+} 存在（该反应可定性鉴定 Hg^{2+} 或 Sn^{2+}）。

11. Mn^{2+} 的鉴定

取 1 滴 0.02 mol·L^{-1} MnSO$_4$ 溶液于微型试管中，加入 1 滴 0.1 mol·L^{-1} AgNO$_3$ 溶液及 5~7 滴 6 mol·L^{-1} HNO$_3$ 溶液，再加入半米粒大小的 NaBiO$_3$ 固体，水浴加热，若有紫色溶液生成，表示有 Mn^{2+} 存在。

12. Ni^{2+} 的鉴定

取 2 滴 0.1 mol·L^{-1} NiSO$_4$ 溶液于微型试管中，加 2~3 滴 1% 二乙酰二肟溶液，若有鲜红色沉淀析出，表示有 Ni^{2+} 存在。

13. Fe^{2+} 的鉴定

取 2 滴 0.1 mol·L^{-1} (NH$_4$)$_2$Fe(SO$_4$)$_2$ 溶液于微型试管中，加入 2 滴 0.1 mol·L^{-1} K$_3$[Fe(CN)$_6$] 溶液，若有蓝色沉淀析出，表示有 Fe^{2+} 存在。

14. Fe^{3+} 的鉴定

取 2 滴 0.1 mol·L^{-1} FeCl$_3$ 溶液于微型试管中，加入 2 滴 0.1 mol·L^{-1} K$_4$[Fe(CN)$_6$] 溶液，若有蓝色沉淀析出，表示有 Fe^{3+} 存在。用 KSCN 法（生成红色溶液）也可鉴定 Fe^{3+}。

三、混合离子的分离与鉴定

1. Al^{3+}、Fe^{3+}、Zn^{2+}、Mn^{2+} 混合液的分析

(1) 设计分析步骤。
(2) 解释实验现象。

2. Sn(Ⅳ)、Cu^{2+}、Cr^{3+}、Ni^{2+}、Ca^{2+}、NH$_4^+$ 混合液的分析

(1) 设计分析步骤。
(2) 解释实验现象。

3. Ag$^+$、Cu^{2+}、Al^{3+}、Fe^{3+}、Ba^{2+}、K$^+$ 混合液的分析

(1) 设计分析步骤。
(2) 解释实验现象。

【实验习题】

1. 在 Al^{3+} 的鉴定实验中,得到的白色沉淀已初步判断为氢氧化铝,为什么还要做 Al^{3+} 的证实实验?

2. Cu^{2+} 的鉴定条件是什么? 硫化铜溶于热的 6 mol·L^{-1} HNO_3 溶液后,如何证实有 Cu^{2+} 存在?

3. 硫化镍溶于热的 6 mol·L^{-1} HNO_3 溶液后,如何做 Ni^{2+} 的验证实验?

4. 若溶液中有 As^{3+}、Sn^{4+} 存在,会干扰 Cd^{2+} 的鉴定,应如何处理?

实验 31　阴离子混合液的定性分析

【实验目的】

1. 总结阴离子的重要反应。
2. 掌握常见阴离子的基本分离方法和鉴定方法。
3. 巩固无机化学实验中的基本操作技能。

【实验仪器与试剂】

仪器　微型试管、玻璃棒

试剂　HCl 溶液（2 mol·L^{-1}、浓）、HNO$_3$ 溶液（6 mol·L^{-1}、浓）、H$_2$SO$_4$ 溶液（1 mol·L^{-1}、浓）、KI 溶液（1 mol·L^{-1}）、KMnO$_4$ 溶液（0.01 mol·L^{-1}）、AgNO$_3$ 溶液（0.01 mol·L^{-1}）、MnCl$_2$ 溶液（饱和）、BaCl$_2$ 溶液（0.05 mol·L^{-1}）、CCl$_4$

【实验内容】

一、初步试验

1. 溶液酸碱性试验

检验溶液酸碱性，如溶液显酸性，则混合液中不可能含有能被酸分解的阴离子，如 S^{2-}、SO$_3^{2-}$、S$_2$O$_3^{2-}$、NO$_2^-$、CO$_3^{2-}$ 等；如溶液显碱性，取几滴混合液，加稀硫酸酸化，轻敲管底，观察是否有气体产生，如现象不明显，可稍加热，如有气体产生，则可能有 S^{2-}、SO$_3^{2-}$、S$_2$O$_3^{2-}$、NO$_2^-$、CO$_3^{2-}$ 等。

2. 检验氧化性阴离子的试验

常见氧化性阴离子主要有 MnO$_4^-$、Cr$_2$O$_7^{2-}$、NO$_2^-$、NO$_3^-$ 等。

MnO$_4^-$、Cr$_2$O$_7^{2-}$ 的氧化性实验与鉴定参见实验 28。

NO$_2^-$、NO$_3^-$ 的氧化性实验与鉴定参见实验 20。

3. 检验还原性阴离子的试验

取 5 滴混合液，加数滴 6 mol·L^{-1} H$_2$SO$_4$ 溶液酸化，加 2 滴 0.01 mol·L^{-1} KMnO$_4$ 溶液，若紫色褪去，则表示存在一种或一种以上的还原性离子，如 S^{2-}、SO$_3^{2-}$、S$_2$O$_3^{2-}$、NO$_2^-$、Br$^-$、I$^-$ 等，若加热紫色褪去，则表示存在 Cl$^-$。

4. AgNO$_3$ 的检验

取 2 滴混合液，加数滴 6 mol·L^{-1} HNO$_3$ 溶液酸化，加数滴 0.01 mol·L^{-1} AgNO$_3$ 溶液，混匀，若有黑色沉淀产生，则表示存在 S^{2-} 或 S$_2$O$_3^{2-}$；若有黄色沉淀，则表示存在 Br$^-$ 或 I$^-$；若有白色沉淀，则表示存在 Cl$^-$。实验中需注意的是，黑色可能掩盖其他沉淀的颜色。

5. BaCl$_2$ 的检验

取 2 滴混合液，加数滴 0.05 mol·L^{-1} BaCl$_2$ 溶液，若有白色沉淀，则表示存在 SO$_3^{2-}$、

SO_4^{2-}、$S_2O_3^{2-}$、PO_4^{3-}、CO_3^{2-}，加 2 mol·L^{-1} HCl 溶液于沉淀中，若沉淀不溶，则表示存在 SO_4^{2-}。

二、阴离子的检出

经以上的初步检验，判断哪些离子可能存在，然后进行分离，鉴定，最后确定未知液中存在的离子。

【实验习题】

1. 某试样不溶于水而溶于稀硝酸，如已证实含有 Ag^+ 和 Ba^{2+}，问何种阴离子需检验？

2. 某试样易溶于水，已证实含有 Ba^{2+}，在 NO_3^-、PO_4^{3-}、SO_4^{2-}、Cl^- 中，哪种离子不需检验？

实验 32　生物体中几种元素的定性鉴定

【实验目的】

1. 了解植物或动物体内某些重要元素的简单检验方法。
2. 进一步练习溶液配制操作。

【实验仪器与试剂】

仪器　石棉网、酒精灯、坩埚、离心试管、微型试管、离心机、镊子

试剂　HNO_3 溶液（浓）、$(NH_4)_2MoO_4$ 溶液（饱和）、$(NH_4)_2C_2O_4$ 溶液（饱和）、$K_4[Fe(CN)_6]$ 溶液（$0.1\ mol \cdot L^{-1}$）、铝试剂、鸡蛋壳、树叶（枯、青）、动物骨头

【实验内容】

一、树叶中几种元素的定性测定

1. 原材料的灰化

准备几片树叶（枯叶、青叶都可，樟树树叶最好），洗净，烘干。若为青叶则取 1.2 g，若为枯叶则取 0.5 g。用镊子夹树叶直接在酒精灯上加热燃烧后，放入坩埚中，继续加热至灰化完全（近白色）。

2. 硝化和分解

将灰分转入试管中，加入 10 滴浓硝酸（不能加多！），加热硝化，使灰分中磷转化成磷酸，铁转化成 Fe^{3+}，钙转化成 Ca^{2+}，铝转化成 Al^{3+}。再加约 0.8 mL 蒸馏水，稍振荡。将试管中的溶液转入离心试管中，离心分离，弃去残渣，清液备用。

3. 定性测定

将清液分成四等份，分别加入 $(NH_4)_2MoO_4$ 溶液、$K_4[Fe(CN)_6]$ 溶液、$(NH_4)_2C_2O_4$ 溶液、铝试剂（注意调节溶液的 pH），观察现象，判断实验中各检出何物，写出化学反应方程式。

二、鸡蛋壳中几种元素的定性测定

取已灰化好的鸡蛋壳粉，经硝酸处理，按上述方法进行磷、钙、铁、铝元素的鉴定。

三、骨头粉中几种元素的定性测定

取已灰化好的骨头粉，经硝酸处理，按上述方法进行磷、钙、铁、铝等元素的鉴定。

通过实验测定动、植物体内几种元素的含量。

【实验习题】

1. 原材料在灰化时若硝化不完全，对实验结果有何影响？
2. 钙、铁、磷、铝在植物和动物体内的相对含量有何不同？
3. 树叶中还有哪些常量元素？应如何鉴定？

第五章 综合设计实验

实验33 晶体的生成和鉴定

【实验目的】

1. 了解显微镜的基本构造,学会运用显微镜观察沉淀晶形。
2. 学习通过观察物质晶形鉴定物质的方法。
3. 培养学生的审美观点,增强学生对无机化学实验的兴趣。

【实验原理】

沉淀类型一般分为晶形沉淀(包括粗晶形和细晶形,如 $BaSO_4$)、凝乳状沉淀(如 $AgCl$)、无定形沉淀(又称胶状沉淀,如 $Fe_2O_3 \cdot nH_2O$)三种。

一般情况下,溶解度在 $10^{-5}\,mol \cdot L^{-1}$ 以上的易形成晶形沉淀,在 $10^{-5}\,mol \cdot L^{-1} \sim 10^{-9}\,mol \cdot L^{-1}$ 的为凝乳状沉淀,在 $10^{-9}\,mol \cdot L^{-1}$ 以下的则为无定形沉淀。

1. 晶形沉淀的沉淀条件

(1)沉淀作用在适当稀的溶液中进行。在沉淀过程中,溶液的相对过饱和度不大,均相成核作用不显著,容易得到大颗粒的晶形沉淀。

(2)在不断搅拌下缓慢加入沉淀剂,避免因局部过浓、过饱和度太大而产生明显的均相成核作用,形成大量的晶核,以至于获得颗粒较小、纯度差的沉淀。

(3)在热的溶液中进行沉淀反应,一方面可增大沉淀的溶解度,降低溶液的相对过饱和度,以便获得大的晶粒;另一方面又能减少杂质的吸附量,有利于得到纯净的沉淀。同时,升高溶液的温度可以增加构晶离子的扩散速度,从而加快晶体的生长,也有利于获得大的晶形沉淀。

(4)陈化。沉淀完全析出后,让初生的沉淀与母液一起放置一段时间,小晶粒逐渐溶解,大晶粒逐渐长大。

2. 无定形沉淀的沉淀条件

(1)沉淀作用在较浓的溶液中进行。在较浓的溶液中,离子的水化程度较小,得到沉淀的含水量少,因而体积较小,结构紧密,同时沉淀微粒容易凝聚。沉淀反应完毕后,加热水稀释,充分搅拌,使大部分吸附在沉淀表面上的杂质离开沉淀表面而转移到溶液中去。

(2)在热的溶液中进行,离子的水化程度大为减少,有利于得到含水量少、结构紧密的沉淀。

(3)沉淀时加入大量电解质或某些能引起沉淀微粒凝聚的胶体,电解质可防止胶体溶液的形成。

(4)不必陈化。无定形沉淀放置后将逐渐失去水分而聚集得更为紧密,使已吸附的杂质难以洗去。此外,沉淀时不断搅拌,对无定形沉淀也是有利的。

沉淀溶解反应绝大部分是吸热反应,因此,沉淀的溶解度一般随温度升高而增大。但是,沉淀的性质不同,受温度的影响程度也不一样,溶解度较大的晶形沉淀受温度影响较小,而无定形沉淀和凝乳状沉淀受温度影响较大。

溶剂对沉淀结构类型有较大影响,不同的溶剂作用可能导致沉淀结构类型的转化。如 $CuSO_4$ 在氨水中得到天蓝色絮状 $Cu_2(OH)_2SO_4$ 沉淀,往沉淀中加入等体积酒精后沉淀转化为晶形。

【实验仪器与试剂】

仪器　小烧杯(50 mL)、微型试管、载玻片、XTB-1 连续变倍体式显微镜、物镜($20\times$、$40\times$)、目镜($5\times$、$10\times$、$16\times$)

试剂　NaOH 溶液($0.1\ mol \cdot L^{-1}$)、Na_2SO_4 溶液($0.1\ mol \cdot L^{-1}$)、KI 溶液($0.1\ mol \cdot L^{-1}$)、K_2CrO_4 溶液($0.1\ mol \cdot L^{-1}$)、$BaCl_2$ 溶液($0.1\ mol \cdot L^{-1}$)、$SrCl_2$ 溶液($0.1\ mol \cdot L^{-1}$)、$Pb(NO_3)_2$ 溶液($0.1\ mol \cdot L^{-1}$)、$FeCl_3$ 溶液($0.1\ mol \cdot L^{-1}$)、$ZnSO_4$($0.1\ mol \cdot L^{-1}$、s)、$CuSO_4 \cdot 5H_2O(s)$、NaCl(s)、$CaCl_2(s)$、$K_3[Fe(CN)_6](s)$

【实验内容】

按沉淀法或溶液法选择下列物质制备并观察晶形:PbI_2、$BaSO_4$、$SrCrO_4$、$CuSO_4$、NaCl、$K_3[Fe(CN)_6]$。

一、沉淀法

先配制浓度适中的反应液,然后向一微型管中分别加入少量反应液,待沉淀生成后(沉淀速度不宜太快,沉淀量不宜太多),用多用滴管取 1 滴沉淀液于载玻片上,盖上盖玻片。

将载玻片置于显微镜工作台上,调节粗准焦螺旋和细准焦螺旋,调节遮光器和反光镜,便可清晰地观察到沉淀类型的显微结构,将其画在纸上。

二、溶液法

方法一:对照溶解度数据,称取固体配制成饱和溶液,加热至有晶膜出现,静置自然冷却10 min 左右,即有许多小晶体出现,取出生长较大且规则的晶体,用滤纸吸干表面,留待备用。将以上溶液振荡后静置 10 min,倾倒出上层清液,然后投入籽晶。将此溶液静置一段时间后即长出晶体。此法长出的晶体单一、纯度高。

方法二:对于不易吸潮的晶体,将其制成饱和溶液,稍加热后自然冷却到室温。取 $1\sim2$ 滴溶液于洁净的载玻片上,等待 5 min 左右即有晶体析出,于显微镜下能观察到晶体的生长。待晶体长到所需尺寸时,用滤纸吸干溶液,观察晶体结构。

方法三:对于易吸潮的晶体,用固体制成饱和溶液后,微热至过饱和,盖上表面皿,静置一段时间后取出所需尺寸的晶体。此类晶体可用于快速低温下的摄像或扫描。

【实验习题】

1.讨论有哪些因素对沉淀的晶形有影响,它们如何影响沉淀的晶形?
2.谈谈你对晶体的生成和鉴定实验的感受。

补充材料

1. 部分晶体图片

图 33-1 给出了部分常见的晶体图片。

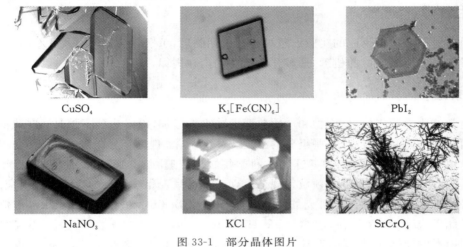

CuSO₄   K₃[Fe(CN)₆]   PbI₂

NaNO₃   KCl   SrCrO₄

图 33-1 部分晶体图片

2. 显微镜的构造

图 33-2 给出了实验室中常用的显微镜构造示意图。

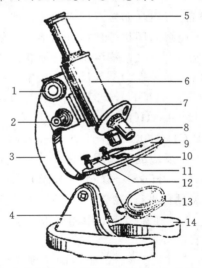

1-粗准焦螺旋 2-细准焦螺旋 3-镜臂 4-镜柱 5-目镜 6-镜筒 7-转换器
8-物镜 9-载物台 10-通光孔 11-遮光器 12-压片夹 13-反光镜 14-镜座

图 33-2 显微镜的构造

实验 34　B-Z 振荡反应

【实验目的】

1. 通过对 B-Z 振荡反应的实验现象观察和周期测定,了解化学振荡。
2. 了解 B-Z 振荡反应的机理,理解化学振荡的内在规律。

【实验原理】

在通常的化学反应中,反应物和产物单调地减少或增加,最终达到不随时间变化的平衡状态。然而在某些化学反应中,有些组分的浓度忽高忽低,呈现周期性的变化,这种变化叫做化学振荡。由于化学振荡直观地展现了自然科学领域中普遍存在的非平衡性问题,近年来得到普遍的重视,成为化学研究的新领域。现已发现一批可呈现化学振荡的含溴酸盐反应系统,为了纪念最早对这类反应进行过研究的两位苏联化学家 Belousov 与 Zhabotinsky,用他们的名字命名了此反应——B-Z 振荡反应(B-Z oscillating reaction)。在振荡反应中,不仅组分的浓度呈现周期性的变化,条件适合时还能形成规整的图案,这些图案在空间传播,就像向水中投入石子以后所出现的涟漪,人们把这种运动的图案称为空间化学波。

虽然化学振荡反应是机理非常复杂的化学过程,但化学振荡体系的振幅、周期可以在一定范围内进行调控。因此在研究自然过程(如岩石形成的环状或带状花纹、斑马和蝴蝶翅膀上的花纹、虎豹和猫的尾部花纹呈不连续的环状等)时,可对某些过程进行模拟,大大拓宽了人们对化学反应的认识,从而使工程技术人员对振荡体系的特征获得比较直观的感性认识。

关于 B-Z 振荡反应的机理,可简单地归纳为反应系统中存在三个过程:

过程 A: $BrO_3^- + 2Br^- + 3CH_2(COOH)_2 + 3H^+ \longrightarrow 3BrCH(COOH)_2 + 3H_2O$

过程 B: $BrO_3^- + 4Ce^{3+} + 5H^+ \Longrightarrow HOBr + 4Ce^{4+} + 2H_2O$

过程 C: $HOBr + 4Ce^{4+} + BrCH(COOH)_2 + H_2O \longrightarrow 2Br^- + 4Ce^{3+} + 3CO_2 + 6H^+$

过程 A、B、C 合起来构成一个反应的振荡周期。

总反应式: $4BrO_3^- + 3CH_2(COOH)_2 \longrightarrow 9CO_2 + 6H_2O + 4Br^-$

当 c_{Br^-} 足够大时,反应按 A 过程进行,随着 c_{Br^-} 下降,反应从 A 过程切换到 B 过程,最后通过 C 过程使 Br^- 再生。因此,Br^- 在振荡反应中相当于一个"选择开关",铈离子在反应中起催化作用,催化 B 过程和 C 过程。

由以上分析可知,反应中 c_{Br^-} 和 $c_{Ce^{4+}}/c_{Ce^{3+}}$ 随时间作周期性变化,由于 Ce^{4+} 呈黄色,Ce^{3+} 无色,反应也就在黄色和无色之间振荡。

如果在上述反应液中滴加适量的邻菲罗啉亚铁溶液,那么反应液的颜色会在红色和蓝色之间振荡,原因是铁离子与铈离子一样能起催化作用,使 $c_{Fe^{3+}}/c_{Fe^{2+}}$ 随时间作周期性变化,Fe^{3+} 与邻菲罗啉能形成蓝色配合物,Fe^{2+} 与邻菲罗啉能形成红色配合物。

【实验仪器与试剂】

仪器　烧杯、微型试管、多用滴管、培养皿(7 cm)、秒表

试剂　浓硫酸、硝酸铈铵、溴酸钾、硫酸亚铁、氯化钠、丙二酸、邻菲罗啉

【实验内容】

方案一：丙二酸—溴酸钾—硫酸锰—邻菲罗啉亚铁—硫酸体系

1. 配制溶液

A_1 溶液 丙二酸：水＝3 g：25 mL

B 溶液 溴酸钾：水＝2.5 g：50 mL

C 溶液 七水硫酸亚铁：邻菲罗啉：水＝0.14 g：0.1 g：25 mL

D 溶液 硫酸锰：浓硫酸：水＝0.12 g：6 mL：19 mL

2. 观察化学振荡现象

用多用滴管取 A_1、D、B、C 的溶液，在直径为 7 cm 的洁净的培养皿中，按 A_1：D：B：C＝A_1：(40－A_1)：40：5（A_1 取 25 到 35 之间的数，反应的总体积不变）的比例及顺序滴加 A_1、D、B、C 溶液，混匀后放置，观察现象如图 34-1 所示，形成明显的规则的同心环。

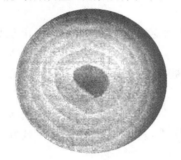

图 34-1 规则的同心环   图 34-2 环状的振荡图案

方案二：丙二酸—溴酸钾—硝酸铈铵—邻菲罗啉亚铁—硫酸体系

1. 配制溶液

A_2 溶液 称取 3 g 丙二酸置于 100 mL 烧杯中，注入 47 mL 蒸馏水，搅拌溶解后，小心加入 3 mL 浓硫酸，然后再加 0.2 g 硝酸铈铵，搅拌溶解。

B 溶液 称取 2.5 g 溴酸钾置于 100 mL 烧杯中，注入 50 mL 蒸馏水，搅拌溶解。

C 溶液 邻菲罗啉亚铁指示剂：称取 0.7 g 硫酸亚铁、0.5 g 邻菲罗啉置于 250 mL 烧杯中，加入 100 mL 蒸馏水，搅拌溶解。

2. 观察化学振荡现象

(1)向 1 只微型试管中，用多用滴管滴入 64 滴 A_2 溶液和 B 溶液混匀，待 1 min～2 min 后，观察溶液的颜色由无色变为黄色，又由黄色变为无色。在混合液中再滴加 2 滴邻菲罗啉亚铁指示剂，可以看到溶液的颜色在红色和蓝色之间变化。通过观察，找出无色、黄色与红色、蓝色的对应关系。

(2)测定化学振荡周期(选做)

用光度计，在 500 nm 波长的条件下，以蒸馏水作参比，A_2、B 溶液各取 64 滴，加入 4 滴邻菲罗啉亚铁指示剂，摇匀后，迅速转入比色皿放入光路中，待振荡反应开始后，对时间进行扫描，测定 10 个振荡周期，取其中比较稳定的连续 6 组，求平均振荡周期。

（3）调控化学振荡

向 3 支微型试管中,用多用滴管按表 34-1 中的比例取 A_2、B 及 C 溶液混匀,待 1 min～2 min 后,观察颜色变化的周期(也可以按比例增加溶液的用量在培养皿中进行,观察环状的振荡图案),如图 34-2 所示。

表 34-1　调控化学振荡

试剂用量（A_2：B：C 比例/滴数）	化学振荡颜色变化的周期/s
64：64：12	
64：[32＋32(蒸馏水)]：12	
[32＋32(蒸馏水)]：64：12	

3. 影响振荡反应的因素

（1）当混合溶液慢慢失去变色作用,即停止振荡后,向溶液中再加一些固体溴酸钾,混匀后,则又可重新看到振荡反应。

（2）如何改变振荡体系的周期?如向体系中再加入 1 mL 浓 H_2SO_4 将出现什么现象?分析哪些因素可影响振荡反应的周期。

（3）在反应开始前加入 10 滴含 Cl^- 的溶液时,将出现什么现象?

【实验习题】

试从振荡的三个过程归纳出振荡的净反应方程式,从中得出振荡会衰减并最终停止反应的原因。

实验 35 硫酸亚铁铵的制备

【实验目的】

1. 制备硫酸亚铁和硫酸亚铁铵,了解它们的性质与制备条件。
2. 学习制备无机化合物有关投料、产率的计算方法。
3. 练习无机物制备中的一些基本操作。

【实验原理】

铁屑与稀硫酸作用生成硫酸亚铁,溶液经浓缩后冷却至室温,即可得到浅绿色的 $FeSO_4 \cdot 7H_2O$ 晶体。

硫酸亚铁有 $FeSO_4 \cdot 7H_2O$、$FeSO_4 \cdot 4H_2O$ 和 $FeSO_4 \cdot H_2O$ 三种水合物,它们在溶液中可以互相转变,其转变温度为:

$$FeSO_4 \cdot 7H_2O \xrightarrow{57℃} FeSO_4 \cdot 4H_2O \xrightarrow{65℃} FeSO_4 \cdot H_2O$$

为了防止溶解度较小的白色 $FeSO_4 \cdot H_2O$ 析出,在金属与酸作用及溶液浓缩过程中,温度不宜过高。在蒸发浓缩时,应维持溶液呈较强的酸性(pH<1),以防止 $FeSO_4$ 在弱酸中被氧化生成黄色的 $Fe(OH)SO_4$ 碱式盐。

将等物质的量的 $FeSO_4$ 溶液与 $(NH_4)_2SO_4$ 溶液混合,可以制得溶解度较小的复盐 $(NH_4)_2SO_4 \cdot FeSO_4 \cdot 6H_2O$,它比一般的亚铁盐稳定,在空气中不易被氧化。

$$(NH_4)_2SO_4 + FeSO_4 + 6H_2O = (NH_4)_2SO_4 \cdot FeSO_4 \cdot 6H_2O$$

【实验仪器与试剂】

仪器 循环水泵、抽滤瓶、布氏漏斗、蒸发皿、台秤、小锥形瓶、漏斗、漏斗架、表面皿、玻璃棒、滤纸等

试剂 废铁屑、Na_2CO_3 溶液(10%)、H_2SO_4 溶液(3 mol·L^{-1})、$(NH_4)_2SO_4$(s)

【实验内容】

一、铁屑的净化

称取 1.0 g 铁屑于小锥形瓶内,加入 5 mL 10% Na_2CO_3 溶液,水浴中加热 10 min,以除去铁屑表面的油污。用倾析法除去碱液,铁屑用水洗净。

二、$FeSO_4$ 的制备

将经过处理的铁屑放入锥形瓶内,加入 7 mL~8 mL 3 mol·L^{-1} H_2SO_4 溶液,水浴加热(在通风橱内进行,水浴温度控制在 80 ℃),使铁屑与 H_2SO_4 反应至气泡冒出速度很慢为止(反应后期可适当补充水分,保持溶液原有体积,避免硫酸亚铁析出)。反应停止后,趁热过滤,用少量热的无氧蒸馏水洗涤,滤液转入蒸发皿中。将锥形瓶内和滤纸上的残渣(铁屑)洗净,收

集在一起连同滤纸烘干,称重。算出已反应的铁屑质量,根据反应的铁屑质量算出溶液中 $FeSO_4$ 的量。

三、硫酸亚铁铵的制备

根据溶液中 $FeSO_4$ 的量,按 $FeSO_4$ 与 $(NH_4)_2SO_4$ 质量比 1∶0.75 的比例,称取化学纯 $(NH_4)_2SO_4$ 固体,加入 $FeSO_4$ 溶液中,搅拌溶解(如不能溶解,可加入适当水),然后放在水浴中浓缩至有晶膜出现为止,自然冷却,即得硫酸亚铁铵晶体。减压过滤,将晶体尽量抽干后,转移至表面皿上,晾干,称重,计算收率,观察和描述产品的颜色和形状(产品由自己保存,供后面实验使用)。

⚠ **注意事项**

1. 硫酸与铁屑反应时,若水份蒸发过多,需补充水,但不宜过多。
2. 实验过程中要防止 $Fe(Ⅱ)$ 被氧化并掌握好溶液浓缩的程度。
3. 洗涤沉淀时,应遵循"少量多次"的原则。

【实验习题】

1. 在制备硫酸亚铁及其铵盐的过程中,为什么溶液必须呈酸性?
2. 在浓缩硫酸亚铁溶液时,为何不能将溶液煮沸?
3. 实验中采取了哪些措施防止 Fe^{2+} 被氧化? 如果产品含 Fe^{3+} 较多,请分析原因。

补充材料

固体与液体分离的方法有倾析法、过滤法和离心分离法三种。

1. 倾析法

当沉淀的比重较大或结晶的颗粒较大时,静置沉降至容器底部后,小心地将上层清液沿玻璃棒倾入另一容器中(如图 35-1 所示),然后往盛有沉淀的容器内加入少量洗涤液(如蒸馏水),充分搅拌后,静置、沉降,倾去洗涤液,如此重复操作几次即可。

 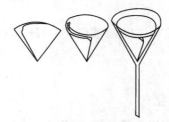

图 35-1　倾析法　　　　图 35-2　滤纸的折叠

2. 过滤法

(1)常压过滤:按图 35-2 所示操作将滤纸折叠好放在漏斗中,按照一贴(滤纸紧贴漏斗内壁)、二低(滤纸边缘比漏斗口稍低,液面比滤纸边缘稍低)、三靠(玻璃棒靠在有 3 层滤纸的一边,烧杯靠在玻璃棒上,漏斗的下端靠在烧杯内壁上)进行过滤。

常压过滤时需注意:①过滤时,先用清液润湿滤纸,然后将沉淀转移到滤纸上,溶液及沉淀顺玻璃棒流入漏斗;②如果需要洗涤沉淀,应等溶液转移完后,往盛沉淀的容器中加入少量洗涤剂,充分搅拌,静置,待沉淀下沉后,再把上层清液倾至漏斗中。洗涤时,先冲洗滤纸上方,然后螺旋向下移动,遵照"少量多次"原则以提高洗涤效率。

(2)减压过滤:又称吸滤法过滤(或称抽吸过滤,简称抽滤),减压过滤用的仪器装置如图 35-3 所示。减压过滤所用的滤纸应比布氏漏斗的内径略小,以将瓷孔全部盖没为准。用少量蒸馏水润湿滤纸,将漏斗装在吸滤瓶上,使漏斗颈部的斜口对着吸滤瓶支管,开启水泵(如图 35-4 所示),减压,使滤纸贴紧。再将溶液沿着玻璃棒流入漏斗中,加入溶液的量不要超过容积的 2/3。等溶液全部流完后,将沉淀转移至漏斗中,洗涤方法与常压过滤相同。过滤完毕后,先拔掉连接吸滤瓶的橡皮管,后关水泵。取下布氏漏斗倒扣在表面皿上,轻轻拍打漏斗,以取下滤纸和沉淀。

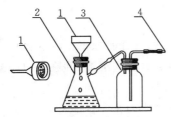

1-布氏漏斗　2-抽滤瓶
3-减压瓶　4-接水泵

图 35-3　减压过滤装置

图 35-4　水泵

(3)热过滤:有些溶质会因温度下降时很容易析出而留在滤纸上,这时就需要趁热过滤。

3. 离心分离法

离心分离法主要用于沉淀量较少的情况下,离心分离法常与电动离心机配套使用,如图 35-5 所示。

其使用方法是:将离心试管对称放入离心机的塑料套管内,盖好盖子,开始时,应将变速旋钮调到最低档,以后逐渐加速。离心约 1 min 后,将旋钮旋至停止位置,任离心机自动停止(不可用外力强制停止)。离心沉降后,可用倾析法分离溶液和沉淀。

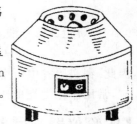

图 35-5　电动离心机

如果要得到纯净的沉淀,必须经过洗涤。此时可往盛沉淀的离心管中加入适量的蒸馏水或其他洗涤液,用细搅拌棒充分搅拌后,再进行离心沉降,如此重复操作直至洗净。

本实验中三种盐的溶解度[单位为 $g \cdot (100 \ g \ H_2O)^{-1}$]数据如表 35-1 所示:

表 35-1　三种盐的溶解度/$g \cdot (100 \ g \ H_2O)^{-1}$

温度/℃	$FeSO_4 \cdot 7H_2O$	$(NH_4)_2SO_4$	$(NH_4)_2SO_4 \cdot FeSO_4 \cdot 6H_2O$
10	20.0	73.0	17.2
20	26.5	75.4	21.6
30	32.9	78.0	28.1

实验 36　三草酸合铁(Ⅲ)酸钾的制备与性质

【实验目的】

1. 了解三草酸合铁(Ⅲ)酸钾的制备方法及性质。
2. 掌握水溶液中制备无机物的一般方法。
3. 练习溶解、沉淀、沉淀洗涤、离心分离及浓缩等基本操作。

【实验原理】

以硫酸亚铁(或废弃的含铁盐)为原料,通过下列过程制取 $K_3[Fe(C_2O_4)_3] \cdot 3H_2O$。

硫酸亚铁在碱性溶液中用过氧化氢氧化得到氢氧化铁沉淀,并在 $H_2C_2O_4$ 和 $K_2C_2O_4$ 溶液中生成 $K_3[Fe(C_2O_4)_3] \cdot 3H_2O$。主要反应为:

$$FeSO_4 + 2NaOH = Fe(OH)_2 \downarrow + Na_2SO_4$$

$$2Fe(OH)_2 + H_2O_2 = 2Fe(OH)_3 \downarrow$$

$$2Fe(OH)_3 + 3H_2C_2O_4 + 3K_2C_2O_4 \longrightarrow 2K_3[Fe(C_2O_4)_3] + 6H_2O$$

三草酸合铁(Ⅲ)酸钾为翠绿色单斜晶系晶体,易溶于水(0℃时,4.7 g/100 g 水;100℃时, 117.7 g/100 g 水),难溶于有机溶剂,极易感光变黄,室温光照进行下列光化学反应:

$$2[Fe(C_2O_4)_3]^{3-} \xrightarrow{h\nu} 2FeC_2O_4 + 3C_2O_4^{2-} + 2CO_2$$

分解生成的草酸亚铁遇六氰合铁(Ⅲ)酸钾生成滕氏蓝,反应为:

$$3FeC_2O_4 + 2K_3[Fe(CN)_6] = Fe_3[Fe(CN)_6]_2 + 3K_2C_2O_4$$

因此,在实验室中可用此原理制作感光纸。另外,由于它的光化学活性,能定量进行光化学反应,常用作化学光量计。三草酸合铁(Ⅲ)配离子较稳定,其 $K_{稳} = 1.58 \times 10^{20}$。

【实验仪器与试剂】

仪器　台秤、离心试管、离心机、多用滴管、表面皿、pH 试纸、滤纸(或白纸)、带图案的厚纸片(自备)

试剂　NaOH 溶液($2 \ mol \cdot L^{-1}$)、$H_2C_2O_4$ 溶液($1 \ mol \cdot L^{-1}$)、$K_2C_2O_4$ 溶液(饱和)、H_2O_2溶液(3%)、$FeSO_4 \cdot 7H_2O$(可用废弃的含铁盐)、$K_3[Fe(CN)_6]$($0.1 \ mol \cdot L^{-1}$、s)、乙醇(95%、1:1)、丙酮

【实验内容】

一、$K_3[Fe(C_2O_4)_3] \cdot 3H_2O$ 的制备

1. 向离心管中加入 0.4 g $FeSO_4 \cdot 7H_2O$,加入约 1 mL 蒸馏水,然后加入几滴 $2 \ mol \cdot L^{-1}$ NaOH 溶液,充分振荡,水浴加热下,再缓慢逐滴加 3% H_2O_2 溶液(其用量视所用原料而定),使 Fe^{2+} 全部转化成 $Fe(OH)_3$(如何判断?)。

2. 离心分离,弃去上层清液,加入少量蒸馏水洗涤沉淀 2 次(每次洗涤后均应水浴加热)。

3. 将洗净的氢氧化铁于沸水浴中缓慢加入饱和 $K_2C_2O_4$ 溶液和 $1 \ mol \cdot L^{-1} H_2C_2O_4$ 溶液

（轮换滴加 $K_2C_2O_4$ 和 $H_2C_2O_4$，控制溶液 pH 在 3～4），使沉淀溶解，溶液变为绿色，再加入适量的 95％乙醇，立刻移去水浴。

4.将反应液置于暗处冷却，待亮绿色的 $K_3[Fe(C_2O_4)_3]\cdot3H_2O$ 结晶析出后，倾出溶液后用 1：1 乙醇洗涤沉淀，再用少量丙酮洗涤，干燥，贮存于暗处备用。

二、$K_3[Fe(C_2O_4)_3]$ 的性质

1.将少许产品放在表面皿上，在日光下观察晶体颜色变化，与放在暗处的晶体比较。

2.制感光纸：按 0.3 g $K_3[Fe(C_2O_4)_3]\cdot3H_2O$，0.4 g $K_3[Fe(CN)_6]$，5 mL 水的比例配成溶液，用该溶液浸湿滤纸，将剪成一定图案的厚纸片盖在滤纸上进行曝光，曝光部分呈深蓝色，被遮盖部分即黄色。

3.配感光液：取 0.3 g～0.5 g $K_3[Fe(C_2O_4)_3]\cdot3H_2O$，加水 5 mL 配成溶液，用该溶液浸湿滤纸，将剪成一定图案的厚纸片盖在滤纸上进行曝光，曝光后去掉厚纸片，再用约 0.1 mol·L^{-1} $K_3[Fe(CN)_6]$ 溶液湿润滤纸（或漂洗），即可显出图案来。

【实验习题】

1.以 $FeSO_4$ 为原料制备 $K_3[Fe(C_2O_4)_3]\cdot3H_2O$ 时，也可用 HNO_3 代替 H_2O_2 作氧化剂，写出 HNO_3 作氧化剂的主要反应式。你认为选用哪个氧化剂较好，为什么？

2.在实验一中，生成 $Fe(OH)_3$ 沉淀为什么需要加热，为什么 H_2O_2 需要缓慢逐滴加入？

实验 37   粗盐的提纯

【实验目的】

1. 通过粗盐提纯,了解盐类溶解度等知识在无机化合物提纯中的应用。
2. 练习离心、溶解、过滤、蒸发、结晶等基本操作。

【实验原理】

氯化钠(NaCl)试剂由粗盐提纯而得,一般粗盐中含有泥沙等不溶性杂质以及 SO_4^{2-}、Br^-、Ca^{2+}、Mg^{2+}、K^+ 和 Fe^{3+} 等可溶性杂质。除杂质的有关化学反应式如下:

$$SO_4^{2-} + Ba^{2+} =\!=\!= BaSO_4 \downarrow$$

$$Ba^{2+} + CO_3^{2-} =\!=\!= BaCO_3 \downarrow$$

$$Ca^{2+} + CO_3^{2-} =\!=\!= CaCO_3 \downarrow$$

$$2Mg^{2+} + 2OH^- + CO_3^{2-} =\!=\!= Mg_2(OH)_2CO_3 \downarrow$$

$$2Fe^{3+} + 3CO_3^{2-} + 3H_2O =\!=\!= 2Fe(OH)_3 \downarrow + 3CO_2 \uparrow$$

$Fe(OH)_3$ 通常为胶体,须通过加热将其转化为颗粒状沉淀过滤除去。

【实验仪器与试剂】

仪器　台秤、循环水泵、电炉、烧杯、普通漏斗、布氏漏斗、漏斗架、抽滤瓶、石棉网、表面皿、蒸发皿、玻璃棒、滤纸、pH 试纸

试剂　粗盐、$BaCl_2$ 溶液($1\ mol \cdot L^{-1}$)、Na_2CO_3 溶液($1\ mol \cdot L^{-1}$)、盐酸溶液($1\ mol \cdot L^{-1}$)

【实验内容】

1. 溶盐

称取 4.0 g 粗食盐于 100 mL 烧杯中,加入约 40 mL 蒸馏水加热溶解,趁热过滤,用少量蒸馏水洗涤 2 次,得滤液。

2. 除 SO_4^{2-}

将滤液于电炉上加热至近沸,边搅拌边逐滴加入 $1\ mol \cdot L^{-1}BaCl_2$ 溶液至不再产生沉淀(注意记录用量),继续加热 5 min,静置后再加入 $1\sim2$ 滴 $BaCl_2$ 溶液检验 SO_4^{2-} 是否沉淀完全,减压过滤,得滤液。

3. 除 Ca^{2+}、Mg^{2+}、Ba^{2+}

在不断搅拌下,将滤液加热至近沸,逐滴加入 $1\ mol \cdot L^{-1}Na_2CO_3$ 溶液至不再产生沉淀(注意记录用量),静置,再加入 $1\sim2$ 滴 Na_2CO_3 溶液检验 Ca^{2+}、Mg^{2+}、Ba^{2+} 是否沉淀完全,减压过滤,得滤液。

4. 除过量的 CO_3^{2-}

在加热搅拌下,用 $1\ mol \cdot L^{-1}$ 盐酸调节溶液 pH = 3～4。

5.浓缩与结晶

将盛有滤液的蒸发皿在电炉上加热搅拌(先大火,后小火),待溶液中出现少量晶体时,停止加热,自然冷却,减压过滤,用极少量的冷蒸馏水洗涤晶体。

6.称量并计算收率

将晶体放入蒸发皿中,小火烘干,冷却后称量,可得晶体质量,计算收率。

【实验习题】

1.收率过高是什么原因?

2.为什么向粗盐溶液中加 $BaCl_2$ 和 Na_2CO_3 后均要加热至沸?

实验 38　十二钨磷酸和十二钨硅酸的制备
——乙醚萃取法制备多酸

【实验目的】

1.学习十二钨磷酸和十二钨硅酸的制备方法。

2.练习萃取分离等无机操作。

【实验原理】

钨和钼在化学性质上的显著特点之一是在一定条件下易自聚或与其他元素聚合,形成多酸或多酸盐。由同种含氧酸根离子缩合形成的阴离子叫同多阴离子,其酸称同多酸;由不同种类的含氧酸根缩合形成的阴离子叫杂多阴离子,其酸称杂多酸。到目前为止,人们已经发现元素周期表中近 70 种元素可以参与到多酸化合物组成中来。多酸在催化化学、药物化学、功能材料等诸多方面的研究中都取得了一些突破性的成果,我国是国际上五个多酸研究中心(美国、中国、俄罗斯、法国和日本)之一。

1862 年 Berzerius J 合成了第一个杂多酸盐 12-钼磷酸铵 $(NH_4)_3PMo_{12}O_{40} \cdot nH_2O$。1934 年英国化学家 Keggin J F 采用 X 射线粉末衍射方法,成功地测定了十二钨磷酸的分子结构。$[PW_{12}O_{40}]^{3-}$ 是一类具有 Keggin 结构的杂多化合物的典型代表之一。

钨、磷、硅等元素的简单化合物在溶液中经过酸化缩合便可生成相应的十二钨磷酸根离子、十二钨硅酸根离子:

$$12WO_4^{2-} + HPO_4^{2-} + 23H^+ \rightleftharpoons [PW_{12}O_{40}]^{3-} + 12H_2O$$
$$12WO_4^{2-} + SiO_3^{2-} + 22H^+ \rightleftharpoons [SiW_{12}O_{40}]^{4-} + 11H_2O$$

在反应过程中,H^+ 与 WO_4^{2-} 中的氧结合形成 H_2O 分子,从而使钨原子之间通过共享氧原子的配位形成多核簇状结构的杂多阴离子,该阴离子与反荷离子 H^+ 结合,则得到相应的杂多酸。

经典的制备十二钨磷酸和十二钨硅酸法为乙醚萃取法。向反应体系中加入乙醚并酸化,经乙醚萃取后液体分为 3 层,上层是溶有少量杂多酸的醚,中间是氯化钠、盐酸和其他物质的水溶液,下层是油状的杂多酸醚合物。收集下层,将醚蒸出,即析出杂多酸晶体。

【实验仪器与试剂】

仪器　烧杯(100 mL、250 mL)、磁力加热搅拌器、滴液漏斗(100 mL)、分液漏斗(250 mL)、蒸发皿、水浴锅

试剂　HCl 溶液(6 mol·L⁻¹、浓)、乙醚、H_2O_2 溶液(3%)、二水合钨酸钠、磷酸氢二钠、九水合硅酸钠

【实验内容】

一、十二钨磷酸的制备

1.十二钨磷酸溶液的制备

称取 25 g 二水合钨酸钠和 4 g 磷酸氢二钠溶于 150 mL 热水中,溶液稍混浊。在边加热

边搅拌下,以细流向溶液中加入 25 mL 浓 HCl,溶液澄清,继续加热半分钟。若溶液呈现蓝色,是由于钨(Ⅵ)被还原的结果,需向溶液中滴加 3‰ H_2O_2 溶液至蓝色褪去,冷却至室温。

2. 酸化、乙醚萃取法制十二钨磷酸

将烧杯中的溶液和析出的少量固体一并转移至分液漏斗中,加入 35 mL 乙醚,再分 3~4 次加入 10 mL 6 mol·L^{-1}盐酸,振荡(注意防止气流将液体带出),静止后液体分为 3 层。分出,收集下层油状的醚合物于蒸发皿中。将蒸发皿置于烧杯上水浴加热蒸发(小心! 醚易燃),直至液体表面出现晶膜。由于乙醚有毒性,蒸醚过程应在通风橱内进行。若在蒸发过程中液体变蓝,则需滴加少许 3‰ H_2O_2 溶液至蓝色褪去。将蒸发皿置于通风柜内(防止落入灰尘),使醚在空气中渐渐挥发掉,即可得到白色或浅黄色十二钨磷酸固体。

二、十二钨硅酸的制备

1. 十二钨硅酸溶液的制备

称取二水合钨酸钠 25 g,溶于 50 mL 水中,置于磁力加热搅拌器上强烈地搅拌,加入 1.88 g 二水合硅酸钠,将混合物加热至 90 ℃~95 ℃,从滴液漏斗中向其中以每秒 1~2 滴的速度加入盐酸至溶液 pH 为 2,保持 30 min 左右,冷却后抽滤。

2. 酸化、乙醚萃取法制取十二钨硅酸

将滤液转移至分液漏斗中,加入乙醚(约为混合物液体体积的 1/2),分 4 次向其中加入 10 mL 浓盐酸,充分振荡,萃取,静止后分层,将下一层醚合物分出于蒸发皿中,加 4 mL 水,水浴蒸发,结晶,抽滤,即可得到白色的 12-钨硅酸晶体。

⚠ 注意事项

1. 由于十二钨磷酸易被还原,也可以用下面方法提取:用水洗分出油状液体,并加少量乙醚,将下层分出,用电吹风吹干净空气(防止尘埃使之还原)以除去乙醚。将析出的晶体移至玻璃板上,在空气中干燥直到乙醚味消失为止。

2. 乙醚沸点低,挥发性强,燃点低,易燃、易爆。因此,在使用时一定要加倍小心。

【实验习题】

1. 十二钨磷酸、十二钨硅酸较易被还原,与橡胶、纸张、塑料等有机物质接触,甚至与空气中灰尘接触时,均易被还原为"杂多蓝"。因此,在制备过程中要注意哪些问题?

2. 通过实验总结"乙醚萃取法"制多酸的步骤。

实验 39　高锰酸钾的制备
——固体碱融氧化法

【实验目的】

1. 学习用碱熔法由二氧化锰制备高锰酸钾的基本原理和操作方法。
2. 熟悉熔融、浸取,巩固过滤、结晶和重结晶等基本操作。
3. 掌握锰的各种氧化态之间的相互转化关系。

【实验原理】

二氧化锰在较强氧化剂(如 $KClO_3$)的存在下与碱共熔时,可被氧化成锰酸钾:

$$3MnO_2 + KClO_3 + 6KOH = 3K_2MnO_4 + KCl + 3H_2O$$

熔块由水浸取后,随着溶液碱性降低,水溶液中的 MnO_4^{2-} 变得不稳定,易发生歧化反应。

在弱酸性介质中 MnO_4^{2-} 也易发生歧化反应,生成 MnO_4^- 和 MnO_2。如向含有锰酸钾的溶液中通 CO_2 气体,发生如下反应:

$$3K_2MnO_4 + 2CO_2 = 2KMnO_4 + MnO_2\downarrow + 2K_2CO_3$$

经减压过滤除去二氧化锰后,将溶液浓缩即可析出暗紫色的针状高锰酸钾晶体。

【实验仪器与试剂】

仪器　铁坩埚、铁架台和附件、酒精灯、铁棒、研钵、量筒、启普发生器、玻璃棒、玻璃管、滤纸、吸滤瓶、布氏漏斗、烘箱、天平、烧杯

试剂　$KClO_3$(s)、KOH(s)、MnO_2(s)、盐酸、大理石

【实验内容】

一、二氧化锰的熔融氧化

把 2.5 g 氯酸钾和 5.2 g 氢氧化钾固体混合均匀,放在铁坩埚中,在铁架台上用酒精灯加热。待混合物熔融后,一边用铁棒搅拌,一边将 3 g 二氧化锰固体分多次慢慢地加进去,防止火星外溅。随着熔融物的黏度逐渐增大,这时应注意要大力搅拌,以防结块。等反应物干涸后,应提高反应温度,加强热 5 min,得到墨绿色锰酸钾熔融物,再用铁棒尽量捣碎。

二、浸取

待熔融物冷却后,从坩埚中取出熔块。将其放入盛有 100 mL 蒸馏水的 250 mL 烧杯中,并小火加热,不断搅拌,以使其全部溶解。

三、锰酸钾的歧化

等产物溶解后,趁热通入二氧化碳气体,直到锰酸钾全部分解为高锰酸钾和二氧化锰为止(可用玻璃棒蘸一些溶液,滴在滤纸上,如果滤纸上只是显紫红色而无绿色痕迹,即可认为锰酸钾已全部分解)。然后静置片刻,抽滤。

四、滤液的蒸发结晶

将滤液倒入蒸发皿中,蒸发浓缩至其表面析出高锰酸钾晶膜为止。溶液放置片刻,自然冷却结晶,抽滤。

五、高锰酸钾晶体的干燥

将高锰酸钾晶体转移到已知质量的表面皿中,用玻璃棒将晶体铺开,放在烘箱中干燥 1 h~2 h,烘箱应维持在 80 ℃左右,即制得干燥的高锰酸钾晶体。冷却后称量,计算产率。

【实验习题】

1. 熔融氧化二氧化锰时,为什么要用铁坩埚,而不能用瓷坩埚?

2. 熔融搅拌时为什么用铁棒而不用玻璃棒?

3. 为了使锰酸钾发生歧化反应,能不能用 HCl 代替 CO_2,为什么?

4. 用锰酸钾发生歧化反应的方法来得到高锰酸钾的最大转化率是多少? 还可采取什么实验方法来提高锰酸钾的转化率?

实验 40　醋酸铬(Ⅱ)水合物的制备
——易被氧化的化合物的制备

【实验目的】

1. 学习在无氧条件下制备易被氧化的不稳定化合物的原理和方法。
2. 巩固沉淀的洗涤、过滤等基本操作。

【实验原理】

通常二价铬的化合物非常不稳定,它们能被空气中的氧气迅速氧化为三价铬的化合物。只有铬(Ⅱ)的卤素化合物、磷酸盐、碳酸盐和醋酸盐可存在于干燥状态。

醋酸铬(Ⅱ)是淡红棕色结晶性物质,不溶于水,但易溶于 HCl 溶液。这种溶液亦与其他所有亚铬酸盐相似,能吸收空气中的氧气。

制备容易被氧气氧化的化合物不能在大气气氛中进行,常用惰性气体作保护性气氛,如 N_2、Ar 气氛等,有时也在还原性气氛中合成。

本实验在封闭体系中利用金属锌作还原剂,将三价铬还原为二价铬,再与醋酸钠溶液作用制得醋酸铬(Ⅱ)。反应体系中产生的氢气除了增大体系压强使铬(Ⅱ)溶液进入 NaAc 溶液中,还起到隔绝空气使体系保持还原性气氛的作用。制备反应的离子方程式如下:

$$2Cr^{3+} + Zn = 2Cr^{2+} + Zn^{2+}$$

$$2Cr^{2+} + 4CH_3COO^- + 2H_2O \longrightarrow [Cr(CH_3COO)_2]_2 \cdot 2H_2O$$

【实验仪器与试剂】

仪器　台秤、循环水泵、烧杯、布氏漏斗、抽滤瓶、滤纸、量筒、滴液漏斗、锥形瓶、两孔橡皮塞

试剂　浓盐酸、乙醇(AR)、乙醚(AR)、去氧水(已煮沸过的蒸馏水)、六水合三氯化铬(s)、锌粒、无水醋酸钠

【实验内容】

本实验装置图如图 40-1 所示。

称取 5 g 无水醋酸钠于锥形瓶中,用 12 mL 去氧水配成溶液。

在抽滤瓶中放入 8 g 锌粒和 5 g 三氯化铬晶体,加入 6 mL 去氧水,摇动抽滤瓶得到深绿色混合物。夹住通往醋酸钠溶液的橡皮管,通过滴液漏斗缓慢加入 10 mL 浓盐酸,并不断摇动抽滤瓶,溶液逐渐变为蓝绿色到亮蓝色。当氢气放出速度仍然较快时,松开右边橡皮管,夹住左边橡皮管,以迫使二氯化铬溶液进入盛有醋酸钠的锥形瓶中。搅拌,形成红色醋酸亚铬沉淀。用铺有双层滤纸的布氏漏斗或砂芯漏斗过滤沉淀,并用 15 mL 去氧水洗涤数次,然后用少量乙醇、乙醚各洗涤 3 次。将产物薄薄一层铺在表面皿上,在室温下干燥。称量,计算产率。

1-滴液漏斗内装盐酸　2-水封　3-抽滤瓶内装锌粒、$CrCl_3$ 和去氧水

4-锥形瓶内装醋酸钠水溶液

图 40-1　实验装置图

【实验习题】

1.为何要用封闭的装置来制备醋酸铬（Ⅱ）？

2.反应物锌粒为什么要过量？

3.产物为什么要用乙醇、乙醚洗涤？

4.滴酸的速度不宜过快，反应时间要足够长（约 1 h），为什么？

实验 41　邻二氮菲分光光度法测定铁

【实验目的】

1. 进一步了解朗伯—比尔定律的应用。
2. 学会用邻二氮菲分光光度法测定铁和正确绘制邻二氮菲—铁标准曲线。
3. 了解分光光度计的构造及使用。

【实验原理】

邻二氮菲是测定微量铁的一种较好试剂,在 pH=3～9 的条件下,Fe^{2+} 可与其生成很稳定的橙红色络合物,反应式如下:

此络合物的 $\log K_稳=21.3$,$\varepsilon=1.1\times10^4\ L\cdot mol^{-1}\cdot cm^{-1}$。在显色前,首先用盐酸羟胺把 Fe^{3+} 还原为 Fe^{2+}:

$$4Fe^{3+}+2NH_2OH \Longrightarrow 4Fe^{2+}+N_2O+H_2O+4H^+$$

测定时,控制溶液酸度在 pH=3～9 较适宜,酸度过高,则反应速度慢;酸度太低,则 Fe^{2+} 水解,影响显色。Bi^{3+}、Ca^{2+}、Hg^{2+}、Ag^+、Zn^{2+} 与显色剂生成沉淀,Cu^{2+}、Co^{2+}、Ni^{2+} 则形成有色络合物,因此当有这些离子共存时应注意它们的干扰作用。

用分光光度法测定铁的含量一般采用标准曲线法,即配制一系列浓度的标准溶液,在实验条件下依次测量各标准溶液的吸光度(A),以溶液的浓度为横坐标,相应的吸光度为纵坐标,绘制标准曲线。再在同样实验条件下,测定待测溶液的吸光度,根据测得的吸光度值从标准曲线上查出相应的浓度值,即可计算试样中被测物质的质量浓度。

【实验仪器与试剂】

仪器　722N 型可见分光光度计、50 mL 容量瓶 7 个(先编好 1、2、3、4、5、6、7 号)、10 mL 移液管(有刻度)1 支、5 mL 移液管(有刻度)4 支、5 mL 量筒 1 个、100 mL 烧杯 1 个、洗瓶 1 个、洗耳球 1 个、小滤纸、镜头纸

试剂　铁盐标准溶液、乙酸-乙酸钠缓冲溶液(pH=4.6)、100 g·L^{-1} 盐酸羟胺水溶液(现用现配)、1.5 g·L^{-1} 邻二氮菲水溶液

1. 铁盐标准溶液的配制

提示:A 液(母液,0.1 g·L^{-1}):准确称取 0.702 0 g 分析纯硫酸亚铁铵$[(NH_4)_2Fe(SO_4)_2\cdot6H_2O]$ 于 100 mL 烧杯中,加入 20.0 mL 1∶1 H_2SO_4 溶液,完全溶解后,移入 1 000 mL 容量瓶中,加去离子水稀释至刻度,摇匀。

B 液:10^{-3} mol·L^{-1} 铁标准溶液。可用铁储备液稀释配制。

2. 乙酸-乙酸钠(HAc-NaAc)缓冲溶液(pH=4.6):称取 135 g 分析纯乙酸钠,加入

120 mL 冰乙酸,加水溶解后,稀释至 500 mL。

3. 100 g·L^{-1} 盐酸羟胺水溶液:因不稳定,须临用时配制。

4. 1.5 g·L^{-1} 邻二氮菲水溶液:先用少许乙醇溶解后再用水稀释,临用时需新配。

【实验内容】

一、吸收曲线的绘制和测量波长的选择

用吸管吸取铁盐标准溶液(B 液)0.8 mL 于 50 mL 容量瓶中,依次加入 5.0 mL HAc-NaAc 缓冲液、1.0 mL 盐酸羟胺水溶液、2.0 mL 邻二氮菲水溶液,用蒸馏水稀释至刻度,摇匀。用 1 cm 比色皿以空白试剂为参比,在 440 nm~560 nm 范围内,每隔 10 nm 测量一次吸光值。在峰值附近每间隔 5 nm 测量一次。以波长为横坐标、吸光度为纵坐标绘制吸收曲线,确定最大吸收波长。

二、标准曲线绘制

1. 分别移取铁的标准溶液(0.01 g·L^{-1})0.0 mL、0.2 mL、0.4 mL、0.6 mL、0.8 mL、1.0 mL 于 6 个 50 mL 容量瓶中,依次分别加入 5.0 mL HAc-NaAc 缓冲液、1.0 mL 盐酸羟胺水溶液、2.0 mL 邻二氮菲水溶液,用蒸馏水稀释至刻度,摇匀,放置 10 min。

2. 仔细阅读仪器说明书。开机预热。

3. 按仪器使用说明"操作步骤"的要求,在其最大吸收波长(510 nm)下,用 1 cm 的比色皿测得各标准溶液的吸光度,以不含铁的试剂溶液作参比溶液。

三、试样中铁的含量测定

1. 吸取 1.0 mL 试液于 50 mL 容量瓶中(2 份平行样),加入 5.0 mL HAc-NaAc 缓冲液、1.0 mL 盐酸羟胺水溶液、2.0 mL 邻二氮菲水溶液,用蒸馏水稀释至刻度,摇匀,放置 10 min,仍以不含铁的试剂溶液作参比溶液,于分光光度计上测定吸光度。

2. 实验完毕后,用去离子水将比色皿洗干净,用滤纸、镜头纸吸干水分,放回原处。

四、数据记录与结果处理

表 41-1　邻二氮菲分光光度法测定铁数据记录与结果处理

分光光度计型号＿＿＿＿＿＿＿＿＿　　　波长＿＿＿＿＿＿＿＿＿

	标准溶液(g·L^{-1})						未知液	
容量瓶编号	1	2	3	4	5	6	7	8
吸取的体积/ mL	0	0.2	0.4	0.6	0.8	1.0	1.0	1.0
吸光度(A)								
总含铁量/mg								

1. 绘制标准曲线。

2. 从标准曲线查出未知液的铁的含量。

3. 计算试样中铁的含量。

【实验习题】

1. 发色前加入盐酸羟胺的目的是什么? 如测定一般铁盐的总铁量,是否需要加入盐酸羟胺?

2. 本实验中哪些试剂加入量的体积要比较准确,哪些试剂则可以不必? 为什么?

3. 根据测得的实验数据,计算在最合适波长下邻二氮菲铁络合物的摩尔吸光系数。

第六章　研究式实验

一、研究式实验的意义

实验的最终目的不仅仅是为了对已有知识的"验证",更重要的是为了"研究"与"发现"。将"研究式实验"的指导思想贯穿于基础化学实验课的教学过程中,开展由浅入深、有阶段性的研究式实验教学,对于激发学生的兴趣、启发学生的思维、提高学生分析和解决问题的能力、培养学生的创新精神都是十分重要的,也是对传统实验教学的有益尝试和必要补充。

二、研究式实验的类型

在无机化学实验教学中,结合学生的认知过程,研究式实验可分为三种类型:初步研究式实验、阶段研究式实验和综合研究式实验。

1. 初步研究式实验

初步研究式实验又称基础性研究式实验,这种研究式实验比较简单,往往是为了一个概念、一个反应、改变一个条件,而设计为研究式实验,它类似于每个实验中的某些问题,通过学生思考,简单实验后就能得出正确的结论。

2. 阶段研究式实验

阶段研究式实验又称为专题性研究式实验,这种研究式实验稍微复杂些,往往是经过一个阶段的基本实验以后,为完成一个专题而设计成研究式实验。

3. 综合研究式实验

这种研究式实验综合性较强,往往是在无机化学实验课程的后期进行,这时学生对课程的主要内容和学习方法已基本掌握,为了更好地培养分析能力和创造性思维,应试行比较复杂的综合性实验。这里讲的"综合性",既是知识和基本操作的综合,也是制备、分离、鉴别的综合,更是分析问题和解决问题能力的综合。有些课题也涉及当前化学研究与应用的热门课题。

研究式实验的方法可根据实验难度灵活选择,对于初步研究式实验和阶段研究式实验可在任课教师的指导下在实验教学中及时进行;对于综合研究式实验,学生可在教师指导下以申请课题的方式利用双休日或两假期间在化学实验教学中心进行。

三、研究式实验的步骤

研究式实验,目的在于培养化学专业低年级学生独立完成实验的能力,它包括以下几个方面:

1. 设计实验方案

(1)由教师指定题目,学生通过查阅有关书籍、期刊、手册,拟订出合适的实验方法,并按实验目的、原理、试剂(注明规格、浓度)、仪器、实验步骤写出实验方案。

(2)实验方案经教师审阅后,只要实验方法合理,实验条件具备,学生可按自己设计的方案进行实验。

2. 独立完成实验

(1)基本操作要规范,以达到巩固的目的。

(2)实验中要仔细观察,认真思考,不断完善实验方法,培养独立分析问题、解决问题的工作能力。

3. 完成实验报告

实验完成以后,要以论文的形式写出实验报告,建议格式为:

(1)摘要、关键词;(2)前言;(3)结果与讨论(实验部分);(4)结论;(5)参考文献。

四、研究式实验的选题

在本教材元素及化合物实验部分,都列举了一定的研究性选做实验,在此再给出部分研究式实验的参考选题。

1."基本操作、基本原理、基本性质的研究式实验"的选题

(1)你能在酒精喷灯上较熟练地表现"临空火焰"和"侵入火焰"的操作吗?

(2)现有一小瓶氯化钠固体,内含少量硫酸钠晶体。除了"钡盐法"外,你还有什么好办法提纯氯化钠?

(3)你能用多孔球和短棒搭出 H_3PO_4、$[Co(NH_3)_6]^{3+}$、B_{12} 分子的空间结构模型吗?

(4)如何从硫酸亚铁溶液中制得 $FeSO_4 \cdot 7H_2O$ 晶体?

(5)设计一个能证明"催化剂能加速氧化还原反应速度"的实验。

(6)现有一块粗铜片,请设计一个通过电解得到纯铜片的实验。

(7)设计实验比较 Cu^{2+}、Co^{2+}、Ni^{2+} 对 $S_2O_8^{2-}$ 与 I^- 反应的催化活性。

(8)现有两瓶溶液,一瓶是次氯酸钠,一瓶是氯酸钠,你能设计多少种方案来鉴别它们?

(9)铜能否溶于稀盐酸? 加入 H_2O_2 溶液后能否溶解? 请通过实验得出结论。

(10)如何制得稳定的白色 $Fe(OH)_2$ 沉淀?

2."专题性研究式实验"的选题

(1)请你设计一个利用原电池测定 $[Cu(NH_3)_4]^{2+}$ 的稳定常数的实验。

(2)请你设计一个利用原电池测定 ZnS 的溶度积常数的实验。

(3)利用井穴板构筑原电池组合进行电解实验。

(4)可溶性及难溶性无机物晶体培养及其在显微镜下的结构分析。

(5)Fe^{3+}、Cu^{2+}、Ag^+ 与 $S_2O_3^{2-}$ 的反应机理探讨。

(6)$Mo(Ⅵ)$还原过程中的光谱研究。

(7)$K_2Cr_2O_7$ 的还原产物及反应机理研究。

(8)关于淀粉指示剂变色条件的研究。

(9)不同氧化剂与 KI 的氧化还原反应的研究。

(10)纳米 Fe_2O_3、MnO_2、CuO、TiO_2 催化分解 $KClO_3$ 固体的研究。

3."综合性研究式实验"的选题

(1)由天青石制备碳酸锶。

(2)纳米 TiO_2 薄膜的制备与性质。

(3)以过渡金属为中心原子的 XW_9、过渡金属取代的 $MW_{11}Fe$ 的合成与光谱性质。

(4)粉状纳米 TiO_2 的制备方法比较。

(5)几种食品中铁或碘含量的定量测定。

(6)金属离子对蛋白质构象的影响研究。

(7)表面活性剂在溶液中临界胶束浓度的测定。

(8)表面活性剂及尿素对蛋白质构象的影响研究。

第七章 附 录

附录 1 不同温度下水的饱和蒸气压(单位:p/kPa)

(由 0 ℃至临界温度 370 ℃)

t/℃	0	1	2	3	4	5	6	7	8	9
0	0.611 29	0.657 16	0.706 05	0.758 13	0.813 59	0.872 60	0.935 37	1.002 1	1.073 0	1.148 2
10	1.228 1	1.312 9	1.402 7	1.497 9	1.598 8	1.705 6	1.818 5	1.938 0	2.064 4	2.197 8
20	2.338 8	2.487 7	2.644 7	2.810 4	2.985 0	3.169 0	3.362 9	3.567 0	3.781 8	4.007 8
30	4.245 5	4.495 3	4.757 8	5.033 5	5.322 9	5.626 7	5.945 3	6.279 5	6.629 8	6.996 9
40	7.381 4	7.784 0	8.205 4	8.646 3	9.107 5	9.589 8	10.094	10.620	11.171	11.745
50	12.344	12.970	13.623	14.303	15.012	15.752	16.522	17.324	18.159	19.028
60	19.932	20.873	21.851	22.868	23.925	25.022	26.163	27.347	28.576	29.852
70	31.176	32.549	33.972	35.448	36.978	38.563	40.205	41.905	43.665	45.487
80	47.373	49.324	51.342	53.428	55.585	57.815	60.119	62.499	64.958	67.496
90	70.117	72.823	75.614	78.494	81.465	84.529	87.688	90.945	94.301	97.759
100	101.32	104.99	108.77	112.66	116.67	120.79	125.03	129.39	133.88	138.50
110	143.24	148.12	153.13	158.29	163.58	169.02	174.61	180.34	186.23	192.28
120	198.48	204.85	211.38	218.09	224.96	232.01	239.24	246.66	254.25	262.04
130	270.02	278.20	286.57	295.15	303.93	312.93	322.14	331.57	341.22	351.09
140	361.19	371.53	382.11	392.92	403.98	415.29	426.85	438.67	450.75	463.10
150	475.72	488.61	501.78	515.23	528.96	542.99	557.32	571.94	586.87	602.11
160	617.66	633.53	649.73	666.25	683.10	700.29	717.84	735.70	753.94	772.52
170	791.47	810.78	830.47	850.53	870.98	891.80	913.03	934.64	956.66	979.09
180	1 001.9	1 025.2	1 048.9	1 073.0	1 097.5	1 122.5	1 147.9	1 173.8	1 200.1	1 226.9
190	1 254.2	1 281.9	1 310.1	1 338.8	1 368.0	1 397.6	1 427.8	1 458.5	1 489.7	1 521.4
200	1 553.6	1 586.4	1 619.7	1 653.6	1 688.0	1 722.9	1 758.4	1 794.5	1 831.1	1 868.4
210	1 906.2	1 944.6	1 983.6	2 023.2	2 063.4	2 104.2	2 145.7	2 187.8	2 230.5	2 273.8
220	2 317.8	2 362.5	2 407.8	2 453.8	2 500.5	2 547.9	2 595.9	2 644.6	2 694.1	2 744.2
230	2 795.1	2 846.7	2 899.2	2 952.1	3 005.6	3 060.4	3 115.8	3 171.8	3 228.6	3 286.3
240	3 344.7	3 403.9	3 463.9	3 524.7	3 586.4	3 648.8	3 712.1	3 776.2	3 841.2	3 907.0
250	3 973.6	4 041.2	4 109.6	4 178.9	4 249.1	4 320.2	4 392.2	4 465.1	4 539.0	4 613.7
260	4 689.4	4 766.1	4 843.7	4 922.3	5 001.8	5 082.3	5 163.8	5 246.3	5 329.8	5 414.3

续表

$t/℃$	0	1	2	3	4	5	6	7	8	9
270	5 499.9	5 586.4	5 674.0	5 762.7	5 852.4	5 943.1	6 035.0	6 127.9	6 221.9	6 317.0
280	6 413.2	6 510.5	6 608.9	6 708.5	6 809.2	6 911.1	7 014.1	7 118.3	7 223.7	7 330.2
290	7 438.0	7 547.0	7 657.2	7 768.6	7 881.3	7 995.2	8 110.3	8 226.8	8 344.5	8 463.5
300	8 583.8	8 705.4	8 828.3	8 952.6	9 078.2	9 205.1	9 333.4	9 463.1	9 594.2	9 726.7
310	9 860.5	9 995.8	10 133	10 271	10 410	10 551	10 694	10 838	10 984	11 131
320	11 279	11 429	11 581	11 734	11 889	12 046	12 204	12 364	12 525	12 688
330	12 852	13 019	13 187	13 357	13 528	13 701	13 876	14 053	14 232	14 412
340	14 594	14 778	14 964	15 152	15 342	15 533	15 727	15 922	16 120	16 320
350	16 521	16 725	16 931	17 138	17 348	17 561	17 775	17 992	18 211	18 432
360	18 655	18 881	19 110	19 340	19 574	19 809	20 048	20 289	20 533	20 780
370	21 030	21 283	21 539	21 799	22 055					

摘译自 Lide D R，Handbook of Chemistry and Physics，6-8～6-9，78th Ed，1997-1998．

附录 2　一些无机化合物的溶解度

化合物	溶解度 g·(100 g H₂O)⁻¹	$t/℃$	化合物	溶解度 g·(100 g H₂O)⁻¹	$t/℃$
Ag_2O	0.0013	20	$ZnCl_2$	432	25
BaO	3.48	20	$CdCl_2$	140	20
$BaO_2 \cdot 8H_2O$	0.168	20	$CdCl_2 \cdot 2\frac{1}{2}H_2O$	168	20
As_2O_3	3.7	20	$HgCl_2$	6.9	20
As_2O_5	150	16	$[Cr(H_2O)_4Cl_2] \cdot 2H_2O$	58.5	25
$LiOH$	12.8	20	$MnCl_2 \cdot 4H_2O$	151	8
$NaOH$	42	0	$FeCl_2 \cdot 4H_2O$	160.1	10
KOH	107	15	$FeCl_3 \cdot 6H_2O$	91.9	20
$Ca(OH)_2$	0.185	0	$CoCl_3 \cdot 6H_2O$	76.7	0
$Ba(OH)_2 \cdot 8H_2O$	5.6	15	$NaBr \cdot 2H_2O$	79.5	0
$Ni(OH)_2$	0.013		KBr	53.48	0
BaF_2	0.12	25	NH_4Br	97	25
AlF_3	0.559	25	HIO_3	286	0
AgF	182	15.5	NaI	184	25
NH_4F	100	0	$NaI \cdot 2H_2O$	317.9	0
$(NH_4)_2SiF_6$	18.6	17	KI	127.5	0
$LiCl$	63.7	0	KIO_3	4.74	0
$LiCl \cdot H_2O$	86.2	20	KIO_4	0.66	15
$NaCl$	35.7	0	NH_4I	154.2	0
$NaOCl \cdot 5H_2O$	29.3	0	Na_2S	15.4	10
KCl	23.8	20	$Na_2S \cdot 9H_2O$	47.5	10
$KCl \cdot MgCl_2 \cdot 6H_2O$	64.5	19	NH_4HS	128.1	0
$MgCl_2 \cdot 6H_2O$	167		$Na_2SO_3 \cdot 7H_2O$	32.8	0
$CaCl_2$	74.5	20	$NaSO_4 \cdot 10H_2O$	11	0
$CaCl_2 \cdot 6H_2O$	279	0		92.7	30
$BaCl_2$	37.5	26	$NaHSO_4$	28.6	25
$BaCl_2 \cdot 2H_2O$	58.7	100	$Li_2SO_4 \cdot H_2O$	34.9	25
$AlCl_3$	69.9	15	$KAl(SO_4)_2 \cdot 12H_2O$	5.9	20
$SnCl_2$	83.9	0		11.7	40
$CuCl_2 \cdot 2H_2O$	110.4			17.0	50
$NiCl_2 \cdot 6H_2O$	254	20	$KCr(SO_4)_2 \cdot 12H_2O$	24.39	25
NH_4Cl	29.7	0	$BeSO_4 \cdot 4H_2O$	42.5	25

化合物	溶解度 $\dfrac{}{g \cdot (100\ g\ H_2O)^{-1}}$	$t/℃$	化合物	溶解度 $\dfrac{}{g \cdot (100\ g\ H_2O)^{-1}}$	$t/℃$
$MgSO_4 \cdot 7H_2O$	71	20	$NaNO_2$	81.5	15
$CaSO_4 \cdot \frac{1}{2}H_2O$	0.3	20	KNO_2	281	0
$CaSO_4 \cdot 2H_2O$	0.241			413	100
$Al_2(SO_4)_3$	31.3	0	$LiNO_3 \cdot 3H_2O$	34.8	0
$Al_2(SO_4)_3 \cdot 18H_2O$	86.9	0	KNO_3	13.3	0
$MnSO_4 \cdot 6H_2O$	147.4			247	100
$MnSO_4 \cdot 7H_2O$	172		$Mg(NO_3)_2 \cdot 6H_2O$	125	
$FeSO_4 \cdot H_2O$	50.9	70	$Ca(NO_3)_2 \cdot 4H_2O$	266	0
	43.6	80	$Sr(NO_3)_2 \cdot 4H_2O$	60.43	0
	37.3	90	$Ba(NO_3)_2 \cdot H_2O$	63	20
$FeSO_4 \cdot 7H_2O$	15.65	0	$Al(NO_3)_3 \cdot 9H_2O$	63.7	25
	26.5	20	$Pb(NO_3)_2$	37.65	0
	40.2	40	$Cu(NO_3)_2 \cdot 6H_2O$	243.7	0
	48.6	50	$AgNO_3$	122	
$Fe_2(SO_4)_3 \cdot 9H_2O$	440		$Zn(NO_3)_2 \cdot 6H_2O$	184.3	20
$CoSO_4 \cdot 7H_2O$	60.4	3	$Cd(NO_3)_2 \cdot 4H_2O$	215	
$NiSO_4 \cdot 6H_2O$	62.52	0	$Mn(NO_3)_2 \cdot 4H_2O$	426.4	0
$NiSO_4 \cdot 7H_2O$	75.6	15.5	$Fe(NO_3)_2 \cdot 6H_2O$	83.5	20
$(NH_4)_2SO_4$	70.6	0	$Fe(NO_3)_3 \cdot 6H_2O$	150	
$NH_4Al(SO_4)_2 \cdot 12H_2O$	15	20	$Co(NO_3)_2 \cdot 6H_2O$	133.8	0
$NH_4Cr(SO_4)_2 \cdot 12H_2O$	21.2	25	NH_4NO_3	118.3	0
$(NH_4)_2SO_4 \cdot FeSO_4 \cdot 6H_2O$	26.9	20	$K_2CO_3 \cdot 2H_2O$	146.9	
$NH_4Fe(SO_4)_2 \cdot 12H_2O$	124.0	25	$(NH_4)_2CO_3 \cdot H_2O$	100	15
$Na_2S_2O_3 \cdot 5H_2O$	79.4	0	Na_2CO_3	7.1	0
$CuSO_4$	14.3	0	$Na_2CO_3 \cdot 10H_2O$	21.52	0
$CuSO_4 \cdot 5H_2O$	31.6	0	K_2CO_3	112	20
$[Cu(NH_3)_4]SO_4 \cdot H_2O$	18.5	21.5	$NaHCO_3$	6.9	0
Ag_2SO_4	0.57	0	NH_4HCO_3	11.9	0
$ZnSO_4 \cdot 7H_2O$	96.5	20	$Na_2C_2O_4$	3.7	20
$3CdSO_4 \cdot 8H_2O$	113	0	$FeC_2O_4 \cdot 2H_2O$	0.022	
$HgSO_4 \cdot 2H_2O$	0.003	18	$(NH_4)_2C_2O_4 \cdot H_2O$	2.54	0
$Cr_2(SO_4)_3 \cdot 18H_2O$	120	20	$NaC_2H_3O_2$	119	0
$CrSO_4 \cdot 7H_2O$	12.35	0	$NaC_2H_3O_2 \cdot 3H_2O$	76.2	0

化合物	溶解度 $g \cdot (100 \text{ g } H_2O)^{-1}$	$t/℃$	化合物	溶解度 $g \cdot (100 \text{ g } H_2O)^{-1}$	$t/℃$
$Pb(C_2H_3O_2)_2$	44.3	20	$NH_4B_5O_8 \cdot 4H_2O$	7.03	18
$Zn(C_2H_3O_2)_2 \cdot 2H_2O$	31.1	20	K_2CrO_4	62.9	20
$NH_4C_2H_3O_2$	148	4	Na_2CrO_4	87.3	20
$KCNS$	177.2	0	$Na_2CrO_4 \cdot 10H_2O$	50	10
NH_4CNS	128	0	$CaCrO_4 \cdot 2H_2O$	16.3	20
KCN	50		$(NH_4)_2CrO_4$	40.5	30
$K_4[Fe(CN)_6] \cdot 3H_2O$	14.5	0	$Na_2Cr_2O_7 \cdot 2H_2O$	238	0
$K_4[Fe(CN)_6]$	33	4	$K_2Cr_2O_7$	4.9	0
H_3PO_4	548		$(NH_4)_2Cr_2O_7$	30.8	15
$Na_3PO_4 \cdot 10H_2O$	8.8		$H_2MoO_4 \cdot H_2O$	0.133	18
$(NH_4)_3PO_4 \cdot 3H_2O$	26.1	25	$Na_2MoO_4 \cdot 2H_2O$	56.2	0
$NH_4MgPO_4 \cdot 6H_2O$	0.0231	0	$(NH_4)_6Mo_7O_{24} \cdot 4H_2O$	43	
$Na_4P_2O_7 \cdot 10H_2O$	5.41	0	$Na_2WO_4 \cdot 2H_2O$	41	0
$Na_2HPO_4 \cdot 7H_2O$	104	40	$KMnO_4$	6.38	20
H_3BO_3	6.35	20	$Na_3AsO_4 \cdot 12H_2O$	38.9	15.5
$Na_2B_4O_7 \cdot 10H_2O$	2.01	0	NH_4VO_3	0.52	15
$(NH_4)_2B_4O_7 \cdot 4H_2O$	7.27	18	$NaVO_3$	21.1	25

摘编自 Weast R C ,Handbook of Chemistry and Physics,B68～161,66th Ed, 1985-1986.

附录 3　常用酸、碱的浓度

试剂名称	密度 g·cm⁻³	质量分数 %	物质的量浓度 mol·L⁻¹	试剂名称	密度 g·cm⁻³	质量分数 %	物质的量浓度 mol·L⁻¹
浓硫酸	1.84	98	18	氢溴酸	1.38	40	7
稀硫酸	1.1	9	2	氢碘酸	1.70	57	7.5
浓盐酸	1.19	38	12	冰醋酸	1.05	99	17.5
稀盐酸	1.0	7	2	稀醋酸	1.04	30	5
浓硝酸	1.4	68	16	稀醋酸	1.0	12	2
稀硝酸	1.2	32	6	浓氢氧化钠	1.44	~41	~14.4
稀硝酸	1.1	12	2	稀氢氧化钠	1.1	8	2
浓磷酸	1.7	85	14.7	浓氨水	0.91	~28	14.8
稀磷酸	1.05	9	1	稀氨水	1.0	3.5	2
浓高氯酸	1.67	70	11.6	氢氧化钙溶液		0.15	
稀高氯酸	1.12	19	2	氢氧化钡溶液		2	~0.1
浓氢氟酸	1.13	40	23				

摘自北京师范大学无机化学教研室编.简明化学手册.北京:北京出版社,1980.

附录 4　常见化合物的溶度积

化合物	溶度积($t/℃$)	化合物	溶度积($t/℃$)
铝		汞	
* 铝酸 H_3AlO_3	$4×10^{-13}$(15)	* 氢氧化汞[①]	$3.0×10^{-26}$(18~25)
	$1.1×10^{-15}$(18)	* 硫化汞(红)	$4.0×10^{-53}$(18~25)
	$3.7×10^{-15}$(25)	* 硫化汞(黑)	$1.6×10^{-52}$(18~25)
氢氧化铝	$1.9×10^{-33}$(18~20)	氯化亚汞	$1.43×10^{-18}$(25)
钡		碘化亚汞	$5.2×10^{-29}$(25)
碳酸钡	$2.58×10^{-9}$(25)	溴化亚汞	$6.4×10^{-23}$(25)
铬酸钡	$1.17×10^{-10}$(25)	镍	
氟化钡	$1.84×10^{-7}$(25)	* 硫化镍(Ⅱ)$α$-NiS	$3.2×10^{-19}$(18~25)
碘酸钡 $Ba(IO_3)_2·2H_2O$	$1.67×10^{-9}$(25)	* $β$-NiS	$1.0×10^{-24}$(18~25)
碘酸钡	$4.01×10^{-9}$(25)	* $γ$-NiS	$2.0×10^{-26}$(18~25)
* 草酸钡 $BaC_2O_4·2H_2O$	$1.2×10^{-7}$(18)	铜	
* 硫酸钡	$1.08×10^{-10}$(25)	* 硫化铜	$8.5×10^{-45}$(18)
镉		溴化亚铜	$6.27×10^{-9}$(25)
草酸镉 $CdC_2O_4·3H_2O$	$1.42×10^{-8}$(25)	氯化亚铜	$1.72×10^{-7}$(25)
氢氧化镉	$7.2×10^{-15}$(25)	碘化亚铜	$1.27×10^{-12}$(25)
* 硫化镉	$3.6×10^{-29}$(18)	* 硫化亚铜	$2×10^{-47}$(16~18)
钙		硫氰酸亚铜	$1.77×10^{-13}$(25)
碳酸钙	$3.36×10^{-9}$(25)	* 亚铁氰化铜	$1.3×10^{-16}$(18~25)
氟化钙	$3.45×10^{-11}$(25)	一水合碘酸铜	$6.94×10^{-8}$(25)
碘酸钙 $Ca(IO_3)_2·6H_2O$	$7.10×10^{-7}$(25)	草酸铜	$4.43×10^{-10}$(25)
碘酸钙	$6.47×10^{-6}$(25)	铁	
草酸钙	$2.32×10^{-9}$(25)	氢氧化铁	$2.79×10^{-39}$(25)
* 草酸钙 $CaC_2O_4·H_2O$	$2.57×10^{-9}$(25)	氢氧化亚铁	$4.87×10^{-17}$(18)
硫酸钙	$4.93×10^{-5}$(25)	草酸亚铁	$2.1×10^{-7}$(25)
钴		* 硫化亚铁	$3.7×10^{-19}$(18)
* 硫化钴(Ⅱ)$α$-CoS	$4.0×10^{-21}$(18~25)	铅	
* $β$-CoS	$2.0×10^{-25}$(18~25)	碳酸铅	$7.4×10^{-14}$(25)

续表

化合物	溶度积($t/℃$)	化合物	溶度积($t/℃$)
*铬酸铅	1.77×10^{-14} (18)	*铬酸银	1.2×10^{-12} (14.8)
氯化铅	1.17×10^{-5} (25)	铬酸银	1.12×10^{-12} (25)
碘酸铅	3.69×10^{-13} (25)	*重铬酸银	2×10^{-7} (25)
碘化铅	9.8×10^{-9} (25)	氢氧化银[②]	1.52×10^{-8} (20)
*草酸铅	2.74×10^{-11} (18)	碘酸银	3.17×10^{-8} (25)
硫酸铅	2.53×10^{-8} (25)	*碘化银	0.32×10^{-16} (13)
*硫化铅	3.4×10^{-28} (18)	碘化银	8.52×10^{-17} (25)
锂		*硫化银	1.6×10^{-49} (18)
碳酸锂	8.15×10^{-4} (25)	溴酸银	5.38×10^{-5} (25)
镁		*硫氰酸银	0.49×10^{-12} (18)
*磷酸镁铵	2.5×10^{-13} (25)	硫氰酸银	1.03×10^{-12} (25)
碳酸镁	6.82×10^{-6} (25)	锶	
氟化镁	5.16×10^{-11} (25)	碳酸锶	5.60×10^{-10} (25)
氢氧化镁	5.61×10^{-12} (25)	氟化锶	4.33×10^{-9} (25)
二水合草酸镁	4.83×10^{-6} (25)	*草酸锶	5.61×10^{-8} (18)
锰		*硫酸锶	3.44×10^{-7} (25)
*氢氧化锰	4×10^{-14} (18)	*铬酸锶	2.2×10^{-5} (18~25)
*硫化锰	1.4×10^{-15} (18)	锌	
银		氢氧化锌	3×10^{-17} (225)
溴化银	5.35×10^{-13} (25)	草酸锌 $ZnC_2O_4 \cdot 2H_2O$	1.38×10^{-9} (25)
碳酸银	8.46×10^{-12} (25)	*硫化锌	1.2×10^{-23} (18)
氯化银	1.77×10^{-10} (25)		

① $\frac{1}{2}Ag_2O(s) + \frac{1}{2}H_2O \Longrightarrow Ag^+ + OH^-$

② $HgO + H_2O \Longrightarrow Hg^{2+} + 2OH^-$

主要摘译自 Lide D R,Handbook of Chemistry and Physics,8-106~8-109,78th Ed,1997-1998.

*：摘译自 Weast R C,Handbook of Chemistry and Physics,B-222,66th Ed,1985-1986.

附录 5　某些离子和化合物的颜色

一、离子

1. 无色离子

Na^+、K^+、NH_4^+、Mg^{2+}、Ca^{2+}、Sr^{2+}、Ba^{2+}、Al^{3+}、Sn^{2+}、Sn^{4+}、Pb^{2+}、Bi^{3+}、Ag^+、Zn^{2+}、Cd^{2+}、Hg_2^{2+}、Hg^{2+} 等阳离子

$B(OH)_4^-$、$B_4O_7^{2-}$、$C_2O_4^{2-}$、Ac^-、CO_3^{2-}、SiO_3^{2-}、NO_3^-、NO_2^-、PO_4^{3-}、AsO_3^{3-}、AsO_4^{3-}、$[SbCl_6]^{3-}$、$[SbCl_6]^-$、SO_3^{2-}、SO_4^{2-}、S^{2-}、$S_2O_3^{2-}$、F^-、Cl^-、ClO_3^-、Br^-、BrO_3^-、I^-、SCN^-、$[CuCl_2]^-$、TiO^{2+}、VO_3^-、VO_4^{3-}、MoO_4^{2-}、WO_4^{2-} 等阴离子

2. 有色离子

$[Cu(H_2O)_4]^{2+}$	$[CuCl_4]^{2-}$	$[Cu(NH_3)_4]^{2+}$	$[Ti(H_2O)_6]^{3+}$	$[TiCl(H_2O)_5]^{2+}$
浅蓝色	黄色	深蓝色	紫色	绿色

$[TiO(H_2O)_2]^{2+}$	$[V(H_2O)_6]^{2+}$	$[V(H_2O)_6]^{3+}$	VO^{2+}	VO_2^+	$[VO_2(O_2)_2]^{3-}$
橘黄色	紫色	绿色	蓝色	浅黄色	黄色

$[V(O_2)]^{3+}$	$[Cr(H_2O)_6]^{2+}$	$[Cr(H_2O)_6]^{3+}$	$[Cr(H_2O)_5Cl]^{2+}$	$[Cr(H_2O)_4Cl_2]^+$
深红色	蓝色	紫色	浅绿色	暗绿色

$[Cr(NH_3)_2(H_2O)_4]^{3+}$	$[Cr(NH_3)_3(H_2O)_3]^{3+}$	$[Cr(NH_3)_4(H_2O)_2]^{3+}$
紫红色	浅红色	橙红色

$[Cr(NH_3)_5(H_2O)]^{2+}$	$[Cr(NH_3)_6]^{3+}$	CrO_2^-	CrO_4^{2-}	$Cr_2O_7^{2-}$	$[Mn(H_2O)_6]^{2+}$
橙黄色	黄色	绿色	黄色	橙色	肉色

MnO_4^{2-}	MnO_4^-	$[Fe(H_2O)_6]^{2+}$	$[Fe(H_2O)_6]^{3+}$	$[Fe(CN)_6]^{4-}$	$[Fe(CN)_6]^{3-}$
绿色	紫红色	浅绿色	淡紫色	黄色	浅橘黄色

$[Fe(NCS)_n]^{3-n}$	$[Co(H_2O)_6]^{2+}$	$[Co(NH_3)_6]^{2+}$	$[Co(NH_3)_6]^{3+}$
血红色	粉红色	黄色	橙黄色

$[CoCl(NH_3)_5]^{2+}$	$[Co(NH_3)_5(H_2O)]^{3+}$	$[Co(NH_3)_4CO_3]^+$	$[Co(CN)_6]^{3-}$
红紫色	粉红色	紫红色	紫色

$[Co(SCN)_4]^{2-}$	$[Ni(H_2O)_6]^{2+}$	$[Ni(NH_3)_6]^{2+}$	I_3^-
蓝色	亮绿色	蓝色	浅棕黄色

二、化合物

1. 氧化物

CuO	Cu_2O	Ag_2O	ZnO	CdO	Hg_2O	HgO	TiO_2	VO
黑色	暗红色	暗棕色	白色	棕红色	黑褐色	红色或黄色	白色	亮灰色

V_2O_3	VO_2	V_2O_5	Cr_2O_3	CrO_3	MnO_2	MoO_2	WO_2	FeO	Fe_2O_3
黑色	深蓝色	红棕色	绿色	红色	棕褐色	铅灰色	棕红色	黑色	砖红色

Fe_3O_4	CoO	Co_2O_3	NiO	Ni_2O_3	PbO	Pb_3O_4
黑色	灰绿色	黑色	暗绿色	黑色	黄色	红色

2. 氢氧化物

$Zn(OH)_2$	$Pb(OH)_2$	$Mg(OH)_2$	$Sn(OH)_2$	$Sn(OH)_4$	$Mn(OH)_2$	$Fe(OH)_2$
白色	白色	白色	白色	白色	白色	白色或苍绿色

$Fe(OH)_3$　$Cd(OH)_2$　$Al(OH)_3$　$Bi(OH)_3$　$Sb(OH)_3$　$Cu(OH)_2$　$Cu(OH)$
红棕色　　　白色　　　白色　　　白色　　　白色　　　浅蓝色　　黄色

$Ni(OH)_2$　$Ni(OH)_3$　$Co(OH)_2$　$Co(OH)_3$　$Cr(OH)_3$
浅绿色　　　黑色　　　粉红色　　褐棕色　　灰绿色

3. 氯化物

$AgCl$　Hg_2Cl_2　$PbCl_2$　$CuCl$　$CuCl_2$　$CuCl_2 \cdot 2H_2O$　$Hg(NH_2)Cl$　$CoCl_2$
白色　　白色　　白色　　白色　　棕色　　　蓝色　　　　　白色　　　蓝色

$CoCl_2 \cdot H_2O$　$CoCl_2 \cdot 2H_2O$　$CoCl_2 \cdot 6H_2O$　$FeCl_3 \cdot 6H_2O$　$TiCl_3 \cdot 6H_2O$　$TiCl_2$
蓝紫色　　　　紫红色　　　　粉红色　　　　黄棕色　　　　紫色或绿色　　黑色

4. 溴化物

$AgBr$　$AsBr$　$CuBr_2$
淡黄色　浅黄色　黑紫色

5. 碘化物

AgI　Hg_2I_2　HgI_2　PbI_2　CuI　SbI_3　BiI_3　TiI_4
黄色　黄绿色　红色　黄色　白色　红黄色　绿黑色　暗棕色

6. 卤酸盐

$Ba(IO_3)_2$　$AgIO_3$　$KClO_4$　$AgBrO_3$
白色　　　白色　　白色　　白色

7. 硫化物

Ag_2S　HgS　PbS　CuS　Cu_2S　FeS　Fe_2S_3　CoS　NiS　Bi_2S_3
灰黑色　红色或黑色　黑色　黑色　黑色　棕黑色　黑色　黑色　黑色　黑褐色

SnS　SnS_2　CdS　Sb_2S_3　Sb_2S_5　MnS　ZnS　As_2S_3
褐色　金黄色　黄色　橙色　橙红色　肉色　白色　黄色

8. 硫酸盐

Ag_2SO_4　Hg_2SO_4　$PbSO_4$　$CaSO_4 \cdot 2H_2O$　$SrSO_4$　$BaSO_4$　$[Fe(NO)]SO_4$
白色　　　白色　　　白色　　　白色　　　　白色　　白色　　深棕色

$CoSO_4 \cdot 7H_2O$　$Cu_2(OH)_2SO_4$　$CuSO_4 \cdot 5H_2O$　$Cr_2(SO_4)_3 \cdot 6H_2O$　$Cr_2(SO_4)_3$
红色　　　　浅蓝色　　　　蓝色　　　　　绿色　　　　　紫色或红色

$Cr_2(SO_4)_3 \cdot 18H_2O$　$KCr(SO_4)_2 \cdot 12H_2O$
蓝紫色　　　　　　紫色

9. 碳酸盐

Ag_2CO_3　$CaCO_3$　$SrCO_3$　$BaCO_3$　$MnCO_3$　$CdCO_3$　$Zn_2(OH)_2CO_3$　$BiOHCO_3$
白色　　　白色　　白色　　白色　　白色　　白色　　白色　　　　白色

$Hg_2(OH)_2CO_3$　$Co_2(OH)_2CO_3$　$Cu_2(OH)_2CO_3$　$Ni_2(OH)_2CO_3$
红褐色　　　　红色　　　　暗绿色　　　　浅绿色

10. 磷酸盐

Ca_3PO_4　$CaHPO_3$　$Ba_3(PO_4)_2$　$FePO_4$　Ag_3PO_4　NH_4MgPO_4
白色　　　白色　　　白色　　　浅黄色　黄色　　白色

11. 铬酸盐

Ag_2CrO_4　$PbCrO_4$　$BaCrO_4$　$FeCrO_4 \cdot 5H_2O$
砖红色　　黄色　　　黄色　　　黄色

12. 硅酸盐

$BaSiO_3$　$CuSiO_3$　$CoSiO_3$　$Fe_2(SiO_3)_3$　$MnSiO_3$　$NiSiO_3$　$ZnSiO_3$
白色　　　蓝色　　　紫色　　　棕红色　　　　肉色　　翠绿色　　白色

13. 草酸盐

CaC_2O_4　$Ag_2C_2O_4$　$FeC_2O_4 \cdot 2H_2O$
白色　　　白色　　　　黄色

14. 类卤化合物

$AgCN$　$Ni(CN)_2$　$Cu(CN)_2$　$CuCN$　$AgSCN$　$Cu(CSN)_2$
白色　　浅绿色　　浅棕黄色　　白色　　白色　　黑绿色

15. 其他含氧酸盐

NH_4MgAsO_4　Ag_3AsO_4　$Ag_2S_2O_3$　$BaSO_3$　$SrSO_3$
　白色　　　　红褐色　　　白色　　　白色　　白色

16. 其他化合物

$Fe_2^{III}[Fe^{II}(CN)_6]_3 \cdot xH_2O$　$Cu_2[Fe(CN)_6]$　$Ag_3[Fe(CN)_6]$　$Zn_3[Fe(CN)_6]_2$
　　蓝色　　　　　　　　红褐色　　　　　橙色　　　　黄褐色

$Co_2[Fe(CN)_6]$　$Ag_4[Fe(CN)_6]$　$Zn_2[Fe(CN)_6]$　$K_3[Co(NO_2)_6]$　$K_2Na[Co(No_2)_6]$
　绿色　　　　　　白色　　　　　白色　　　　　黄色　　　　　黄色

$(NH_4)_2Na[Co(NO_2)_6]$　$K_2[PtCl_6]$　$KHC_4H_4O_6$　$Na[Sb(OH)_6]$
　　黄色　　　　　　黄色　　　　白色　　　　白色

$Na_2[Fe(CN)_5NO] \cdot 2H_2O$　$NaAc \cdot Zn(Ac)_2 \cdot 3[UO_2(Ac)_2 \cdot 9H_2O]$　$(NH_4)_2MoS_4$
　　红色　　　　　　　　　黄色　　　　　　　　血红色

$$\left[\begin{array}{c} Hg \\ O \quad NH_2 \\ Hg \end{array} \right] I \qquad \left[\begin{array}{c} I{-}Hg \\ NH_2 \\ I{-}Hg \end{array} \right] I$$
　红棕色　　　　深褐色或红棕色

附录 6 某些试剂溶液的配制

试 剂	$c/\text{mol} \cdot \text{L}^{-1}$	配 制 方 法
三氯化铋 $BiCl_3$	0.1	溶解 31.6g $BiCl_3$ 于 330 mL 6 mol·L^{-1} HCl 溶液中,加水稀释至 1 L
三氯化锑 $SbCl_3$	0.1	溶解 22.8g $SbCl_3$ 于 330 mL 6 mol·L^{-1} HCl 溶液中,加水稀释至 1 L
氯化亚锡 $SnCl_2$	0.1	溶解 22.6g $SnCl_2 \cdot 2H_2O$ 于 330 mL 6 mol·L^{-1} HCl 溶液中,加水稀释至 1 L,加入数粒纯锡,以防氧化
硝酸汞 $Hg(NO_3)_2$	0.1	溶解 33.4 g $Hg(NO_3)_2 \cdot \frac{1}{2}H_2O$ 于 330 mL 0.6 mol·L^{-1} HNO_3 溶液中,加水稀释至 1 L
硝酸亚汞 $Hg_2(NO_3)_2$	0.1	溶解 56.1 g $Hg_2(NO_3)_2 \cdot 2H_2O$ 于 330 mL 0.6 mol·L^{-1} HNO_3 溶液中,加水稀释至 1 L,并加入少许金属汞
碳酸铵 $(NH_4)_2CO_3$	1	96 g 研细的 $(NH_4)_2CO_3$ 溶于 1 L 2 mol·L^{-1} 氨水
硫酸铵 $(NH_4)_2SO_4$	饱和	50g $(NH_4)_2SO_4$ 溶于 100 mL 热水,冷却后过滤
硫酸亚铁 $FeSO_4$	0.5	溶解 69.5 g $FeSO_4 \cdot 7H_2O$ 于适量水中,加入 5 mL 18 mol·L^{-1} H_2SO_4,再加水稀释至 1 L,置入小铁钉数枚
六羟基锑酸钠 $Na[Sb(OH)_6]$	0.1	溶解 12.2 g 锑粉于 50 mL 浓 HNO_3 中微热,使锑粉全部作用生成白色粉末,用倾析法洗涤数次,再加入 50 mL 6 mol·L^{-1} NaOH 溶液,使之溶解,稀释至 1 L
六硝基钴酸钠 $Na_3[Co(NO_2)_6]$		溶解 230 g $NaNO_2$ 于 500 mL H_2O 中,加入 165 mL 6 mol·L^{-1} HAc 和 30 g $Co(NO_3)_2 \cdot 6H_2O$ 放置 24 h,取其清液,稀释至 1 L,并保存在棕色瓶中。此溶液应呈橙色,若变成红色,表示已分解,应重新配制
硫化钠 Na_2S	2	溶解 240 g $Na_2S \cdot 9H_2O$ 和 40 g NaOH 于水中,稀释至 1 L
仲钼酸铵 $(NH_4)_6Mo_7O_{24} \cdot 4H_2O$	0.1	溶解 124 g $(NH_4)_6Mo_7O_{24} \cdot 4H_2O$ 于 1 L 水中,将所得溶液倒入 1 L 6 mol·L^{-1} HNO_3 溶液中,放置 24 h,取其澄清液
硫化铵 $(NH_4)_2S$	3	取一定量氨水,将其均分为两份,往其中一份中通入硫化氢至饱和,而后与另一份氨水混合
铁氰化钾 $K_3[Fe(CN)_6]$		取铁氰化钾为 0.7 g~1 g 溶解于水,稀释至 100 mL(使用前临时配制)
铬黑 T		将铬黑 T 和烘干的 NaCl 按 1:100 的比例研细,混合均匀,贮于棕色瓶中
二苯胺		将 1 g 二苯胺在搅拌下溶于 100 mL 1.84 g·cm^{-3} 硫酸或 100 mL 1.70g·cm^{-3} 磷酸中(该溶液可保存较长时间)

试　剂	$c/\text{mol} \cdot \text{L}^{-1}$	配 制 方 法
镍试剂		溶解 10 g 镍试剂(二乙酰二肟)于 1 L 95%酒精中
镁试剂		溶解 0.01 g 镁试剂于 1 L 1 mol·L^{-1} NaOH 溶液中
铝试剂		1 g 铝试剂溶于 1 L 水中
镁铵试剂		将 100 g MgCl$_2$·6H$_2$O 和 100 g NH$_4$Cl 溶于水中,加 50 mL 浓氨水,用水稀释至 1 L
奈氏试剂		溶解 115 g HgI$_2$ 和 80 g KI 于水中,稀释至 500 mL,加入 500 mL 6 mol·L^{-1}NaOH 溶液,静置后,取其清液,保存在棕色瓶中
五氰氧氮合铁(Ⅲ)酸钠 Na$_2$[Fe(CN)$_5$NO]		10 g 钠亚硝酰铁氰酸钠溶解于 100 mL 水中,保存于棕色瓶内,如果溶液变绿就不能用
格里斯试剂		(1)在加热下溶解 0.5 g 对氨基苯磺酸于 50 mL 30%HAc 中,贮于暗处保存 (2)将 0.4 g α-萘胺与 100 mL 水混合煮沸,在从蓝色渣滓中倾出的无色溶液中加入 6 mL 80%HAc 使用前将(1)、(2)两液等体积混合
打萨宗(二苯缩氨硫脲)		溶解 0.1 g 打萨宗于 1 L CCl$_4$ 或 CHCl$_3$ 中
甲基红		每升 60%乙醇中溶解 2 g
甲基橙	0.1%	每升水中溶解 1 g
酚酞		每升 90%乙醇中溶解 1 g
溴甲酚蓝(溴甲酚绿)		0.1 g 该指示剂与 2.9 mL 0.05 mol·L^{-1}NaOH 溶液一起搅匀,用水稀释至 250 mL;或每升 20%乙醇中溶解 1 g 该指示剂
石蕊		2 g 石蕊溶于 50 mL 水中,静置一昼夜后过滤。在滤液中加 30 mL 95%乙醇,再加水稀释至 100 mL
氯水		在水中通入氯气直至饱和,该溶液使用时临时配制
溴水		在水中滴入液溴至饱和
碘水	0.01%	溶解 1.3 g 碘和 5 g KI 于尽可能少量的水中,加水稀释至 1 L
品红溶液		0.1% 的水溶液
淀粉溶液	0.2%	将 0.2 g 淀粉和少量冷水调成糊状,倒入 100 mL 沸水中,煮沸后冷却即可
NH$_3$-NH$_4$Cl 缓冲溶液		20 g NH$_4$Cl 溶于适量水中,加入 100 mL 氨水(密度为 0.9 g·cm^{-3}),混合后稀释至 1 L,即为 pH=10 的缓冲溶液

附录7 危险药品的分类、性质和管理

一、危险药品是指受光、热、空气、水或撞击等外界因素的影响,可能引起燃烧、爆炸的药品,或具有强腐蚀性、剧毒性的药品。常用危险药品按危害性可分为以下几类来管理。

类 别		举 例	性 质	注意事项
爆炸品		硝酸铵、苦味酸、三硝基甲苯	遇高热摩擦、撞击等,引起剧烈反应,放出大量气体和热量,产生猛烈爆炸	存放于阴凉、低下处。轻拿、轻放
易燃品	易燃液体	丙酮、乙醚、甲醇、乙醇、苯等有机溶剂	沸点低、易挥发,遇火则燃烧,甚至引起爆炸	存放于阴凉处,远离热源。使用时注意通风,不得有明火
	易燃固体	赤磷、硫、萘、硝化纤维	燃点低、受热、摩擦、撞击或遇氧化剂,可引起剧烈连续燃烧、爆炸	同上
	易燃气体	氢气、乙炔、甲烷	因撞击、受热引起燃烧。与空气按一定比例混合,则会爆炸	使用时注意通风,钢瓶气不得在实验室存放
	遇水易燃品	钠、钾	遇水剧烈反应,产生可燃气体并放出热量,此反应热会引起燃烧。	保存于煤油中,切勿与水接触
	自燃物品	白磷	在适当温度下被空气氧化、放热,达到燃点而引起自燃	保存于水中
氧化剂		硝酸钾、氯酸钾、过氧化氢、过氧化钠、高锰酸钾	具有强氧化性,遇酸、受热、与有机物、易燃品、还原剂等混合时,因反应引起燃烧或爆炸	不得与易燃品、爆炸品、还原剂等一起存放
剧毒品		氰化钾、三氧化二砷、升汞、氰化钠、六六六	剧毒,少量侵入人体(误食或接触伤口)会引起中毒,甚至死亡	专人、专柜保管,现用现领,用后的剩余物,不论是固体或液体都应交还保管人,并应设有使用登记制度
腐蚀性药品		强酸、强碱、溴、酚、氟化氢	具有强腐蚀性,触及物品造成腐蚀、破坏,触及人体皮肤,引起化学烧伤	不要与氧化剂、易燃品、爆炸品放在一起

二、中华人民共和国公安部1993年发布并实施了中华人民共和国安全行业标准GA58—93。将剧毒物品分为A、B两级。

剧毒物品急性毒性分级标准

级别	口服剧毒物品的半致死量 mg·kg⁻¹	皮肤接触剧毒物品的半致死量 mg·kg⁻¹	吸入剧毒物品粉尘、烟雾的半致死浓度 mL·L⁻¹	吸入剧毒物品液体的蒸气或气体的半致死浓度 mL·L⁻¹
A	≤5	40	≤0.5	≤1 000
B	5~50	40~200	0.5~2	≤3 000(A级除外)

A 级无机剧毒物品品名表

品　名	别　名	品　名	别　名	品　名	别　名
氰化钠	山奈、山奈钠	氰化钾	山奈钾	氰化钙	
氰化钡	山奈钡	氰化钴		氰化亚钴	氰化钴
氰化钴钾	钴氰化钾	氰化镍	氰化亚镍	氰化镍钾	
氰化铜	氰化高铜	氰化银		氰化银钾	
氰化锌		氰化镉		氰化汞	氰化高汞、二氰化汞
氰化汞钾	氰化钾汞、汞氰化钾	氰化铅		氰化铈	
氰化亚铜		氰化金钾	金氰化钾	氰化溴	液化溴
氰化氢（液化的）	无水氢氰酸	氢氰酸		三氧化（二）砷	砒霜、白砒、亚砷酸酐
亚砷酸钠	偏亚砷酸钠	亚砷酸钾		五氧化（二）砷	砷（酸）
三氯化砷	氯化亚砷	亚硒酸钠		亚硒酸钾	亚硒酸钾、亚蒂酸钾
硒酸钠		硒酸钾		氧氯化硒	二氯氧硒
氯化汞	氯化高汞、二氯化汞	氧氰化汞		氧化镉	
羰基镍	四羰基镍、四羰酰镍	五羰基铁		叠氮（化）钠	三氮化钠
叠氮（化）钡		叠氮酸	叠氮化氢	氟化氢（无水）	
黄磷	白磷	磷化钾		磷化钠	磷化三钠
磷化镁	二磷化三镁	磷化铝		磷化铝农药	
氟（压缩的）		氯（液化的）	液氯	磷化氢	
砷化氢	砷化三氢、胂、砷烷	硒化氢		锑化氢	
一氧化氮		四氧化二氮（液化的）	四氧化氮	二氧化硫	亚硫酸酐
二氧化氯		二氟化氯		三氟化氯	
三氟化磷	氟化亚磷	四氟化硫		四氟化硅	
五氟化氯		五氟化磷		六氟化硒	
六氟化碲		六氟化钨		氯化溴	溴化氯
氯化氰	氯甲腈	溴化羰	溴光气	氰（液化的）	

三、化学实验室毒品管理规定。

1. 实验室使用毒品和剧毒品(无论 A 类或 B 类毒品)应预先计算使用量,按用量到毒品库领取,尽量做到用多少领多少,使用后剩余毒品应送回毒品库统一管理,毒品库对领出和退回毒品要详细登记。

2. 实验室在领用毒品和剧毒品后,由两位教师(教辅人员)共同负责保证领用毒品的安全管理,实验室建立毒品使用账目。账目包括:药品名称,领用名称,领用日期,领用量,使用日期,使用量,剩余量,使用人签名,两位管理教师签名。

3. 实验室使用毒品时,如剩余量较少且近期仍需使用须存放在实验室内,此药品必须放于实验室毒品保险柜内,钥匙由两位管理教师保管,保险柜上锁和开启均须由两人同时在场。实验室配制有毒药品溶液时也应按用量配制,该溶液的使用、归还和存放也必须履行使用账目登记制度。

附录8 常见电对的标准电极电势

在酸性溶液中

电对	电极反应	$E^{\ominus}$, V
Li(I)−(0)	$Li^+ + e^- \rightleftharpoons Li$	−3.040 1
Cs(I)−(0)	$Cs^+ + e^- \rightleftharpoons Cs$	−3.026
Rb(I)−(0)	$Rb^+ + e^- \rightleftharpoons Rb$	−2.98
K(I)−(0)	$K^+ + e^- \rightleftharpoons K$	−2.931
Ba(II)−(0)	$Ba^{2+} + 2e^- \rightleftharpoons Ba$	−2.912
Sr(II)−(0)	$Sr^{2+} + 2e^- \rightleftharpoons Sr$	−2.899
Ca(II)−(0)	$Ca^{2+} + 2e^- \rightleftharpoons Ca$	−2.868
Na(I)−(0)	$Na^+ + e^- \rightleftharpoons Na$	−2.71
La(III)−(0)	$La^{3+} + 3e^- \rightleftharpoons La$	−2.379
Mg(II)−(0)	$Mg^{2+} + 2e^- \rightleftharpoons Mg$	−2.372
Ce(III)−(0)	$Ce^{3+} + 3e^- \rightleftharpoons Ce$	−2.336
H(0)−(−I)	$H_2(g) + 2e^- \rightleftharpoons 2H^-$	−2.25
Al(III)−(0)	$AlF_6^{3-} + 3e^- \rightleftharpoons Al + 6F^-$	−2.069
Th(IV)−(0)	$Th^{4+} + 4e^- \rightleftharpoons Th$	−1.899
Be(II)−(0)	$Be^{2+} + 2e^- \rightleftharpoons Be$	−1.847
U(III)−(0)	$U^{3+} + 3e^- \rightleftharpoons U$	−1.798
Hf(IV)−(0)	$HfO_2 + 4H^+ + 4e^- \rightleftharpoons Hf + 2H_2O$	−1.724
Al(III)−(0)	$Al^{3+} + 3e^- \rightleftharpoons Al$	−1.662
Ti(II)−(0)	$Ti^{2+} + 2e^- \rightleftharpoons Ti$	−1.630
Zr(IV)−(0)	$ZrO_2 + 4H^+ + 4e^- \rightleftharpoons Zr + 2H_2O$	−1.553
Si(IV)−(0)	$[SiF_6]^{2-} + 4e^- \rightleftharpoons Si + 6F^-$	−0.124
Mn(II)−(0)	$Mn^{2+} + 2e^- \rightleftharpoons Mn$	−1.185
Cr(II)−(0)	$Cr^{2+} + 2e^- \rightleftharpoons Cr$	−0.913
Ti(III)−(II)	$Ti^{3+} + e^- \rightleftharpoons Ti^{2+}$	−0.9
B(III)−(0)	$H_3BO_3 + 3H^+ + 3e^- \rightleftharpoons B + 3H_2O$	−0.869 8
Ti(IV)−(0)	$TiO_2 + 4H^+ + 4e^- \rightleftharpoons Ti + 2H_2O$	−0.86
Te(0)−(−II)	$Te + 2H^+ + 2e^- \rightleftharpoons H_2Te$	−0.793
Zn(II)−(0)	$Zn^{2+} + 2e^- \rightleftharpoons Zn$	−0.761 8
Ta(V)−(0)	$Ta_2O_5 + 10H^+ + 10e^- \rightleftharpoons 2Ta + 5H_2O$	−0.750

电对	电 极 反 应	$E^{\ominus}$, V
Cr(Ⅲ)−(0)	$Cr^{3+}+3e^-\rightleftharpoons Cr$	−0.744
Nb(Ⅴ)−(0)	$Nb_2O_5+10H^++10e^-\rightleftharpoons 2Nb+5H_2O$	−0.644
As(0)−(−Ⅲ)	$As+3H^++3e^-\rightleftharpoons AsH_3$	−0.608
U(Ⅳ)−(Ⅲ)	$U^{4+}+e^-\rightleftharpoons U^{3+}$	−0.607
Ga(Ⅲ)−(0)	$Ga^{3+}+3e^-\rightleftharpoons Ga$	−0.549
P(Ⅰ)−(0)	$H_3PO_2+H^++e^-\rightleftharpoons P+2H_2O$	−0.508
P(Ⅲ)−(Ⅰ)	$H_3PO_3+2H^++2e^-\rightleftharpoons H_3PO_2+H_2O$	−0.499
*C(Ⅳ)−(Ⅲ)	$2CO_2+2H^++2e^-\rightleftharpoons H_2C_2O_4$	−0.49
Fe(Ⅱ)−(0)	$Fe^{2+}+2e^-\rightleftharpoons Fe$	−0.447
Cr(Ⅲ)−(Ⅱ)	$Cr^{3+}+e^-\rightleftharpoons Cr^{2+}$	−0.407
Cd(Ⅱ)−(0)	$Cd^{2+}+2e^-\rightleftharpoons Cd$	−0.403 0
Se(0)−(−Ⅱ)	$Se+2H^++2e^-\rightleftharpoons H_2Se(aq)$	−0.399
Pb(Ⅱ)−(0)	$PbI_2+2e^-\rightleftharpoons Pb+2I^-$	−0.365
Eu(Ⅲ)−(Ⅱ)	$Eu^{3+}+e^-\rightleftharpoons Eu^{2+}$	−0.36
Pb(Ⅱ)−(0)	$PbSO_4+2e^-\rightleftharpoons Pb+SO_4^{2-}$	−0.358 8
In(Ⅲ)−(0)	$In^{3+}+3e^-\rightleftharpoons In$	−0.338 2
Tl(Ⅰ)−(0)	$Tl^++e^-\rightleftharpoons Tl$	−0.336
Co(Ⅱ)−(0)	$Co^{2+}+2e^-\rightleftharpoons Co$	−0.24
P(Ⅴ)−(Ⅲ)	$H_3PO_4+2H^++2e^-\rightleftharpoons H_3PO_3+H_2O$	−0.276
Pb(Ⅱ)−(0)	$PbCl_2+2e^-\rightleftharpoons Pb+2Cl^-$	−0.267 5
Ni(Ⅱ)−(0)	$Ni^{2+}+2e^-\rightleftharpoons Ni$	−0.257
V(Ⅲ)−(Ⅱ)	$V^{3+}+e^-\rightleftharpoons V^{2+}$	−0.255
Ge(Ⅳ)−(0)	$H_2GeO_3+4H^++4e^-\rightleftharpoons Ge+3H_2O$	−0.182
Ag(Ⅰ)−(0)	$AgI+e^-\rightleftharpoons Ag+I^-$	−0.152 24
Sn(Ⅱ)−(0)	$Sn^{2+}+2e^-\rightleftharpoons Sn$	−0.137 5
Pb(Ⅱ)−(0)	$Pb^{2+}+2e^-\rightleftharpoons Pb$	−0.126 2
*C(Ⅳ)−(Ⅱ)	$CO_2(g)+2H^++2e^-\rightleftharpoons CO+H_2O$	−0.12
P(0)−(−Ⅲ)	$P(white)+3H^++3e^-\rightleftharpoons PH_3(g)$	−0.063
Hg(Ⅰ)−(0)	$Hg_2I_2+2e^-\rightleftharpoons 2Hg+2I^-$	−0.040 5
Fe(Ⅲ)−(0)	$Fe^{3+}+3e^-\rightleftharpoons Fe$	−0.037
H(Ⅰ)−(0)	$2H^++2e^-\rightleftharpoons H_2$	0.000
Ag(Ⅰ)−(0)	$AgBr+e^-\rightleftharpoons Ag+Br^-$	0.071 33

电对	电极反应	$E^{\ominus}$, V
S(Ⅱ、Ⅴ)－(Ⅱ)	$S_4O_6^{2-}+2e^-\Longrightarrow 2S_2O_3^{2-}$	0.08
*Ti(Ⅳ)－(Ⅲ)	$TiO^{2+}+2H^++e^-\Longrightarrow Ti^{3+}+H_2O$	0.1
S(0)－(－Ⅱ)	$S+2H^++2e^-\Longrightarrow H_2S(aq)$	0.142
Sn(Ⅳ)－(Ⅱ)	$Sn^{4+}+2e^-\Longrightarrow Sn^{2+}$	0.151
Sb(Ⅲ)－(0)	$Sb_2O_3+6H^++6e^-\Longrightarrow 2Sb+3H_2O$	0.152
Cu(Ⅱ)－(Ⅰ)	$Cu^{2+}+e^-\Longrightarrow Cu^+$	0.153
Bi(Ⅲ)－(0)	$BiOCl+2H^++3e^-\Longrightarrow Bi+Cl^-+H_2O$	0.158 3
S(Ⅵ)－(Ⅳ)	$SO_4^{2-}+4H^++2e^-\Longrightarrow H_2SO_3+H_2O$	0.172
Sb(Ⅲ)－(0)	$SbO^++2H^++3e^-\Longrightarrow Sb+H_2O$	0.212
Ag(Ⅰ)－(0)	$AgCl+e^-\Longrightarrow Ag+Cl^-$	0.222 33
As(Ⅲ)－(0)	$HAsO_2+3H^++3e^-\Longrightarrow As+2H_2O$	0.248
Hg(Ⅰ)－(0)	$Hg_2Cl_2+2e^-\Longrightarrow 2Hg+2Cl^-$（饱和 KCl）	0.268 08
Bi(Ⅲ)－(0)	$BiO^++2H^++3e^-\Longrightarrow Bi+H_2O$	0.320
U(Ⅵ)－(Ⅳ)	$UO_2^{2+}+4H^++2e^-\Longrightarrow U^{4+}+2H_2O$	0.327
C(Ⅳ)－(Ⅲ)	$2HCNO+2H^++2e^-\Longrightarrow (CN)_2+2H_2O$	0.330
V(Ⅳ)－(Ⅲ)	$VO^{2+}+2H^++e^-\Longrightarrow V^{3+}+H_2O$	0.337
Cu(Ⅱ)－(0)	$Cu^{2+}+2e^-\Longrightarrow Cu$	0.341 9
Re(Ⅶ)－(0)	$ReO_4^-+8H^++7e^-\Longrightarrow Re+4H_2O$	0.368
Ag(Ⅰ)－(0)	$Ag_2CrO_4+2e^-\Longrightarrow 2Ag+CrO_4^{2-}$	0.447 0
S(Ⅳ)－(0)	$H_2SO_3+4H^++4e^-\Longrightarrow S+3H_2O$	0.449
Cu(Ⅰ)－(0)	$Cu^++e^-\Longrightarrow Cu$	0.521
I(0)－(－Ⅰ)	$I_2+2e^-\Longrightarrow 2I^-$	0.535 5
I(0)－(－Ⅰ)	$I_3^-+2e^-\Longrightarrow 3I^-$	0.536
As(Ⅴ)－(Ⅲ)	$H_3AsO_4+2H^++2e^-\Longrightarrow HAsO_2+2H_2O$	0.560
Sb(Ⅴ)－(Ⅲ)	$Sb_2O_5+6H^++4e^-\Longrightarrow 2SbO^++3H_2O$	0.581
Te(Ⅳ)－(0)	$TeO_2+4H^++4e^-\Longrightarrow Te+2H_2O$	0.593
U(Ⅴ)－(Ⅳ)	$UO^{2+}+4H^++e^-\Longrightarrow U^{4+}+2H_2O$	0.612
*Hg(Ⅱ)－(Ⅰ)	$2HgCl_2+2e^-\Longrightarrow Hg_2Cl_2+2Cl^-$	0.63
Pt(Ⅳ)－(Ⅱ)	$[PtCl_6]^{2-}+2e^-\Longrightarrow [PtCl_4]^{2-}+2Cl^-$	0.68
O(0)－(－Ⅰ)	$O_2+2H^++2e^-\Longrightarrow H_2O_2$	0.695
Pt(Ⅱ)－(0)	$[PtCl_4]^{2-}+2e^-\Longrightarrow Pt+4Cl^-$	0.755 5
*Se(Ⅳ)－(0)	$H_2SeO_3+4H^++4e^-\Longrightarrow Se+3H_2O$	0.74
Fe(Ⅲ)－(Ⅱ)	$Fe^{3+}+e^-\Longrightarrow Fe^{2+}$	0.771
Hg(Ⅰ)－(0)	$Hg_2^{2+}+2e^-\Longrightarrow 2Hg$	0.797 3

电对	电 极 反 应	$E^{\ominus}$, V
Ag(I)－(0)	$Ag^+ + e^- \Longrightarrow Ag$	0.799 6
Os(Ⅷ)－(0)	$OsO_4 + 8H^+ + 8e^- \Longrightarrow Os + 4H_2O$	0.8
N(V)－(Ⅳ)	$2NO_3^- + 4H^+ + 2e^- \Longrightarrow N_2O_4 + 2H_2O$	0.803
Hg(Ⅱ)－(0)	$Hg^{2+} + 2e^- \Longrightarrow Hg$	0.851
Si(Ⅳ)－(0)	$(quartz)SiO_2 + 4H^+ + 4e^- \Longrightarrow Si + 2H_2O$	－0.857
Cu(Ⅱ)－(I)	$Cu^{2+} + I^- + e^- \Longrightarrow CuI$	0.86
Hg(Ⅱ)－(I)	$2Hg^{2+} + 2e^- \Longrightarrow Hg_2^{2+}$	0.920
N(V)－(Ⅲ)	$NO_3^- + 3H^+ + 2e^- \Longrightarrow HNO_2 + H_2O$	0.934
Pd(Ⅱ)－(0)	$Pd^{2+} + 2e^- \Longrightarrow Pd$	0.951
N(V)－(Ⅱ)	$NO_3^- + 4H^+ + 3e^- \Longrightarrow NO + 2H_2O$	0.957
N(Ⅲ)－(Ⅱ)	$HNO_2 + H^+ + e^- \Longrightarrow NO + H_2O$	0.983
I(I)－(－I)	$HIO + H^+ + 2e^- \Longrightarrow I^- + H_2O$	0.987
V(V)－(Ⅳ)	$VO_2^+ + 2H^+ + e^- \Longrightarrow VO^{2+} + H_2O$	0.991
V(V)－(Ⅳ)	$V(OH)_4^+ + 2H^+ + e^- \Longrightarrow VO^{2+} + 3H_2O$	1.00
Au(Ⅲ)－(0)	$[AuCl_4]^- + 3e^- \Longrightarrow Au + 4Cl^-$	1.002
Te(Ⅵ)－(Ⅳ)	$H_6TeO_6 + 2H^+ + 2e^- \Longrightarrow TeO_2 + 4H_2O$	1.02
N(Ⅳ)－(Ⅱ)	$N_2O_4 + 4H^+ + 4e^- \Longrightarrow 2NO + 2H_2O$	1.035
N(Ⅳ)－(Ⅲ)	$N_2O_4 + 2H^+ + 2e^- \Longrightarrow 2HNO_2$	1.065
I(V)－(－I)	$IO_3^- + 6H^+ + 6e^- \Longrightarrow I^- + 3H_2O$	1.085
Br(0)－(－I)	$Br_2(aq) + 2e^- \Longrightarrow 2Br^-$	1.087 3
Se(Ⅵ)－(Ⅳ)	$SeO_4^{2-} + 4H^+ + 2e^- \Longrightarrow H_2SeO_3 + H_2O$	1.151
Cl(V)－(Ⅳ)	$ClO_3^- + 2H^+ + e^- \Longrightarrow ClO_2 + H_2O$	1.152
Pt(Ⅱ)－(0)	$Pt^{2+} + 2e^- \Longrightarrow Pt$	1.118
Cl(Ⅶ)－(V)	$ClO_4^- + 2H^+ + 2e^- \Longrightarrow ClO_3^- + H_2O$	1.189
I(V)－(0)	$2IO_3^- + 12H^+ + 10e^- \Longrightarrow I_2 + 6H_2O$	1.195
Cl(V)－(Ⅲ)	$ClO_3^- + 3H^+ + 2e^- \Longrightarrow HClO_2 + H_2O$	1.214
Mn(Ⅳ)－(Ⅱ)	$MnO_2 + 4H^+ + 2e^- \Longrightarrow Mn^{2+} + 2H_2O$	1.224
O(0)－(－Ⅱ)	$O_2 + 4H^+ + 4e^- \Longrightarrow 2H_2O$	1.229
Tl(Ⅲ)－(I)	$Tl^{3+} + 2e^- \Longrightarrow Tl^+$	1.252
Cl(Ⅳ)－(Ⅲ)	$ClO_2 + H^+ + e^- \Longrightarrow HClO_2$	1.277
N(Ⅲ)－(I)	$2HNO_2 + 4H^+ + 4e^- \Longrightarrow N_2O + 3H_2O$	1.297
* Cr(Ⅵ)－(Ⅲ)	$Cr_2O_7^{2-} + 14H^+ + 6e^- \Longrightarrow 2Cr^{3+} + 7H_2O$	1.232
Br(I)－(－I)	$HBrO + H^+ + 2e^- \Longrightarrow Br^- + H_2O$	1.331
Cr(Ⅵ)－(Ⅲ)	$HCrO_4^- + 7H^+ + 3e^- \Longrightarrow Cr^{3+} + 4H_2O$	1.350

电对	电极反应	$E^{\ominus}$,V
Cl(0)-(-I)	$Cl_2(g)+2e^-\Longrightarrow 2Cl^-$	1.358 27
Cl(Ⅶ)-(-I)	$ClO_4^-+8H^++8e^-\Longrightarrow Cl^-+4H_2O$	1.389
Cl(Ⅶ)-(0)	$ClO_4^-+8H^++7e^-\Longrightarrow 1/2Cl_2+4H_2O$	1.39
Au(Ⅲ)-(Ⅰ)	$Au^{3+}+2e^-\Longrightarrow Au^+$	1.401
Br(Ⅴ)-(-I)	$BrO_3^-+6H^++6e^-\Longrightarrow Br^-+3H_2O$	1.423
I(Ⅰ)-(0)	$2HIO+2H^++2e^-\Longrightarrow I_2+2H_2O$	1.439
Cl(Ⅴ)-(-I)	$ClO_3^-+6H^++6e^-\Longrightarrow Cl^-+3H_2O$	1.451
Pb(Ⅳ)-(Ⅱ)	$PbO_2+4H^++2e^-\Longrightarrow Pb^{2+}+2H_2O$	1.455
Cl(Ⅴ)-(0)	$ClO_3^-+6H^++5e^-\Longrightarrow 1/2Cl_2+3H_2O$	1.47
Cl(Ⅰ)-(-I)	$HClO+H^++2e^-\Longrightarrow Cl^-+H_2O$	1.482
Br(Ⅴ)-(0)	$BrO_3^-+6H^++5e^-\Longrightarrow 1/2Br_2+3H_2O$	1.482
Au(Ⅲ)-(0)	$Au^{3+}+3e^-\Longrightarrow Au$	1.498
Mn(Ⅶ)-(Ⅱ)	$MnO_4^-+8H^++5e^-\Longrightarrow Mn^{2+}+4H_2O$	1.507
Mn(Ⅲ)-(Ⅱ)	$Mn^{3+}+e^-\Longrightarrow Mn^{2+}$	1.541 5
Cl(Ⅲ)-(-I)	$HClO_2+3H^++4e^-\Longrightarrow Cl^-+2H_2O$	1.570
Br(Ⅰ)-(0)	$HBrO+H^++e^-\Longrightarrow 1/2Br_2(aq)+H_2O$	1.596
N(Ⅱ)-(Ⅰ)	$2NO+2H^++2e^-\Longrightarrow N_2O+H_2O$	1.591
I(Ⅶ)-(Ⅴ)	$H_5IO_6+H^++2e^-\Longrightarrow IO_3^-+3H_2O$	1.601
Cl(Ⅰ)-(0)	$HClO+H^++e^-\Longrightarrow 1/2Cl_2+H_2O$	1.611
Cl(Ⅲ)-(Ⅰ)	$HClO_2+2H^++2e^-\Longrightarrow HClO+H_2O$	1.645
Ni(Ⅳ)-(Ⅱ)	$NiO_2+4H^++2e^-\Longrightarrow Ni^{2+}+2H_2O$	1.678
Mn(Ⅶ)-(Ⅳ)	$MnO_4^-+4H^++3e^-\Longrightarrow MnO_2+2H_2O$	1.679
Pb(Ⅳ)-(Ⅱ)	$PbO_2+SO_4^{2-}+4H^++2e^-\Longrightarrow PbSO_4+2H_2O$	1.691 3
Au(Ⅰ)-(0)	$Au^++e^-\Longrightarrow Au$	1.692
Ce(Ⅳ)-(Ⅲ)	$Ce^{4+}+e^-\Longrightarrow Ce^{3+}$	1.70
N(Ⅰ)-(0)	$N_2O+2H^++2e^-\Longrightarrow N_2+H_2O$	1.766
O(-I)-(-Ⅱ)	$H_2O_2+2H^++2e^-\Longrightarrow 2H_2O$	1.776
Co(Ⅲ)-(Ⅱ)	$Co^{3+}+e^-\Longrightarrow Co^{2+}(2\ mol\cdot L^{-1}H_2SO_4)$	1.842
Ag(Ⅱ)-(Ⅰ)	$Ag^{2+}+e^-\Longrightarrow Ag^+$	1.980
S(Ⅶ)-(Ⅵ)	$S_2O_8^{2-}+2e^-\Longrightarrow 2SO_4^{2-}$	2.010
O(0)-(-Ⅱ)	$O_3+2H^++2e^-\Longrightarrow O_2+H_2O$	2.076
O(Ⅱ)-(-Ⅱ)	$F_2O+2H^++4e^-\Longrightarrow H_2O+2F^-$	2.153
Fe(Ⅵ)-(Ⅲ)	$FeO_4^{2-}+8H^++3e^-\Longrightarrow Fe^{3+}+4H_2O$	2.20
O(0)-(-Ⅱ)	$O(g)+2H^++2e^-\Longrightarrow H_2O$	2.421

电对	电 极 反 应	$E^{\ominus}$,V
F(0)—(—I)	$F_2+2e^- \rightleftharpoons 2F^-$	2.866
F(0)—(—I)	$F_2(g)+2H^++2e^- \rightleftharpoons 2HF$	3.053

在碱性溶液中

电对	电 极 反 应	$E^{\ominus}$,V
Ca(II)—(0)	$Ca(OH)_2+2e^- \rightleftharpoons Ca+2OH^-$	−3.02
Ba(II)—(0)	$Ba(OH)_2+2e^- \rightleftharpoons Ba+2OH^-$	−2.99
La(III)—(0)	$La(OH)_3+3e^- \rightleftharpoons La+3OH^-$	−2.90
Sr(II)—(0)	$Sr(OH)_2 \cdot 8H_2O+2e^- \rightleftharpoons Sr+2OH^-+8H_2O$	−2.88
Mg(II)—(0)	$Mg(OH)_2+2e^- \rightleftharpoons Mg+2OH^-$	−2.690
Be(II)—(0)	$Be_2O_3^{2-}+3H_2O+4e^- \rightleftharpoons 2Be+6OH^-$	−2.63
Hf(IV)—(0)	$HfO(OH)_2+H_2O+4e^- \rightleftharpoons Hf+4OH^-$	−2.50
Zr(IV)—(0)	$H_2ZrO_3+H_2O+4e^- \rightleftharpoons Zr+4OH^-$	−2.36
Al(III)—(0)	$H_2AlO_3^-+H_2O+3e^- \rightleftharpoons Al+OH^-$	−2.33
P(I)—(0)	$H_2PO_2^-+e^- \rightleftharpoons P+2OH^-$	−1.82
B(III)—(0)	$H_2BO_3^-+H_2O+3e^- \rightleftharpoons B+4OH^-$	−1.79
P(III)—(0)	$HPO_3^{2-}+2H_2O+3e^- \rightleftharpoons P+5OH^-$	−1.71
Si(IV)—(0)	$SiO_3^{2-}+3H_2O+4e^- \rightleftharpoons Si+6OH^-$	−1.697
P(III)—(I)	$HPO_3^{2-}+2H_2O+2e^- \rightleftharpoons H_2PO_2^-+3OH^-$	−1.65
Mn(II)—(0)	$Mn(OH)_2+2e^- \rightleftharpoons Mn+2OH^-$	−1.56
Cr(III)—(0)	$Cr(OH)_3+3e^- \rightleftharpoons Cr+3OH^-$	−1.48
* Zn(II)—(0)	$[Zn(CN)_4]^{2-}+2e^- \rightleftharpoons Zn+4CN^-$	−1.26
Zn(II)—(0)	$Zn(OH)_2+2e^- \rightleftharpoons Zn+2OH^-$	−1.249
Ga(III)—(0)	$H_2GaO_3^-+H_2O+2e^- \rightleftharpoons Ga+4OH^-$	−1.219
Zn(II)—(0)	$ZnO_2^{2-}+2H_2O+2e^- \rightleftharpoons Zn+4OH^-$	−1.216
Cr(III)—(0)	$CrO_2^-+2H_2O+3e^- \rightleftharpoons Cr+4OH^-$	−1.2
Te(0)—(—I)	$Te+2e^- \rightleftharpoons Te^{2-}$	−1.143
P(V)—(III)	$PO_4^{3-}+2H_2O+2e^- \rightleftharpoons HPO_3+3OH^-$	−1.05
* Zn(II)—(0)	$[Zn(NH_3)_4]^{2+}+2e^- \rightleftharpoons Zn+4NH_3$	−1.04
* W(VI)—(0)	$WO_4^{2-}+4H_2O+6e^- \rightleftharpoons W+8OH^-$	−1.01
* Ge(IV)—(0)	$HGeO_3+2H_2O+4e^- \rightleftharpoons Ge+5OH$	−1.0
Sn(IV)—(II)	$[Sn(OH)_6]^{2-}+2e^- \rightleftharpoons HSnO_2^-+H_2O+3OH^-$	−0.93
S(VI)—(IV)	$SO_4^{2-}+H_2O+2e^- \rightleftharpoons SO_3^{2-}+2OH^-$	−0.93
Se(0)—(—II)	$Se+2e^- \rightleftharpoons Se^{2-}$	−0.924
Sn(II)—(0)	$HSnO_2^-+H_2O+2e^- \rightleftharpoons Sn+3OH^-$	−0.909
P(0)—(—III)	$P+3H_2O+3e^- \rightleftharpoons PH_3(g)+3OH^-$	−0.87

电对	电极反应	$E^\ominus$,V
N(V)—(Ⅳ)	$2NO_3^- +2H_2O+2e^- \rightleftharpoons N_2O_4 +4OH^-$	-0.85
H(Ⅰ)—(0)	$2H_2O+2e^- \rightleftharpoons H_2 +2OH^-$	$-0.827\ 7$
Cd(Ⅱ)—(0)	$Cd(OH)_2 +2e^- \rightleftharpoons Cd+2OH^-$	-0.809
Co(Ⅱ)—(0)	$Co(OH)_2 +2e^- \rightleftharpoons Co+2OH^-$	-0.73
Ni(Ⅱ)—(0)	$Ni(OH)_2 +2e^- \rightleftharpoons Ni+2OH^-$	-0.72
As(V)—(Ⅲ)	$AsO_4^{3-} +2H_2O+2e^- \rightleftharpoons AsO_2^- +4OH^-$	-0.71
Ag(Ⅰ)—(0)	$Ag_2S+2e^- \rightleftharpoons 2Ag+S^{2-}$	-0.691
As(Ⅲ)—(0)	$AsO_2^- +2H_2O+3e^- \rightleftharpoons As+4OH^-$	-0.68
Sb(Ⅲ)—(0)	$SbO_2^- +2H_2O+3e^- \rightleftharpoons Sb+4OH^-$	-0.66
* Re(Ⅶ)—(Ⅳ)	$ReO_4^- +2H_2O+3e^- \rightleftharpoons ReO_2 +4OH^-$	-0.59
Sb(V)—(Ⅲ)	$SbO_3^- +H_2O+2e^- \rightleftharpoons SbO_2^- +2OH^-$	-0.59
Re(Ⅶ)—(0)	$ReO_4^- +4H_2O+7e^- \rightleftharpoons Re+8OH^-$	-0.584
* S(Ⅳ)—(Ⅱ)	$2SO_3^{2-} +3H_2O+4e^- \rightleftharpoons S_2O_3^{2-} +6OH^-$	-0.571
Te(Ⅳ)—(0)	$TeO_3^{2-} +3H_2O+4e^- \rightleftharpoons Te+6OH^-$	-0.57
Fe(Ⅲ)—(Ⅱ)	$Fe(OH)_3 +e^- \rightleftharpoons Fe(OH)_2 +OH^-$	-0.56
S(0)—(−Ⅱ)	$S+2e^- \rightleftharpoons S^{2-}$	$-0.476\ 27$
Bi(Ⅲ)—(0)	$Bi_2O_3 +3H_2O+6e^- \rightleftharpoons 2Bi+6OH^-$	-0.46
N(Ⅲ)—(Ⅱ)	$NO_2^- +H_2O+e^- \rightleftharpoons NO+2OH^-$	-0.46
* Co(Ⅱ)—(0)	$[Co(NH_3)_6]^{2+} +2e^- \rightleftharpoons Co+6NH_3$	-0.422
Se(Ⅳ)—(0)	$SeO_3^{2-} +3H_2O+4e^- \rightleftharpoons Se+6OH^-$	-0.366
Cu(Ⅰ)—(0)	$Cu_2O+H_2O+2e^- \rightleftharpoons 2Cu+2OH^-$	-0.360
Tl(Ⅰ)—(0)	$Tl(OH)+e^- \rightleftharpoons Tl+OH^-$	-0.34
* Ag(Ⅰ)—(0)	$[Ag(CN)_2]^- +e^- \rightleftharpoons Ag+2CN^-$	-0.31
Cu(Ⅱ)—(0)	$Cu(OH)_2 +2e^- \rightleftharpoons Cu+2OH^-$	-0.222
Cr(Ⅵ)—(Ⅲ)	$CrO_4^{2-} +4H_2O+3e^- \rightleftharpoons Cr(OH)_3 +5OH^-$	-0.13
* Cu(Ⅰ)—(0)	$[Cu(NH_3)_2]^+ +e^- \rightleftharpoons Cu+2NH_3$	-0.12
O(0)—(−Ⅰ)	$O_2 +H_2O+2e^- \rightleftharpoons HO_2^- +OH^-$	-0.076
Ag(Ⅰ)—(0)	$AgCN+e^- \rightleftharpoons Ag+CN^-$	-0.017
N(V)—(Ⅲ)	$NO_3^- +H_2O+2e^- \rightleftharpoons NO_2^- +2OH^-$	0.01
Se(Ⅵ)—(Ⅳ)	$SeO_4^{2-} +H_2O+2e^- \rightleftharpoons SeO_3^{2-} +2OH^-$	0.05
Pd(Ⅱ)—(0)	$Pd(OH)_2 +2e^- \rightleftharpoons Pd+2OH^-$	0.07
S(Ⅱ、V)—(Ⅱ)	$S_4O_6^{2-} +2e^- \rightleftharpoons 2S_2O_3^{2-}$	0.08
Hg(Ⅱ)—(0)	$HgO+H_2O+2e^- \rightleftharpoons Hg+2OH^-$	$0.097\ 7$
Co(Ⅲ)—(Ⅱ)	$[Co(NH_3)_6]^{3+} +e^- \rightleftharpoons [Co(NH_3)_6]^{2+}$	0.108

电对	电极反应	$E^{\ominus}$, V
Pt(II)-(0)	$Pt(OH)_2+2e^- \Longleftrightarrow Pt+2OH^-$	0.14
Co(III)-(II)	$Co(OH)_3+e^- \Longleftrightarrow Co(OH)_2+OH^-$	0.17
Pb(IV)-(II)	$PbO_2+H_2O+2e^- \Longleftrightarrow PbO+2OH^-$	0.47
I(V)-(-I)	$IO_3^-+3H_2O+6e^- \Longleftrightarrow I^-+6OH^-$	0.26
Cl(V)-(III)	$ClO_3^-+H_2O+2e^- \Longleftrightarrow ClO_2^-+2OH^-$	0.33
Ag(I)-(0)	$Ag_2O+H_2O+2e^- \Longleftrightarrow 2Ag+2OH^-$	0.342
Fe(III)-(II)	$[Fe(CN)_6]^{3-}+e^- \Longleftrightarrow [Fe(CN)_6]_4^-$	0.358
Cl(VII)-(V)	$ClO_4^-+H_2O+2e^- \Longleftrightarrow ClO_3^-+2OH^-$	0.36
* Ag(I)-(0)	$[Ag(NH_3)_2]^++e^- \Longleftrightarrow Ag+2NH_3$	0.373
O(0)-(-II)	$O_2+2H_2O+4e^- \Longleftrightarrow 4OH^-$	0.401
I(I)-(-I)	$IO^-+H_2O+2e^- \Longleftrightarrow I^-+2OH^-$	0.485
* Ni(IV)-(II)	$NiO_2+2H_2O+2e^- \Longleftrightarrow Ni(OH)_2+2OH^-$	0.490
Mn(VII)-(VI)	$MnO_4^-+e^- \Longleftrightarrow MnO_4^{2-}$	0.558
Mn(VII)-(IV)	$MnO_4^-+2H_2O+3e^- \Longleftrightarrow MnO_2+4OH^-$	0.595
Mn(VI)-(IV)	$MnO_4^{2-}+2H_2O+2e^- \Longleftrightarrow MnO_2+4OH^-$	0.60
Ag(II)-(I)	$2AgO+H_2O+2e^- \Longleftrightarrow Ag_2O+2OH^-$	0.607
Br(V)-(-I)	$BrO_3^-+3H_2O+6e^- \Longleftrightarrow Br^-+6OH^-$	0.61
Cl(V)-(-I)	$ClO_3^-+3H_2O+6e^- \Longleftrightarrow Cl^-+6OH^-$	0.62
Cl(III)-(I)	$ClO_2^-+H_2O+2e^- \Longleftrightarrow ClO^-+2OH^-$	0.66
I(VII)-(V)	$H_3IO_6^{2-}+2e^- \Longleftrightarrow IO_3^-+3OH^-$	0.7
Cl(III)-(-I)	$ClO_2^-+2H_2O+4e^- \Longleftrightarrow Cl^-+4OH^-$	0.76
Br(I)-(-I)	$BrO^-+H_2O+2e^- \Longleftrightarrow Br^-+2OH^-$	0.761
Cl(I)-(-I)	$ClO^-+H_2O+2e^- \Longleftrightarrow Cl^-+2OH^-$	0.81
* Cl(IV)-(III)	$ClO_2(g)+e^- \Longleftrightarrow ClO_2^-$	0.95
O(0)-(-II)	$O_3+H_2O+2e^- \Longleftrightarrow O_2+2OH^-$	1.24

摘自 David R. Lide,Handbook of Chemistry and Physics,8-25~8-30,78th. Ed,1997-1998.

* 摘自 J. A. Dean Ed,Lange's Handbook of Chemistry,13th. Ed,1985.

附录 9 常见弱酸、弱碱的电离常数

名称	分子式	$t/℃$	K	电离常数 pK
砷酸	H_3AsO_4	25	$5.5×10^{-2}(K_{a1})$ $1.7×10^{-7}(K_{a2})$ $5.1×10^{-12}(K_{a3})$	2.26 6.76 11.29
亚砷酸	H_3AsO_3	25	$5.1×10^{-10}(K_a)$	9.29
硼酸	H_3BO_3	20	$5.4×10^{-10}(K_a)$	9.27
碳酸	$H_2CO_3(CO_2+H_2O)$	25	$4.5×10^{-7}(K_{a1})$ $4.7×10^{-11}(K_{a2})$	6.35 10.33
氢氰酸	HCN	25	$6.2×10^{-10}(K_a)$	9.21
铬酸	H_2CrO_4	25	$1.8×10^{-1}(K_{a1})$ $3.2×10^{-7}(K_{a2})$	0.74 6.49
氢氟酸	HF	25	$6.3×10^{-4}(K_a)$	3.20
氢硫酸	H_2S	25	$8.9×10^{-8}(K_{a1})$ $1×10^{-19}(K_{a2})$	7.05 19
亚硝酸	HNO_2	25	$5.6×10^{-4}(K_a)$	3.25
过氧化氢	H_2O_2	25	$2.4×10^{-12}(K_a)$	11.62
磷酸	H_3PO_4	25	$6.9×10^{-3}(K_{a1})$ $6.23×10^{-8}(K_{a2})$ $4.8×10^{-13}(K_{a3})$	2.16 7.21 12.32
焦磷酸	$H_4P_2O_7$	25	$1.2×10^{-1}(K_{a1})$ $7.9×10^{-3}(K_{a2})$ $2.0×10^{-7}(K_{a3})$ $4.8×10^{-10}(K_{a4})$	0.91 2.10 6.70 9.32
亚磷酸	H_3PO_3	20	$5.0×10^{-2}(K_{a1})$ $2.0×10^{-7}(K_{a2})$	1.30 6.70
硫酸	H_2SO_4	25	$1.0×10^{-2}(K_{a1})$	1.99
亚硫酸	$H_3SO_3(SO_2+H_2O)$	25	$1.4×10^{-2}(K_{a1})$ $6.0×10^{-8}(K_{a2})$	1.85 7.20
硅酸	H_2SiO_3	30	$1.0×10^{-10}(K_{a1})$ $2.0×10^{-12}(K_{a2})$	9.9 11.8
甲酸	HCOOH	20	$1.77×10^{-4}(K_a)$	3.75
乙酸	CH_3COOH	25	$1.76×10^{-5}(K_a)$	4.75
草酸	$H_2C_2O_4$	25	$5.90×10^{-2}(K_{a1})$ $6.40×10^{-5}(K_{a2})$	1.23 4.19
氨水	$NH_3·H_2O$	25	$1.79×10^{-5}(K_b)$	4.75
联氨	H_2NNH_2	20	$1.2×10^{-6}(K_b)$	5.9
羟胺	NH_2OH	25	$8.71×10^{-9}(K_b)$	8.06

本表摘自 David R. Lide, Handbook of Chemistry and Physics, 8-25～8-30, 78th. Ed, 1997-1998.

附录 10　元素周期表

周期\族	ⅠA	ⅡA	ⅢB	ⅣB	ⅤB	ⅥB	ⅦB		Ⅷ		ⅠB	ⅡB	ⅢA	ⅣA	ⅤA	ⅥA	ⅦA	0
1	1 H 氢 1.00794(7)																	2 He 氦 4.002602(2)
2	3 Li 锂 6.941(2)	4 Be 铍 9.012182(3)											5 B 硼 10.811(7)	6 C 碳 12.0107(8)	7 N 氮 14.0067(4)(7)	8 O 氧 15.9994(3)	9 F 氟 18.9984032(5)	10 Ne 氖 20.1797(6)
3	11 Na 钠 22.98977(2)	12 Mg 镁 24.3050(6)											13 Al 铝 26.981538(2)	14 Si 硅 28.0855(3)	15 P 磷 30.973761(2)	16 S 硫 32.065(6)	17 Cl 氯 35.4527(9)	18 Ar 氩 39.948(1)
4	19 K 钾 39.0983(1)	20 Ca 钙 40.078(4)	21 Sc 钪 44.955910(8)	22 Ti 钛 47.867(1)	23 V 钒 50.9415(1)	24 Cr 铬 51.9961(6)	25 Mn 锰 54.938049(9)	26 Fe 铁 55.845(2)	27 Co 钴 58.9332(9)	28 Ni 镍 58.6934(2)	29 Cu 铜 63.546(3)	30 Zn 锌 65.39(2)	31 Ga 镓 69.723(1)	32 Ge 锗 72.64(1)	33 As 砷 74.92160(2)	34 Se 硒 78.96(3)	35 Br 溴 79.904(1)	36 Kr 氪 83.80(1)
5	37 Rb 铷 85.4678(3)	38 Sr 锶 87.62(1)	39 Y 钇 88.90585(2)	40 Zr 锆 91.224(2)	41 Nb 铌 92.90638(2)	42 Mo 钼 95.94(1)	43 Tc 锝 97.907	44 Ru 钌 101.07(2)	45 Rh 铑 102.90550(2)	46 Pd 钯 106.42(1)	47 Ag 银 107.8682(2)	48 Cd 镉 112.411(8)	49 In 铟 114.818(3)	50 Sn 锡 118.710(7)	51 Sb 锑 121.760(1)	52 Te 碲 127.60(3)	53 I 碘 126.90447(3)	54 Xe 氙 131.29(2)
6	55 Cs 铯 132.90545(2)	56 Ba 钡 137.327(7)	57~71 La-Lu 镧系	72 Hf 铪 178.49(2)	73 Ta 钽 180.9479(1)	74 W 钨 183.84(1)	75 Re 铼 186.207(1)	76 Os 锇 190.23(3)	77 Ir 铱 192.217(3)	78 Pt 铂 195.078(2)	79 Au 金 196.96655(2)	80 Hg 汞 200.59(2)	81 Tl 铊 204.3833(2)	82 Pb 铅 207.2(1)	83 Bi 铋 208.98038(2)	84 Po 钋 208.98	85 At 砹 209.99	86 Rn 氡 222.02
7	87 Fr 钫 223.02	88 Ra 镭 226.03	89~103 Ac-Lr 锕系	104 Rf 𬬻 261.11	105 Db 𬭊 262.11	106 Sg 𬭳 263.12	107 Bh 𬭛 264.12	108 Hs 𬭶 265.13	109 Mt 鿏 266.13	110 Ds 𫟼 269	111 Rg 𬬭 272	112 Cn 鎶 277	113 Uut (278)	114 Uuq (289)	115 Uup (288)	116 Uuh (289)		118 Uuo (294)

镧系

57 La 镧 138.9055(2)	58 Ce 铈 140.116(1)	59 Pr 镨 140.90765(2)	60 Nd 钕 144.24(3)	61 Pm 钷 144.91	62 Sm 钐 150.36(3)	63 Eu 铕 151.964(1)	64 Gd 钆 157.25(3)	65 Tb 铽 158.92534(2)	66 Dy 镝 162.50(3)	67 Ho 钬 164.93032(2)	68 Er 铒 167.26(3)	69 Tm 铥 168.93421(2)	70 Yb 镱 173.04(3)	71 Lu 镥 174.967(1)

锕系

89 Ac 锕 227.03	90 Th 钍 232.0381(1)	91 Pa 镤 231.03588(2)	92 U 铀 238.0289(1)	93 Np 镎 237.05	94 Pu 钚 244.06	95 Am 镅 243.06	96 Cm 锔 247.07	97 Bk 锫 247.07	98 Cf 锎 251.08	99 Es 锿 252.08	100 Fm 镄 257.10	101 Md 钔 258.10	102 No 锘 259.10	103 Lr 铹 260.11

注:
1. 相对原子质量录自1997年国际相对原子质量表,以 $^{12}C=12$ 为基准。相对原子质量末位的准确度加注在其后括号内。

2. 括号内数据为该放射性元素半衰期最长同位素的质量数。

附录 11   常见无机化学实验报告的书写格式（示例）

无机化学测定（原理）实验报告

_____院（系）   _____专业   _____班   实验地点_____

姓名_____   学号_____   时间_____   室温_____   大气压_____

实验名称：_____

一、实验原理（简述）

二、数据记录与结果处理（步骤）

三、问题和讨论

四、实验习题（思考题）

五、实验小结

无机化学制备实验报告

_____院（系）　_____专业　_____班　实验地点_____

姓名_____　学号_____　时间_____　室温_____　大气压_____

实验名称：_____

一、实验原理（简述）

二、简单流程（步骤）

三、实验过程主要现象

四、实验结果（产品外观、产品检验、产量、产率）

五、问题和讨论

六、实验习题（思考题）

七、实验小结

无机化学性质实验报告

_____院（系）_____专业_____班 实验地点_____
姓名_____ 学号_____ 时间_____ 室温_____ 大气压_____
实验名称：_____

一、目的要求

二、实验内容

实验内容	实验现象	反应方程式及其解释
1. 2.		

结论：

三、讨论及异常现象分析

四、实验习题（思考题）

五、实验小结